INTERESTING ELEMENTARY FUNCTION STUDY AND APPRECIATION (I)

趣味初等函数研究与欣赏（上）

● 邓寿才　编著

哈爾濱工業大學出版社
HARBIN INSTITUTE OF TECHNOLOGY PRESS

内容简介

本书详细而全面地介绍了初等函数的相关概念、研究方法及初等函数趣题,并详细介绍了初等函数的各种性质、函数题常用的解题方法及函数题的一题多解,供读者参考.

本书可作为大、中学生及初等数学爱好者学习初等函数的参考用书.

图书在版编目(CIP)数据

趣味初等函数研究与欣赏.上/邓寿才编著.—哈尔滨:哈尔滨工业大学出版社,2017.1

ISBN 978-7-5603-6177-2

Ⅰ.①趣… Ⅱ.①邓… Ⅲ.①初等函数-研究 Ⅳ.①O171

中国版本图书馆 CIP 数据核字(2016)第 209595 号

策划编辑　刘培杰　张永芹
责任编辑　张永芹　刘春雷
封面设计　孙茵艾
出版发行　哈尔滨工业大学出版社
社　　址　哈尔滨市南岗区复华四道街 10 号　邮编 150006
传　　真　0451-86414749
网　　址　http://hitpress.hit.edu.cn
印　　刷　哈尔滨市工大节能印刷厂
开　　本　787mm×1092mm　1/16　印张 17.75　字数 310 千字
版　　次　2017 年 1 月第 1 版　2017 年 1 月第 1 次印刷
书　　号　ISBN 978-7-5603-6177-2
定　　价　48.00 元

◎

目录

基本内容简介

第一章

1.1 映射与函数

映射 设A,B是两个集合,如果按照某种对应法则f,对于集合A中的任何一个元素,在集合B中都有唯一的元素与它对应,这样的对应叫作从集合A到集合B的映射,记作

$$f:A\to B$$

象和原象 如果给定一个从集合A到集合B的映射,那么,A中的元素a对应的B中的元素b叫作a的象,a叫作b的原象,为了便于理解与记忆,可简单表示为

$$A:a(原象)\leftrightarrow B:b(象)$$

到内和到上的映射 设$f:A\to B$是A到B的映射,如果在f的作用下,象集合$C\subset B$,就称$f:A\to B$是A到B内的映射;如果在f的作用下,象集合$C=B$,则称$f:A\to B$是A到B上的映射.

一一映射 如果映射$f:A\to B$满足:集合A中不同的元素,在集合B中有不同的象,并且B中的每一个元素都有原象,那么,这个映射就叫作A到B上的一一映射.

逆映射 设$f:A\to B$是集合A到集合B上的一一映射,如果B中每一个元素b,使b在A中的原象a和它对应,这样得到的映射叫作映射$f:A\to B$的逆映射,记作$f^{-1}:B\to A$.(注:只有一一映射才有逆映射;映射$f:A\to B$的逆映射$f^{-1}:B\to A$也是一一映射.)

函数 如果$f:A\to B$是从集合A到集合B上的映射,并且A,B都是非空集合时,就称这个映射$f:A\to B$是从定义域A到值域B上的函数,记作

$$y=f(x)\quad (x\in A, y\in B)$$

用一一映射,逆映射定义反函数　如果确定函数 $y=f(x)$ 的映射 $f:A\to B$ 是 $f(x)$ 的定义域 A 到值域 B 上的一一映射.那么这个映射的逆映射所确定的函数 $x=f^{-1}(y)$ 叫作函数 $y=f(x)$ 的反函数.

说明　(1)习惯上,我们一般用 x 表示自变量,用 y 表示函数,因此将函数 $x=f^{-1}(y)$ 中的 x,y 互换,写成 $y=f^{-1}(x)$.

(2)函数 $y=f(x)$ 的定义域正好是它的反函数 $y=f^{-1}(x)$ 的值域;函数 $y=f(x)$ 的值域正好是它的反函数的定义域.

(3)函数 $y=f(x)$ 与函数 $y=f^{-1}(x)$ 互为反函数(函数 $y=f(x)$ 的反函数 $y=f^{-1}(x)$ 的定义域常常是通过求函数 $y=f(x)$ 的值域得到).

区间　设 a,b 是两个实数,且 $a<b$,规定:

(1)闭区间:满足 $a\leqslant x\leqslant b$ 的实数 x 的集合叫作闭区间,表示为 $[a,b]$;

(2)半开半闭区间:满足 $a\leqslant x<b$ 或 $a<x\leqslant b$ 的实数 x 的集合叫作半开半闭区间,分别表示为 $[a,b)$,$(a,b]$,这里的实数 a,b 都叫作相应区间的端点.

(3)开区间:满足 $a<x<b$ 的实数 x 的集合叫作开区间,表示为 (a,b).

(4)无穷区间:满足 $x\geqslant a$,$x>a$,$x\leqslant b$,$x<b$ 的实数 x 的集合都称为无穷区间,分别表示为 $[a,+\infty)$,$(a,+\infty)$,$(-\infty,b]$,$(-\infty,b)$,全体实数也可以用区间表示为 $(-\infty,+\infty)$.

反函数的求法　式子 $y=f(x)$ 表示 y 是自变量 x 的函数,设它的定义域是 A,值域为 C,我们从式子 $y=f(x)$ 中解出 x,得到式子 $x=\varphi(y)$,如果对于 y 在 C 中的任何一个值,通过式子 $x=\varphi(y)$,x 在 A 中有唯一的值和它对应,那么式子 $x=\varphi(y)$ 就表示 x 是自变量 y 的函数,这样的函数 $x=\varphi(y)$,叫作函数 $y=f(x)$ 的反函数,记作 $x=f^{-1}(y)$,改写为 $y=f^{-1}(x)$.

如:函数 $f(x)=kx+b(k\neq 0)$ 的定义域为 $x\in\mathbf{R}$,值域为 $y\in\mathbf{R}$,由

$$y=kx+b$$

解出

$$x=\frac{y}{k}-\frac{b}{k}$$

再改写为

$$y=\frac{x}{k}-\frac{b}{k}\quad (k\neq 0)$$

这就是所求的反函数.

1.2　函数分类

如果把数学比喻为一株参天大树,那么函数就是大树的主干,即函数思想贯穿整个数学世界,使得数学世界山清水秀,鸟语花香,使得数学世界五彩缤纷,风光迷人.

从不同的视角,我们可以对函数进行不同的分类

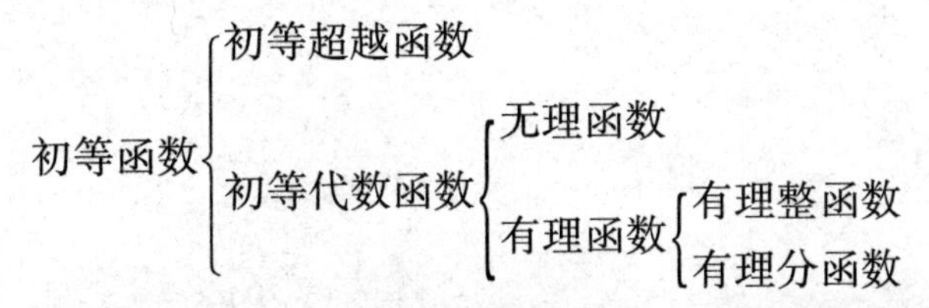

其中,初等超越函数的解析式是初等超越式,无理函数的解析式是无理式,有理整函数的解析式是多项式,有理分函数的解析式是分式,即上面以函数解析式进行分类,从这种分类讲,多项式(包括分解因式与恒等式)、方程、代数式化简也可列入函数的内容.

初等函数仅指代数显函数,通常又简称为代数函数,严格地讲,代数函数具有更为广泛的意义:不是代数函数的函数称为超越函数,如

$$y=A\sin(\omega x+\varphi_0)\quad (A\neq 0)$$

$$y=\ln\sqrt{x}\quad (x>0)$$

$$y=x^{\sqrt{2}+\sqrt{3}}$$

$$y=a^x\quad (a\neq 1)$$

$$y=\arccos x$$

而有的书刊上,干脆以函数的性质命名、分类,即如果某函数 $y=f(x)$ 具有什么性质,就称为什么函数(表1.1).

表1.1

名称	举例
1. 对称函数	$f(x,y)=k(x^2+y^2)$
2. 单调函数	$y=mx^3+b$
3. 周期函数	$y=\sin(2x+\frac{\pi}{3})$, $y_n=f(n)=2(-1)^n$
4. 连续函数	$y=kx+b\quad (k\neq 0, x\in\mathbf{R})$

续表 1.1

名称	举例
5. 凸函数	$y=\tan x \quad (x\in(0,\frac{\pi}{2}))$
6. 凹函数	$y=\sin x \quad (x\in(0,\pi))$
7. 离散函数	$f(n)=2n-1 \quad (n\in\mathbf{N}^*)$
8. 分段函数	$y=\begin{cases}0 & (x>0)\\ -x^2 & (x\leqslant 0)\end{cases}$
9. 正比例函数	$y=5x-2$
10. 反比例函数	$y=\frac{2}{x} \quad (x\neq 0)$
11. 增函数	$y=x^3+x^2+x+1 \quad (x\geqslant 0)$
12. 减函数	$y=\frac{1}{x}(x>0), y=-x^2$
13. 二次函数	$y=ax^2+bx+c \quad (a\neq 0)$
14. 奇函数	$y=x^3+x$
15. 偶函数	$y=x^4+x^2$
16. 复合函数	$f(x)=g^2(x)+\sqrt{g(2x)}, g(x)=2x$
17. 复变函数	$f(x)=g(x)+k\mathrm{i}, g(x)=\frac{a+d\mathrm{i}}{a+b\mathrm{i}}$
18. 三角函数	$f(x)=A\sin mx+B\cos nx$

说明 函数 $y=f(x)$ 中,对于自变量 x 的不同取值有着不同的对应法则,这样的函数通常称为分段函数,如函数

$$y=f(x)=\begin{cases}2x, x\in[0,+\infty)\\ -1, x\in(-\infty,0)\end{cases}$$

就是分段函数. 注意,分段函数是一个函数,而不是两个或多个函数.

1.3 函数的基本性质

1. 对称性:设函数 $f(x), x\in D$ 的定义域 D 关于原点对称,则

$$-D=\{-x\mid x\in D\}=D$$

2. 奇偶性：如果对所有的 $x\in D$(即定义域 D 内的所有 x)，均有

$$f(-x)=-f(x)\quad (x\in D)$$

则称函数 $f(x)$ 为奇函数.

如果对所有的 $x\in D$，均有

$$f(-x)=f(x)\quad (x\in D)$$

则称函数 $f(x)$ 为偶函数.

3. 单调性：设函数 $f(x)$ 的定义域为 D. 如果对任意 $x_1,x_2\in D_1\subset D$，当 $x_1<x_2$ 时，都有 $f(x_1)<f(x_2)$，那么就说 $y=f(x)$ 在 D_1 上是增函数；如果当 $x_1<x_2$ 时，都有 $f(x_1)>f(x_2)$，那么就说 $y=f(x)$ 在 D_1 上是减函数，其中 D_1 叫作函数 $f(x)$ 的单调区间.

4. 周期性：设函数 $f(x)$ 的定义域为 D，如果存在一个非零常数 T，使得对每个 $x\in D$，都有 $f(x+T)=f(x)$，则称 $f(x)$ 是周期函数，T 称作 $f(x)$ 的一个周期，如果 $f(x)$ 的所有正周期中存在最小值 T_0，那么这个 T_0 称为周期函数 $f(x)$ 的最小正周期.

如果奇函数与偶函数体现了函数的某种对称不变性，那么周期函数体现了函数的平移不变性.

5. 连续性

定义 1(函数在一点处的连续性)　设 x_0 是函数 $f(x)$ 的定义域 D 中的某点，如果对于任一极限为 x_0 的序列 $\{x_n\}\subset D$，均有 $f(x_n)\to f(x_0)$，则称 $f(x)$ 在 x_0 处是连续的.

定义 2(函数在区间上的连续性)　设函数的定义域为 D，区间 I 是 D 的子集，如果在 I 中的任意点 x 处，函数 $f(x)$ 均连续，则称 $f(x)$ 在区间 I 上是连续的.

6. 凹凸性：设 $f(x)$ 是定义在区间 I 上的函数，如果对于任意的 $x,y\in I$ 和任意的 $t\in[0,1]$，均有

$$f(tx+(1-t)y)\leqslant tf(x)+(1-t)f(y)$$

则称 f 在 I 上是凸函数，相应地，如果对于任意的 $x,y\in I$ 和任意的 $t\in[0,1]$，均有

$$f(tx+(1-t)y)\geqslant tf(x)+(1-t)f(y)$$

则称 f 在 I 上是凹函数.

设 $f(x)$ 是定义在区间 I 上的函数，如果对于任意的 $x,y\in I,x\neq y$ 和任意的 $t\in(0,1)$ 均有

$$f(tx+(1-t)y)<tf(x)+(1-t)f(y)$$

则称f在I上是严格凸函数,相应地,如果对于任意的$x,y\in I,x\neq y$和任意的$t\in(0,1)$均有

$$f(tx+(1-t)y)>tf(x)+(1-t)f(y)$$

则称f在I上是严格凹函数.

在高等数学中,有时还要考虑函数的发散性、收敛性、可导性、可积性等.

1.4 函数的基本要素

1. 函数的定义域:函数关系(如$y=f(x)$)中自变量(如x)的取值集合叫作函数的定义域(通常记为D),求用解析式表示的函数的定义域,就是求使函数各个组成部分有意义的集合的交集,对实际问题中函数关系的定义域,还需要考虑实际问题的条件.

2. 函数值:函数$y=f(x)$当x在定义域内取一个确定的值a时,对应的y值称为函数值,记作$f(a)$.

3. 函数的值域:对于定义域内的所有x值对应的函数值形成的集合,叫作函数的值域.

函数的概念中,定义域,值域,对应法则是它的三要素,但最重要的是对应法则和定义域,而值域则是由定义域与对应法则确定的,两个函数当且仅当其定义域与对应法则均相同时才是相同的函数.

此外,在中学数学中还要重点学习表1.2中的三种函数.

表1.2

名称	解析式
幂函数	$y=x^a\quad(a\in\mathbf{R})$
指数函数	$y=a^x\quad(a>0,a\neq1)$
对数函数	$y=\log_a x\quad(a>0,a\neq1)$

1.5　重要基本定理

1. 中值定理:设$f(x)$在区间$[a,b]$上连续,则$f(x)$在$[a,b]$内可取遍一切$f(a)$与$f(b)$之间的函数值.

2. 零点存在定理:设$f(x)$在区间$[a,b]$上连续,$f(a)$和$f(b)$异号,则在$[a,b]$中$f(x)$至少有一个零点(使得$f(x)=0$的x).

3. 最值定理:设$f(x)$是区间$[a,b]$上的连续函数,则一定存在$c\in[a,b]$,使得$f(c)$是该区间上的最大值,即任取$x\in[a,b]$,$f(x)\leqslant f(c)$,同样地,也一定存在$d\in[a,b]$,使得$f(d)$是该区间上的最小值,即任取$x\in[a,b]$,$f(x)\geqslant f(d)$.

注　中值定理是一个表明存在性的定理,它有一个直接的推论,它在方程求根(尤其是数值方法求近似根)时有相当大的作用,从而产生了零点存在定理.

最值定理也是一个表明存在性的定理,它和中值定理结合可以得到结论:连续函数将闭区间映射到闭区间(或一点),开区间(a,b)上的凸函数一定连续,闭区间$[a,b]$上的凸函数至多在端点处不连续.

说明　笔者编写的这本关于初等函数的书,其重点不在于研究初等函数的系统理论,而在于:(1)将关于初等函数的名题、妙题、趣味题精挑细选一部分出来,然后进行简单分类;(2)对部分经典美妙的好题,力求多提供一些解法,以体现出解题方法与技巧;(3)力求让数学的简洁美、和谐美、奇异美、对称美、趣味美等绽放出芳香艳丽的花朵,让数学世界五彩缤纷,美妙无穷…….

第二章 反比例函数与二次函数

2.1 知识概括

反比例函数与二次函数是初中中考与初中竞赛必考的重点,也是初中数学的难点.

我们先简单介绍.

1. 一次函数

函数 $y=kx+b(k\neq0)$ 称为一次函数,其函数图像是一条直线. 若 $b=0$,则称函数 $y=kx$ 为正比例函数,故正比例函数是一次函数的特殊情况.

当 $k>0$ 时,函数 $y=kx+b$ 是单调递增函数;当 $k<0$ 时,$y=kx+b$ 是单调递减函数.

2. 反比例函数

函数 $y=\frac{k}{x}(k\neq0)$ 称为反比例函数,其函数图像是双曲线.

下面对 k 分两种情况进行讨论,并将结果列于表 2.1.

表 2.1

	$x>0$	$x<0$	图像	增减性
$k>0$	减函数	减函数	一、三象限	减函数
$k<0$	增函数	增函数	二、四象限	增函数

3. 二次函数

设 a,b,c 均为常数,并且 $a\neq0$,则称函数

$$y=ax^2+bx+c$$

为二次函数,其图像称为抛物线,抛物线是轴对称图形.

(1)二次函数的形式

一般式:$y=ax^2+bx+c(a\neq 0)$;

顶点式:$y=a(x-m)^2+k(a\neq 0)$;

交点式:$y=a(x-x_1)(x-x_2)$($a\neq 0$,x_1,x_2 是方程 $ax^2+bx+c=0$ 的两根).

(2)二次函数的性质

$y=ax^2+bx+c(a\neq 0)$的对称轴为 $x=-\dfrac{b}{2a}$,顶点坐标为$\left(-\dfrac{b}{2a},\dfrac{4ac-b^2}{4a}\right)$.

当 $a>0$ 时,在 $x\leqslant -\dfrac{b}{2a}$时,$y=ax^2+bx+c$ 单调递减,在 $x\geqslant -\dfrac{b}{2a}$时,单调递增,当 $x=-\dfrac{b}{2a}$时,y 有最小值

$$y_{\min}=\frac{4ac-b^2}{4a}$$

当 $a<0$ 时,在 $x\leqslant -\dfrac{b}{2a}$时,$y=ax^2+bx+c$ 单调递增,在 $x\geqslant -\dfrac{b}{2a}$时,单调递减,当 $x=-\dfrac{b}{2a}$时,y 有最大值

$$y_{\max}=\frac{4ac-b^2}{4a}$$

(3)二次函数与二次方程的关系

$$y=ax^2+bx+c(a\neq 0),ax^2+bx+c=0,\Delta=b^2-4ac(a\neq 0)$$

图像与 x 轴有两个交点;方程有两个不等的根;$\Delta>0$;

图像与 x 轴有一个交点;方程有两个相等的根;$\Delta=0$;

图像与 x 轴没有交点;方程没有实数根;$\Delta<0$.

2.2　A 组 妙 题

题 1　求函数 $y=x^2+x+1$ 与直线 $y=2x-2$ 的图像最近点之间的距离.

分析　如图 2.1 所示,二次函数

$$y = x^2 + x + 1 = (x + \frac{1}{2})^2 + \frac{3}{4}$$

是开口向上的抛物线. 它的顶点为$(-\frac{1}{2}, \frac{3}{4})$,对称轴为$x = -\frac{1}{2}$. 而直线

$$l: y = 2x - 2$$

的斜率为2,若将l平移至恰好与抛物线相切时,设其切点为$P(x_0, y_0)$,则P到l的距离才最近;另外,也可以在抛物线上选一点$M(x_0, y_0)$,表示出M到l的距离(应用点到直线的距离公式),并配方进行判断即可求出点M的坐标与最近距离,因此,我们可用两种方法解答本题.

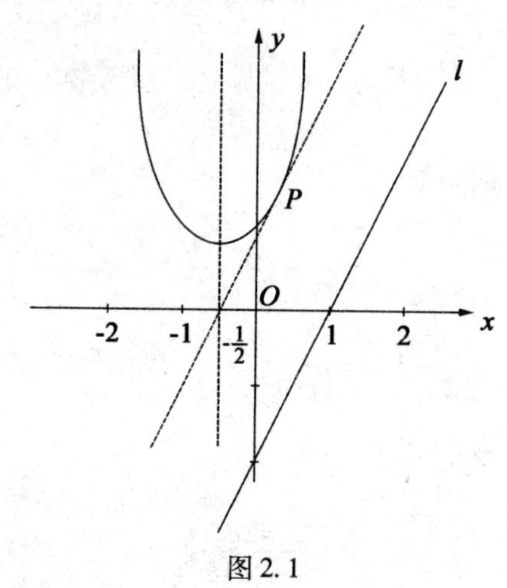

图2.1

解法1 因为直线(设为l)$y = 2x - 2$的斜率为2,于是可设与l平行且与抛物线相切的直线方程为

$$y = 2x + m \tag{1}$$

与抛物线方程

$$y = x^2 + x + 1 \tag{2}$$

联立得

$$x^2 + x + 1 = 2x + m$$

整理为

$$x^2 - x - (m - 1) = 0 \tag{3}$$

由于直线$y = 2x + m$与抛物线相切,因此方程(3)的判别式为0,即

$$(-1)^2 + 4(m - 1) = 0 \Rightarrow m = \frac{3}{4}$$

代入方程(3)得

$$x^2 - x + \frac{1}{4} = 0 \Rightarrow x_0 = \frac{1}{2}$$

代入式(2)得 $y_0=\frac{7}{4}$,所以切点 P 的坐标为 $P(\frac{1}{2},\frac{7}{4})$,于是所求最近距离为

$$d_{\min}=\frac{|2x_0-y_0-2|}{\sqrt{2^2+1^2}}=\frac{1}{\sqrt{5}}\left|2\times\frac{1}{2}-\frac{7}{4}-2\right|=\frac{11\sqrt{5}}{20}$$

解法2 设 $M(x_0,y_0)$ 为二次函数上的一个动点,则

$$y_0=x_0^2+x_0+1$$

那么,点 M 到直线 $y=2x-2$ 的距离为

$$d=\frac{|2x_0-y_0-2|}{\sqrt{2^2+1^2}}=\frac{1}{\sqrt{5}}|2x_0-(x_0^2+x_0+1)-2|$$

$$=\frac{1}{\sqrt{5}}|x_0^2-x_0+3|=\frac{1}{\sqrt{5}}\left[(x_0-\frac{1}{2})^2+\frac{11}{4}\right]$$

可知,当 $x_0=\frac{1}{2}$ 时,$d_{\min}=\frac{11\sqrt{5}}{20}$;且当 $x_0=\frac{1}{2}$ 时,$y_0=\frac{7}{4}$,即所求点为 $M(\frac{1}{2},\frac{7}{4})$.

评注 本题虽然是一道解析几何题,但难度并不大,作为初中二次函数综合题是比较适合的,前面的解法1巧妙利用直线平移原理与曲线切线原理,轻松解答了题目;解法2单刀直入,先设 $M(x_0,y_0)$ 为已知二次曲线上的任一个动点,利用点到直线的距离公式,再结合配方法解出了题目.

题2 已知 $y=ax^2+bx+c(a>0,b>0,c>0)$ 且 $a+b+c=1$,而且方程 $ax^2+bx+c=0$ 有实数根,证明

$$\max\{a,b,c\}\geqslant\frac{4}{9}$$

分析 题目的已知条件告诉我们,如果设二次函数

$$y=f(x)=ax^2+bx+c$$

那么,有 $f(1)=a+b+c=1$,再结合 $a,b,c>0$ 知 $a,b,c\in(0,1)$,于是 $\max\{a,b,c\}\in[\frac{1}{3},1)$,即

$$1>\max\{a,b,c\}\geqslant\frac{1}{3}$$

但 $\frac{1}{3}<\frac{4}{9}$,所以距我们的目标还有“一步之遥”.

证明 (1)如果 $b\geqslant\frac{4}{9}$,结论成立;

如果 $b<\frac{4}{9}$,那么

$$a+c=1-b>\frac{5}{9}$$

如果 $a\geqslant\frac{4}{9}$,结论成立;

(2)设 $a<\frac{4}{9}\Rightarrow c>\frac{5}{9}-a>\frac{1}{9}$,且有

$$c>\frac{5}{9}-a\Rightarrow a>\frac{5}{9}-c$$

又因为方程

$$ax^2+bx+c=0$$

有实数根,那么

$$b^2-4ac\geqslant 0$$

$$\Rightarrow ac\leqslant\frac{1}{4}(\frac{4}{9})^2=\frac{4}{81}$$

$$\Rightarrow c(\frac{5}{9}-c)<ac\leqslant\frac{4}{81}$$

$$\Rightarrow c^2-\frac{5}{9}c+\frac{4}{81}\geqslant 0$$

$$\Rightarrow c\geqslant\frac{4}{9}\text{或 }c\leqslant\frac{1}{9}$$

但这与前面的假设 $a<\frac{4}{9},c>\frac{1}{9}$矛盾！所以只能 $c\geqslant\frac{4}{9}$,从而结论成立.

评注 题目的已知条件不多,带有普遍性,而要求证明的结论却显得奇特,其证法采用了常规的分析与反证相结合的方法,略显抽象. 总之,题目揭示了二次函数的一个奇特性质.

对于 $a>0,b>0,c>0$ 及已知正常数 k,如果满足 $a+b+c=k$,那么

$$\frac{a}{k}+\frac{b}{k}+\frac{c}{k}=1$$

利用题目的结论,作置换

$$(a,b,c)\rightarrow(\frac{a}{k}+\frac{b}{k}+\frac{c}{k})$$

有

$$\max\{\frac{a}{k}+\frac{b}{k}+\frac{c}{k}\}\geqslant\frac{4}{9}$$

$$\Rightarrow\max\{a+b+c\}\geqslant\frac{4}{9}k$$

这一结论是耐人寻味的.

题 3　求出函数

$$y=5\sqrt{4+x^2}-3x \tag{1}$$

的最值.

分析　这是一个无理函数,可以先判断函数值 y 的正负性,再把变形式

$$3x+y=5\sqrt{4+x^2}$$

两边平方,整理成关于 x 为自变量的一元二次方程(将 y 视为函数),利用判别式 $\Delta\geqslant0$ 得到关于 y 的不等式,再从此不等式解出 y 来,即可求出函数 y 的最值.

另外,也可注意观察函数(1)的结构,进行巧妙代换求解,还可应用导数方法求解,因此我们可用三种方法解本题.

解法 1　我们将函数 y 的解析式变化为

$$y=\frac{(5\sqrt{4+x^2})^2-(3x)^2}{5\sqrt{4+x^2}+3x}=\frac{100+16x^2}{5\sqrt{4+x^2}+3x}>0$$

又由

$$\begin{aligned}&3x+y=5\sqrt{4+x^2}\\&\Rightarrow 9x^2+6xy+y^2=25(4+x^2)\\&\Rightarrow 16x^2-6xy-(y^2-100)=0\end{aligned} \tag{2}$$

由于 x,y 均为实数,因此方程(2)有实数解,其判别式

$$\begin{aligned}&\Delta_x=(-6y)^2+4\times16(y^2-100)\geqslant0\\&\Rightarrow y^2\geqslant64\Rightarrow y\geqslant8(\text{因 } y>0)\\&\Rightarrow y_{\min}=8\end{aligned}$$

当 $y=8$ 时,方程(2)变为

$$4x^2-12x+9=0\Rightarrow x=\frac{3}{2}$$

即当 $x=\frac{3}{2}$ 时,$y_{\min}=8$.

解法 2　由式(1)的结构特征,可作巧妙代换

$$x=t-\frac{1}{t}\quad(t>0)$$

$$\Rightarrow y=5\sqrt{4+(t-\frac{1}{t})^2}-3(t-\frac{1}{t})$$

$$=5\sqrt{(t+\frac{1}{t})^2}-3(t-\frac{1}{t})$$

$$=5(t+\frac{1}{t})-3(t-\frac{1}{t})=2t+\frac{8}{t}$$

$$=2(\sqrt{t}-\frac{2}{\sqrt{t}})^2+8\geqslant 8$$

当 $t=2\Rightarrow x=\frac{3}{2}$ 时，$y_{\min}=8$.

解法3 设函数

$$y=f(x)=5\sqrt{4+x^2}-3x$$

求导得

$$f'(x)=\frac{5x}{\sqrt{x^2+4}}-3$$

$$f''(x)=\frac{20}{\sqrt{(x^2+4)^3}}>0$$

因此 $f(x)$ 有最小值，解方程

$$f'(x)=\frac{5x}{\sqrt{x^2+4}}-3=0$$

知 $x>0$，且由

$$5x=3\sqrt{x^2+4}\Rightarrow x=\frac{3}{2}$$

所以当 $x=\frac{3}{2}$ 时，函数 y 有最小值

$$y_{\min}=f_{\min}(x)=f(\frac{3}{2})=8$$

评注 以上三种解法中，解法1是一种通用方法，比如，求形如

$$y=\frac{a_1x^2+b_1x+c_1}{a_2x^2+b_2x+c_2} \tag{3}$$

（其中 a_1 与 a_2 不同时为0，b_1 与 b_2 不同时为0）的函数 y 的最大值或最小值，就应先将式(3)去分母变形整理，即

$$y(a_2x^2+b_2x+c_2)=a_1x^2+b_1x+c_1$$

$$\Rightarrow(a_2y-a_1)x^2+(b_2y-b_1)x+(c_2y-c_1)=0 \tag{4}$$

$$\Rightarrow\Delta_x=(b_2y-b_1)^2-4(a_2y-a_1)(c_2y-c_1)\geqslant 0$$

$$\Rightarrow py^2+qy+r\geqslant 0 \tag{5}$$

$$\Rightarrow\begin{cases}p=b_2^2-4a_2c_2\\q=-2b_1b_2+4(a_2c_1+a_1c_2)\\r=b_1^2-4a_1c_1\end{cases}\tag{6}$$

从式(5)中即可解出 y 的取值范围,从而 y 的最值可求.

对本题而言,若设常数 $m>k>0$,函数

$$y=m\sqrt{x^2\pm a}\pm kx\tag{7}$$

其中 $a>0$,可令 $a=4b^2(b>0)$得

$$y=m\sqrt{x^2\pm 4b^2}\pm kx=bm\sqrt{(\frac{x}{b})^2\pm 4}\pm kb(\frac{x}{b})\tag{8}$$

作代换,令$\frac{x}{b}=t\mp\frac{1}{t}(t\neq 0)$得

$$y=bm|t\mp\frac{1}{t}|\pm kb(t\mp\frac{1}{t})\tag{9}$$

然后仿照解法 2 即可求出函数 y 的最值来.

一般情况,对于无理函数

$$y=\sqrt{ax^2+bx+c}+px+q\quad(a\neq p^2)\tag{10}$$

欲求 y 的最值,仿照解法 1 即可,即展开

$$(y-px-q)^2=ax^2+bx+c$$

整理成

$$(p^2-a)x^2+Ax+B=0\tag{11}$$

其中

$$\begin{cases}A=2pq-2py-b\\B=(y-q)^2-c\end{cases}$$

再从不等式

$$\Delta_x=A^2-4B(p^2-a)\geqslant 0\tag{12}$$

即可求出 y 的最值.

题 4　设 a,b,c,d 为正常数,求函数

$$f(x)=\sqrt{ax+b}+\sqrt{c-dx}\tag{1}$$

的最大值.

分析　如果按照常规思路,设 $y=f(x)$,将式(1)变形为

$$y-\sqrt{ax+b}=\sqrt{c-dx}$$

$$\Rightarrow(y-\sqrt{ax+b})^2=c-dx$$

$$\Rightarrow 2y\sqrt{ax+b}=y^2+(a+d)x+b-c$$

$$\Rightarrow 4y^2(ax+b)=[y^2+(a+d)x+b-c]^2$$
$$\Rightarrow (a+d)^2x^2+Ax+B=0 \tag{2}$$
其中
$$A=2(a+d)y^2+2b(a+d)-4ay^2=2(d-a)y^2+2b(a+d)$$
$$B=y^4-2by^2+b^2=(y^2-b)^2$$
再结合判别式
$$\Delta_x=A^2-4B(a+d)^2\geqslant 0 \tag{3}$$
展开整理成
$$py^4+qy^2+r\geqslant 0 \tag{4}$$
关于 y 的双二次不等式,解出 y^2 的取值范围. 再注意到 $y>0$,即可求出函数 y 的最值.

这种方法比较复杂,但作为初中学生,却比较有效.

试问:"本题还有更简单有效的解法吗?"

事实上,我们可以先求出函数 $f(x)$ 的定义域,再将式(1)变形为
$$f(x)=\sqrt{a}\cdot\sqrt{\frac{b}{a}+x}+\sqrt{d}\cdot\sqrt{\frac{c}{d}-x}$$
这样往下走,就有两条路,一条是应用柯西(Cauchy)不等式,一条是应用三角代换.

解法1 我们先求出函数 $f(x)$ 的定义域
$$\begin{cases}ax+b\geqslant 0\\ c-dx\geqslant 0\end{cases}\Rightarrow -\frac{b}{a}\leqslant x\leqslant\frac{c}{d}$$
$$\Rightarrow f(x)=\sqrt{a}\cdot\sqrt{\frac{b}{a}+x}+\sqrt{d}\cdot\sqrt{\frac{c}{d}-x} \tag{5}$$
应用柯西不等式有
$$f(x)\leqslant\sqrt{a+d}\cdot\sqrt{(x+\frac{b}{a})+(\frac{c}{d}-x)}$$
$$\Rightarrow f(x)\leqslant\sqrt{(a+d)(\frac{b}{a}+\frac{c}{d})} \tag{6}$$
$$\Rightarrow f_{\max}(x)=\sqrt{(a+d)(\frac{b}{a}+\frac{c}{d})} \tag{7}$$
式(6)等号成立仅当
$$\frac{x+\frac{b}{a}}{\frac{c}{d}-x}=\frac{a}{d}\Rightarrow x=\frac{ca^2-bd^2}{ad(a+d)}$$

解法 2　设 $t>0,\theta\in(0,\frac{\pi}{2})$，作代换

$$\begin{cases}x+\dfrac{b}{a}=t^2\cos^2\theta\\ \dfrac{c}{d}-x=t^2\sin^2\theta\end{cases}\tag{8}$$

代入式(5)得

$$f(x)=(\sqrt{a}\cos\theta+\sqrt{d}\sin\theta)t=\sqrt{a+d}\,t\cos(\theta-\varphi)\tag{9}$$

其中

$$\tan\varphi=\sqrt{\frac{d}{a}},\varphi\in(0,\frac{\pi}{2})$$

于是

$$f(x)\leqslant\sqrt{a+d}\cdot t\tag{10}$$

等号成立仅当

$$\theta=\varphi\in(0,\frac{\pi}{2})\Rightarrow\tan\theta=\sqrt{\frac{d}{a}}$$

$$\Rightarrow\frac{x+\frac{b}{a}}{\frac{c}{d}-x}=\cot^2\theta=\frac{a}{d}$$

$$\Rightarrow x=\frac{ca^2-bd^2}{ad(a+d)}$$

$$\Rightarrow t=\sqrt{\frac{b}{a}+\frac{c}{d}}$$

$$\Rightarrow f(x)\leqslant\sqrt{(a+d)(\frac{b}{a}+\frac{c}{d})}$$

$$\Rightarrow f_{\max}(x)=\sqrt{(a+d)(\frac{b}{a}+\frac{c}{d})}$$

解法 3　设 $\lambda>0$ 为参数，利用柯西不等式有

$$\begin{aligned}f(x)&=\frac{1}{\sqrt{\lambda}}\cdot\sqrt{\lambda ax+\lambda b}+1\cdot\sqrt{c-dx}\\&\leqslant\sqrt{(\frac{1}{\lambda}+1)[(\lambda ax+\lambda b)+(c-dx)]}\\&=\sqrt{(\frac{1}{\lambda}+1)[(\lambda a+d)x+(\lambda b-c)]}\end{aligned}\tag{11}$$

等号成立仅当

$$\frac{1}{\sqrt{\lambda}}=\frac{\sqrt{\lambda ax+\lambda b}}{\sqrt{c-dx}}\Rightarrow\lambda^{2}=\frac{c-dx}{ax+b} \tag{12}$$

为了消去式(11)右边的变量 x,必须且只需令

$$\lambda a-d=0\Rightarrow\lambda=\frac{d}{a}$$

代入式(12)得

$$\frac{c-dx}{ax+b}=\frac{d^{2}}{a^{2}}\Rightarrow x=\frac{ca^{2}-bd^{2}}{ad(a+d)}$$

将 $\lambda=\frac{d}{a}$ 代入式(12)得

$$f(x)\leqslant\sqrt{\left(1+\frac{a}{d}\right)\left(\frac{bd}{a}+c\right)}=\sqrt{(a+d)\left(\frac{b}{a}+\frac{c}{d}\right)}$$

$$\Rightarrow f_{\max}(x)=\sqrt{(a+d)\left(\frac{b}{a}+\frac{c}{d}\right)}$$

解法4 要使函数

$$f(x)=\sqrt{ax+b}+\sqrt{c-dx}$$

有意义,必须

$$\begin{cases}ax+b\geqslant 0\\ c-dx\geqslant 0\end{cases}\Rightarrow-\frac{b}{a}\leqslant x\leqslant\frac{c}{d}$$

对 $f(x)$ 求导得

$$f'(x)=\frac{a}{\sqrt{ax+b}}-\frac{d}{\sqrt{c-dx}}$$

$$f'(x)=-\frac{1}{2}\left[\frac{a^{2}}{\sqrt{(ax+b)^{3}}}+\frac{d^{2}}{\sqrt{(c-dx)^{3}}}\right]<0$$

所以函数 $f(x)$ 有最大值 $f(x_0)$,其中 x_0 满足

$$f'(x_0)=0\Rightarrow\frac{a}{\sqrt{ax_0+b}}-\frac{d}{\sqrt{c-dx_0}}=0$$

$$\Rightarrow a^{2}(c-dx_0)=d^{2}(ax_0+b)$$

$$\Rightarrow x_0=\frac{ca^{2}-bd^{2}}{ad(a+d)}$$

$$\Rightarrow f(x_0)=\sqrt{\frac{ca^{2}-bd^{2}}{d(a+d)}+b}+\sqrt{c-\frac{ca^{2}-bd^{2}}{a(a+d)}}=\left(\sqrt{\frac{a}{d}}+\sqrt{\frac{d}{a}}\right)\sqrt{\frac{ac+bd}{a+d}}$$

$$=\sqrt{(a+d)\left(\frac{ac+bd}{ad}\right)}$$

$$\Rightarrow f(x)\leqslant f_{\max}(x)=f(x_0)=\sqrt{(a+d)(\frac{b}{a}+\frac{c}{d})}$$

评注　只有全面深刻地理解了函数的内涵,才会有多种思路去尝试它,也才会有多种方法去解答它,达到殊途同归的神奇效果,以上四种解法中,解法1巧用柯西不等式,解法2巧妙进行三角代换,解法3巧设待定参数,解法4巧用导数,均显得简洁明快,妙不可言!

题5　设 x,y,c,a,b 均为正常数,且满足 $x+y=c$,求函数

$$f(x,y)=\sqrt{x^2+a^2}+\sqrt{y^2+b^2} \tag{1}$$

的最小值.

分析　显然 $f(x,y)$ 实质上是一元无理函数,它的形态结构我们似曾相识,原来在初中数学中,就有形如求函数

$$f(x,y)=\sqrt{x^2+4}+\sqrt{y^2+9}\quad (x+y=6)$$

的最小值问题,于是,我们可用几何方法解决,也可用代数方法解决.

解法1　如图2.2所示,作竖直线段 $CD=c$,$AD\perp CD$ 于点 D,$BC\perp CD$ 于点 C,且 $AD=a$,$BC=b$. 联结 AB 交 CD 于点 P. 则线段 CD 内的点到 A,B 两点的距离之和以 AB 为最短,即若设 $P_1D=x$,则

$$P_1C=c-x=y$$

$$f(x,y)=P_1A+P_1B=\sqrt{x^2+a^2}+\sqrt{y^2+b^2}\geqslant PA+PB=AB$$

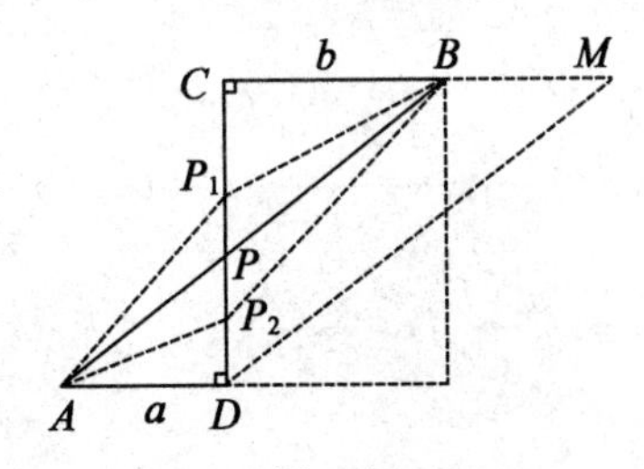

图2.2

由于 Rt△PAD≌Rt△PBC(因 $AD/\!/BC$),于是

$$\frac{PD}{PC}=\frac{AD}{BC}\Rightarrow\frac{PD}{c-PD}=\frac{a}{b}\Rightarrow PD=\frac{ac}{a+b}$$

再作 $DM/\!/AB$ 交 CB 延长线于点 M,则四边形 $ADMB$ 为平行四边形,$CM=a+b$,$CD=c$,由勾股定理得

$$AB=DM=\sqrt{(a+b)^2+c^2}$$

所以，当 $x=\dfrac{ac}{a+b}, y=\dfrac{bc}{a+b}$ 时

$$f_{\min}(x,y)=AB=\sqrt{(a+b)^2+c^2}$$

解法2 我们“异想天开，突发奇想”，由对称性，不妨设 $a\geqslant b$，将函数 $f(x,y)$ 的解析式改写为等价形式

$$f(x,y)=\sqrt{(x-0)^2+\left[\frac{a+b}{2}-\left(-\frac{a-b}{2}\right)\right]^2}+\sqrt{(x-c)^2+\left(\frac{a+b}{2}-\frac{a-b}{2}\right)^2} \tag{2}$$

它表示在定直线 $l:y=\dfrac{a+b}{2}$ 上的动点 $P\left(x,\dfrac{a+b}{2}\right)$ 到两定点 $A\left(0,-\dfrac{a-b}{2}\right)$，$B\left(c,\dfrac{a-b}{2}\right)$ 的距离之和，这是初中数学中著名的赫隆问题，其方法是先做出点 B 关于直线 l 的对称点 $B'\left(c,\dfrac{a+3b}{2}\right)$，联结 AB' 交 l 于点 P，如图 2.3.

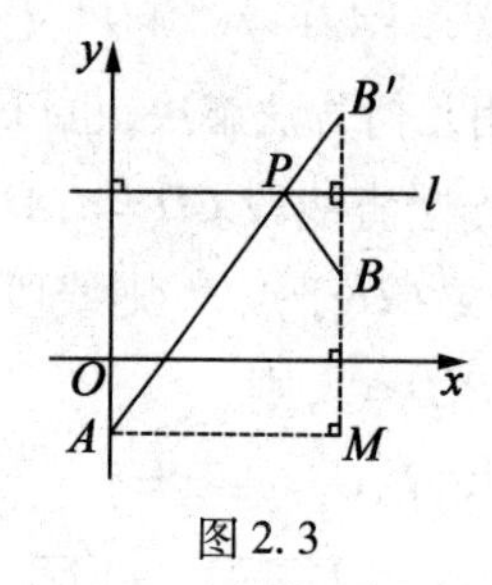

图 2.3

由于 AB' 的方程为

$$y+\frac{a-b}{2}=\frac{\dfrac{a+3b}{2}+\dfrac{a-b}{2}}{c-0}(x-0)$$

$$\Rightarrow y=\left(\frac{a+b}{c}\right)x-\frac{a-b}{2}$$

令

$$y=\frac{a+b}{2}\Rightarrow x_P=\frac{ac}{a+b}\Rightarrow y_P=\frac{bc}{a+b}$$

又

$$|AB'|=\sqrt{c^2+\left(\frac{a+3b}{2}+\frac{a-b}{2}\right)^2}=\sqrt{(a+b)^2+c^2}$$

所以

$$f(x,y)\geqslant f_{\min}(x,y)=|AB|=\sqrt{(a+b)^2+c^2}$$

当 $x=\dfrac{ac}{a+b}, y=\dfrac{bc}{a+b}$ 时取到最小值.

解法3 由于

$$f^2(x,y)=x^2+y^2+a^2+b^2+2\sqrt{(x^2+a^2)(y^2+b^2)}$$
$$=(x+y)^2+a^2+b^2-2xy+2\sqrt{(x^2+a^2)(y^2+b^2)}$$
$$=c^2+a^2+b^2-2xy+2\sqrt{(x^2+a^2)(y^2+b^2)}$$

（利用柯西不等式）

$$\geqslant c^2+a^2+b^2-2xy+2(xy+ab)$$
$$=(a+b)^2+c^2$$
$$\Rightarrow f(x,y)\geqslant\sqrt{(a+b)^2+c^2}$$
$$\Rightarrow f(x,y)\geqslant f_{\min}(x,y)=\sqrt{(a+b)^2+c^2}$$

等号成立仅当

$$\begin{cases}\dfrac{x}{y}=\dfrac{a}{b}\\ x+y=c\end{cases}\Rightarrow\begin{cases}x=\dfrac{ac}{a+b}\\ y=\dfrac{bc}{a+b}\end{cases}$$

评注　本题是将一类典型的初中函数问题进行了拓展，前面的前两种解法图文并茂，简洁通俗，第三种解法巧用柯西不等式，自然易懂．我们知道，有的几何问题用代数方法解决显得简便，有的代数问题用几何方法解决也显得简便，如本题就是一例．

本例是一个代数问题，如果用导数方法解答将非常繁杂，这是因为设

$$f(x)=\sqrt{x^2+a^2}+\sqrt{(c-x)^2+b^2}$$

求导得

$$f'(x)=\frac{x}{\sqrt{x^2+a^2}}+\frac{x-c}{\sqrt{(c-x)^2+b^2}}$$

$$f''(x)=\frac{1}{\sqrt{x^2+a^2}}-\frac{x^2}{\sqrt{(x^2+a^2)^3}}+\frac{1-c}{\sqrt{(c-x)^2+b^2}}-\frac{x(c-x)}{[\sqrt{(c-x)^2+b^2}]^3}$$

解方程

$$f'(x)=0$$
$$\Rightarrow x^2[(c-x)^2+b^2]=(c-x)^2(x^2+a^2)$$
$$\Rightarrow b^2x^2=a^2(c\quad x)^2\Rightarrow bx=a(c-x)$$
$$\Rightarrow x=\frac{ac}{a+b}$$

虽然解方程 $f'(x)=0$ 没费多少工夫，但往下需要判断 $f''(\frac{ac}{a+b})>0$ 才能断言

函数$f(x)$有最小值

$$f_{\min}(x,y)=f(\frac{ac}{a+b})=\sqrt{(a+b)^2+c^2}$$

这却并非易事.

尽管如此,我们还是可用待定参数法或三角代换法解答:

解法4 设λ,μ为正参数,设

$$\begin{aligned}f(x)&=f(x,y)=\sqrt{x^2+a^2}+\sqrt{y^2+b^2}\\&=\sqrt{x^2+a^2}+\sqrt{(c-x)^2+b^2}\\&=\frac{\sqrt{(\lambda^2+1)(x^2+a^2)}}{\sqrt{\lambda^2+1}}+\frac{\sqrt{(\mu^2+1)[(c-x)^2+b^2]}}{\sqrt{\mu^2+1}}\end{aligned}$$

应用柯西不等式有

$$\begin{aligned}f(x)&\geqslant\frac{\lambda x+a}{\sqrt{\lambda^2+1}}+\frac{\mu(c-x)+b}{\sqrt{\mu^2+1}}\\&=(\frac{\lambda}{\sqrt{\lambda^2+1}}-\frac{\mu}{\sqrt{\mu^2+1}})x+\frac{a}{\sqrt{\lambda^2+1}}+\frac{\mu c+b}{\sqrt{\mu^2+1}}\end{aligned}\tag{2}$$

为了消去自变量x,必须且只需令

$$\frac{\lambda}{\sqrt{\lambda^2+1}}=\frac{\mu}{\sqrt{\mu^2+1}}\Rightarrow\lambda=\mu=t\quad(t>0)$$

又式(2)等号成立仅当

$$\frac{x}{\lambda}=a,\frac{c-x}{\mu}=b$$

即

$$t=\frac{x}{a}=\frac{c-x}{b}$$

$$\Rightarrow x=\frac{ac}{a+b},\lambda=\mu=t=\frac{c}{a+b}$$

代入式(2)得

$$f(x)\geqslant\frac{a+b+ct}{\sqrt{t^2+1}}=\frac{a+b+\frac{c^2}{a+b}}{\sqrt{1+(\frac{c}{a+b})^2}}$$

$$\Rightarrow f(x)\geqslant\sqrt{(a+b)^2+c^2}$$

$$\Rightarrow f_{\min}(x)=\sqrt{(a+b)^2+c^2}$$

仅当$x=\frac{ac}{a+b},y=\frac{bc}{a+b}$时取到最小值.

解法5　由于正数x,y满足$x+y=c$,因此我们可作代换

$$\begin{cases}x=c\cdot\cos^2\theta\\y=c\cdot\sin^2\theta\end{cases}\left(\theta\in(0,\frac{\pi}{2})\right)$$

$$\Rightarrow f(\theta)=f(x,y)=\sqrt{c^2\cos^4\theta+a^2}+\sqrt{c^2\sin^4\theta+b^2}$$

$$\Rightarrow f^2(\theta)=c^2(\sin^4\theta+\cos^4\theta)+a^2+b^2+2\sqrt{(c^2\cos^4\theta+a^2)(c^2\sin^4\theta+b^2)}$$

(应用柯西不等式)

$$\geqslant a^2+b^2+c^2+(\sin^4\theta+\cos^4\theta)+2(c^2\sin^2\theta\cos^2\theta+ab)$$

$$=(a+b)^2+(\sin^2\theta+\cos^2\theta)^2c^2$$

$$=(a+b)^2+c^2$$

$$\Rightarrow f_{\min}(x,y)=f_{\min}(\theta)=\sqrt{(a+b)^2+c^2}$$

仅当$\dfrac{\cos^2\theta}{\sin^2\theta}=\dfrac{a}{b}\Rightarrow\dfrac{x}{y}=\dfrac{a}{b}\Rightarrow\begin{cases}x=\dfrac{ac}{a+b}\\y=\dfrac{bc}{a+b}\end{cases}$时取到最小值.

说明　(1)如果设p,q为已知正常数,将函数$f(x,y)=\sqrt{x^2+a^2}+\sqrt{y^2+b^2}$推广为

$$f(x,y)=p\sqrt{x^2+a^2}+q\sqrt{y^2+b^2}\tag{3}$$

那么,我们还能求出$f(x,y)$的最小值吗?如果能,又该怎样求呢?

前面的解法4启示我们:设λ,μ为待定正参数,则

$$f(x)=f(x,y)=p\sqrt{x^2+a^2}+q\sqrt{y^2+b^2}$$

$$=\frac{p\sqrt{(\lambda^2+1)(x^2+a^2)}}{\sqrt{\lambda^2+1}}+\frac{q\sqrt{(\mu^2+1)[(c-x)^2+b^2]}}{\sqrt{\mu^2+1}}$$

$$\geqslant\frac{p(\lambda x+a)}{\sqrt{\lambda^2+1}}+\frac{q[\mu(c-x)+b]}{\sqrt{\mu^2+1}}$$

$$=(\frac{p\lambda}{\sqrt{\lambda^2+1}}+\frac{q\mu}{\sqrt{\mu^2+1}})x+\frac{pa}{\sqrt{\lambda^2+1}}+\frac{q(\mu c+b)}{\sqrt{\mu^2+1}}\tag{4}$$

令
$$\frac{p\lambda}{\sqrt{\lambda^2+1}}=\frac{q\mu}{\sqrt{\mu^2+1}}$$

$$\Rightarrow(p^2-q^2)(\lambda\mu)^2=q^2\mu^2-p^2\lambda^2\tag{5}$$

又式(4)等号成立仅当

$$\begin{cases}x=\lambda a\\c-x=\mu b\end{cases}\Rightarrow\lambda a+\mu b=c\tag{6}$$

然后将式(5),(6)结合可解出 λ,μ,代入式(4)可求出 $f_{\min}(x,y)$ 来.

(2)由于推广函数 $f(x)=f(x,y)$ 等价于图 2.4 所示的几何问题:

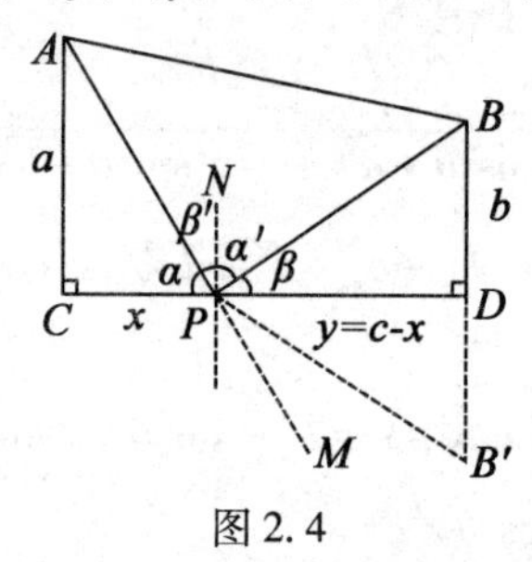

图 2.4

设 p,q 为已知正常数,a,b,c 为正常数,$AC=a$,$BD=b$,$CD=c$,且 $AC\perp CD$,$BD\perp CD$,试在线段 CD 上(内、外均可)求一个点,使 $S=p\cdot PA+q\cdot PB$ 的值最小.

我们不妨设 $CP=x$,$PD=y=c-x$,$\angle APC=\alpha$,$\angle BPD=\beta$. $\alpha,\beta\in(0,\frac{\pi}{2})$,则

$$S=f(x)=f(x,y)=p\cdot PA+q\cdot PB=p\sqrt{x^2+a^2}+q\sqrt{(c-x)^2+b^2}$$

求导得

$$f'(x)=\frac{px}{\sqrt{x^2+a^2}}-\frac{q(c-x)}{\sqrt{(c-x)^2+b^2}}=p(\frac{PC}{PA})-q(\frac{PD}{PB})=p\cos\alpha-q\cos\beta \quad (7)$$

如果 P 为所求点,那么必有 x 为导函数方程 $f'(x)=0$ 的驻点,即必有

$$p\cos\alpha=q\cos\beta\Rightarrow\frac{p}{\cos\beta}=\frac{q}{\cos\alpha} \quad (8)$$

再作 $PN\perp CD$,并设 $\angle APN=\beta'$,$\angle BPN=\alpha'$,则式(8)化为

$$\frac{p}{\cos(90^\circ-\alpha')}=\frac{q}{\cos(90^\circ-\beta')}\Rightarrow\frac{p}{\sin\alpha'}=\frac{q}{\sin\beta'} \quad (9)$$

如图 2.4,做出点 B 关于 CD 的对称点 B',联结 PB',那么折线 $A\to P\to B'$ 等价于一条光线从介值常数为 p 的介质射入界面点 P,再从 P 发生折射进入另一介值常数为 q 的另一介质到点 B',其中 $\angle\alpha'$ 是折射角,$\angle\beta'$ 是入射角,则式(9)正好是物理学上的折射定律公式.

(3)由此,我们可以引申出一个非常趣味的问题:如图 2.5,CD 北方是沙漠,CD 南面是草地,有一骑兵部队从 A 地出发要去夜袭 B 地的敌军. 已知草地行军速度是 q(km/h),沙漠行军速度是 p(km/h)($p<q$),那么骑兵指挥官应当怎样选择行军路线,才能用最短的时间到达敌军驻地 B?

自然,其选择路线不能是直线 AB,而应当是折线 $A\to P\to B$,其中角度 α,β

满足式(8).

其实,关于式(8)的证明,有近十种方法,限于篇幅,略去.

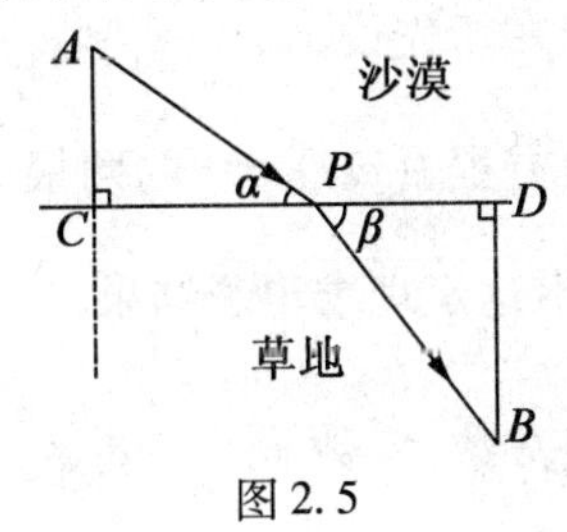

图 2.5

题6　设 $p,q\in\mathbf{R}^*$,且 $m\neq n$,二次函数 $f(x)=x^2+px+q$ 与 x 轴有交点,如果方程 $f(mx)=0$ 与 $f(nx)=0$ 有相等的实数根,求 $\frac{q}{p^2}$ 的值.

解　由于二次函数 $f(x)=x^2+px+q$ 与 x 轴有交点,不妨设为 $A(x_1,0)$,$B(x_2,0)$,且 $x_1\leqslant x_2$,于是 x_1,x_2 是方程 $f(x)=0$ 的两实根,故有

$$f(x)=x^2+px+q=(x-x_1)(x-x_2)$$

$$\Rightarrow\begin{cases}f(mx)=(mx-x_1)(mx-x_2)=m^2(x-\frac{x_1}{m})(x-\frac{x_2}{m})\\f(nx)=(nx-x_1)(nx-x_2)=n^2(x-\frac{x_1}{n})(x-\frac{x_2}{n})\end{cases}$$

所以 $\frac{x_1}{m},\frac{x_2}{m}$ 是方程 $f(mx)=0$ 的两根. $\frac{x_1}{n},\frac{x_2}{n}$ 是方程 $f(nx)=0$ 的两根,且

$$\frac{x_1}{m}\leqslant\frac{x_2}{m},\frac{x_1}{n}\leqslant\frac{x_2}{n},m\neq n$$

由于方程 $f(mx)=0$ 与方程 $f(nx)=0$ 有相等的实根,于是

$$\frac{x_1}{m}=\frac{x_2}{n}\text{或}\frac{x_2}{m}=\frac{x_1}{n}$$

当 $\frac{x_1}{m}=\frac{x_2}{n}$ 时,设 $x_1=mt,x_2=nt(t\neq0)$,利用韦达定理有

$$\frac{q}{p^2}=\frac{x_1x_2}{(x_1+x_2)^2}=\frac{mt\cdot nt}{(mt+nt)^2}$$

$$\Rightarrow\frac{q}{p^2}=\frac{mn}{(m+n)^2}$$

当 $\frac{x_2}{m}=\frac{x_1}{n}$ 时,同理可得相同的上述结果,故有

$$\frac{q}{p^2}=\frac{mn}{(m+n)^2}$$

评注 上述解法的特点在于先设 $x_1,x_2(x_1\leqslant x_2)$ 是方程 $f(x)=0$ 的两根作为突破口,然后推出 $\frac{x_1}{m},\frac{x_2}{m}$ 是方程 $f(mx)=0$ 的两根,$\frac{x_1}{n},\frac{x_2}{n}$ 是方程 $f(nx)=0$ 的两根. 然后结合题意并利用韦达定理求得了结果.

题7 设 p,q 为正常数,实数 x,y,z 满足 $x+y+z=3p,xy+yz+zx=3q^2$,试问:当 p 与 q 满足什么关系时,x,y,z 均有最值?

解法1 设

$$\begin{cases}x=\frac{3p-z}{2}+d\\ y=\frac{3p-z}{2}-d\end{cases}\quad(d\in\mathbf{R})$$

代入

$$\begin{aligned}3q^2&=xy+yz+zx=xy+z(x+y)\\&=(\frac{3p-z}{2})^2-d^2+z(3p-z)\\&\Rightarrow 3z^2-6pz+12q^2-9p^2=-4d^2\leqslant 0\\&\Rightarrow z^2-2pz-(3p^2-4q^2)\leqslant 0\end{aligned}\tag{1}$$

欲使 x,y,z 均有最值,首先须使不等式(1)有实数解,从而方程

$$z^2-2pz-(3p^2-4q^2)=0\tag{2}$$

必须有实数根,那么关于 z 的判别式

$$\Delta_z=(-2p)^2+4(3p^2-4q^2)=16(p^2-q^2)\geqslant 0$$

$$\Rightarrow p\geqslant q>0\tag{3}$$

这即为正常数 p,q 必须满足的条件,又方程(2)的两实根为

$$\begin{cases}z_1=p-2\sqrt{p^2-q^2}\\ z_2=p+2\sqrt{p^2-q^2}\end{cases}$$

于是不等式(1)的解为

$$z_1\leqslant z\leqslant z_2$$

$$\Rightarrow\begin{cases}z_{\min}=z_1=p-2\sqrt{p^2-q^2}\\ z_{\max}=z_2=p+2\sqrt{p^2-q^2}\end{cases}$$

同理可得 x,y 的最大值与最小值与 z 的最大值和最小值相同.

解法 2　利用已知条件有

$$\begin{cases}x+y+z=3p\\xy+yz+zx=3q^2\end{cases}$$

$$\Rightarrow(3p)^2=(x+y+z)^2=x^2+y^2+z^2+2(xy+yz+zx)=x^2+y^2+z^2+6q^2$$

$$\Rightarrow x^2+y^2+z^2=9p^2-6q^2$$

$$\Rightarrow(3p-y-z)^2+y^2+z^2=9p^2-6q^2$$

$$\Rightarrow y^2+(z-3p)y+(z^2-3pz+3q^2)=0 \tag{4}$$

这可视作关于 y 的二次方程,因 y 为实数,故方程的判别式

$$\Delta_y=(z-3p)^2-4(z^2-3pz+3q^2)\geqslant 0$$

$$\Rightarrow z^2-2pz-(3p^2-4q^2)\leqslant 0$$

以下过程同解法 1,略.

解法 3　由于 x,y,z 对称,由已知条件有

$$\begin{cases}x+y+z=3p\\xy+yz+zx=3q^2\end{cases}$$

$$\Rightarrow\begin{cases}x+y=3p-z\\xy=3q^2-z(x+y)=z^2-3pz+3q^2\end{cases}$$

现构造以 x,y 为根的一元二次方程

$$t^2+(z-3p)t+(z^2-3pz+3q^2)=0 \tag{5}$$

由于 x,y 为实数,则方程(5)的判别式

$$\Delta_t=(z-3p)^2-4(z^2-3pz+3q^2)\geqslant 0$$

$$\Rightarrow z^2-2pz-(3p^2-4q^2)\leqslant 0$$

以下过程同解法 1,略.

解法 4　由于

$$(x+y)^2=(x-y)^2+4xy\geqslant 4xy$$

由解法 3 有

$$(3p-z)^2\geqslant 4(z^2-3pz+3q^2)$$

$$\Rightarrow z^2-2pz-(3p^2-4q^2)\leqslant 0$$

以下过程同解法 1,略.

评注　(1°)这是一类初中数学竞赛中的常规题,是笔者将其略加拓展,事实上,若设

$$\begin{cases}x+y+z=3p\\xy+yz+zx=3q\end{cases}$$

那么相应地,有

$$\begin{cases} z_{\min} = p - 2\sqrt{p^2 - q} \\ z_{\max} = p + 2\sqrt{p^2 - q} \end{cases}$$

这样,我们就可将 p,q 的定义范围从正数定义为满足条件 $p^2 \geqslant q$ 的实数.

(2°)从拓展意义上讲,本题可从三个方向进行拓展:

拓展1 设 p,q 及 $x_1,x_2,\cdots,x_n(n\geqslant 3,n\in \mathbf{N}^*)$ 均为实数,满足 $\sum_{i=1}^{n} x_i = np$, $\sum_{1\leqslant i\leqslant j\leqslant n} x_i x_j = \frac{1}{2}n(n-1)q$. 试问:当 p,q 满足什么条件时, $x_1,x_2,\cdots,x_n$ 均有最值?

解 由于当 $n\geqslant 3$ 时,有

$$(np)^2 = (\sum_{i=1}^{n} x_i)^2 = \sum_{i=1}^{n} x_i^2 + 2\sum_{1\leqslant i\leqslant j\leqslant n} x_i x_j = \sum_{i=1}^{n} x_i^2 + n(n-1)q$$

$$\Rightarrow \sum_{i=1}^{n} x_i^2 = n^2p^2 - n(n-1)q$$

$$\Rightarrow \sum_{i=2}^{n} x_i^2 = n^2p^2 - n(n-1)q - x_1^2 \tag{6}$$

利用柯西不等式有

$$(n-1)\sum_{i=2}^{n} x_i^2 \geqslant (\sum_{i=2}^{n} x_i)^2$$

$$\Rightarrow (n-1)[n^2p^2 - n(n-1)q - x_1^2] \geqslant (np - x_1)^2 = n^2p^2 - 2npx_1 + x_1^2$$

$$\Rightarrow x_1^2 - 2px_1 - n(n-2)p^2 + (n-1)^2q \leqslant 0 \tag{7}$$

注意到方程

$$x_1^2 - 2px_1 - n(n-2)p^2 + (n-1)^2q = 0 \tag{8}$$

的判别式

$$\Delta = (-2p)^2 + 4n(n-2)p^2 - 4(n-1)^2q = 4(n-1)^2(p^2-q)$$

因此,只有当 $p^2\geqslant q$ 时, $\Delta\geqslant 0$,方程(8)才有解,从而不等式(7)才有解

$$p - (n-1)\sqrt{p^2-q} \leqslant x_1 \leqslant p + (n-1)\sqrt{p^2-q} \tag{9}$$

这时 x_1 才有最值.

由于 $x_1,x_2,\cdots,x_n$ 在已知条件中对称,所以只有当 $p^2\geqslant q$ 时, $x_1,x_2,\cdots,x_n$ 才均有最值,且最小值均为

$$\min\{x_1,x_2,\cdots,x_n\} = p - (n-1)\sqrt{p^2-q}$$

最大值均为

$$\max\{x_1,x_2,\cdots,x_n\}=p+(n-1)\sqrt{p^2-q}$$

拓展 2　设 p,q 为正常数，$x_1,x_2,\cdots,x_n(n\geqslant 3)$ 均为正数，且满足

$$\begin{cases}x_1+x_2+\cdots+x_n=np\\ \dfrac{G}{x_1}+\dfrac{G}{x_2}+\cdots+\dfrac{G}{x_n}=nq^{n-1}\end{cases}$$

其中 $G=x_1x_2\cdots x_n$，那么当 p,q 满足什么条件时，$x_1,x_2,\cdots,x_n$ 均有最值？

解　由于 $p,q,x_1,x_2,\cdots,x_n$ 均为正数，应用 n 元对称不等式有

$$\left(\frac{\sum\limits_{1\leqslant i\leqslant j\leqslant n}x_ix_j}{\frac{1}{2}n(n-1)}\right)^{\frac{1}{2}}\geqslant\left(\frac{\sum\limits_{i=1}^{n}\frac{G}{x_i}}{n}\right)^{\frac{1}{n-1}}=q$$

$$\Rightarrow 2\sum_{1\leqslant i\leqslant j\leqslant n}x_ix_j\geqslant n(n-1)q^2$$

$$\Rightarrow (np)^2=(\sum_{i=1}^{n}x_i)^2=\sum_{i=1}^{n}x_i^2+2\sum_{1\leqslant i\leqslant j\leqslant n}x_ix_j$$

$$\geqslant\sum_{i=1}^{n}x_i^2+n(n-1)q^2$$

$$\Rightarrow n^2p^2-n(n-1)q^2\geqslant\sum_{i=1}^{n}x_i^2$$

$$\Rightarrow n^2p^2-n(n-1)q^2-x_1^2\geqslant\sum_{i=2}^{n}x_i^2$$

$$\Rightarrow (n-1)[n^2p^2-n(n-1)q^2-x_1^2]\geqslant(n-1)\sum_{i=2}^{n}x_i^2$$

$$\geqslant(\sum_{i=2}^{n}x_i)^2=(np-x_1)^2$$

以下过程同拓展 1，得到

$$p-(n-1)\sqrt{p^2-q^2}\leqslant x_1\leqslant p+(n-1)\sqrt{p^2-q^2}\tag{10}$$

因此，正数 p,q 应满足的条件是

$$\begin{cases}p\geqslant q\\ p>(m-1)\sqrt{p^2-q^2}\end{cases}\Rightarrow q\leqslant p<\sqrt{\frac{n-1}{n-2}}\cdot q$$

同样，在已知条件中 $x_1,x_2,\cdots,x_n$ 对称，所以，当 p,q 满足条件

$$0<q\leqslant p<\sqrt{\frac{n-1}{n-2}}\cdot q$$

时，$x_1,x_2,\cdots,x_n$ 均有相同的最大值

$$\max\{x_1,x_2,\cdots,x_n\}=p+(n-1)\sqrt{p^2-q^2}$$

得最小值

$$\min\{x_1,x_2,\cdots,x_n\}=p-(n-1)\sqrt{p^2-q^2}$$

拓展3 设 p,q 为正常数,$\lambda_i,\mu_i(1\leqslant i\leqslant n;n\geqslant 3,n\in\mathbf{N}^*)$ 为已知正系数,实数 $x_1,x_2,\cdots,x_n$ 满足

$$\begin{cases}\lambda_1x_1+\lambda_2x_2+\cdots+\lambda_nx_n=np\\ \mu_1x_1^2+\mu_2x_2^2+\cdots+\mu_nx_n^2=nq^2\end{cases}$$

试讨论 $x_1,x_2,\cdots,x_n$ 的最值问题.

分析 记

$$m=\frac{\lambda_1^2}{\mu_1}+\frac{\lambda_2^2}{\mu_2}+\cdots+\frac{\lambda_n^2}{\mu_n}$$

$$m_i=m-\frac{\lambda_i^2}{\mu_i}\quad(i=1,2,\cdots,n)$$

应用柯西不等式有

$$\left(\sum_{i=1}^{n}\mu_ix_i^2\right)\left(\sum_{i=1}^{n}\frac{\lambda_i^2}{\mu_i}\right)\geqslant\left(\sum_{i=1}^{n}\lambda_i\mu_i\right)^2$$

$$\Rightarrow m_1(nq^2-\mu_1x_1^2)\geqslant(np-\lambda_1x_1)^2=n^2p^2-2np\lambda_1x_1+\lambda_1^2x_1^2$$

$$\Rightarrow(\lambda_1^2+\mu_1m_1)x_1^2-2np\lambda_1x_1+(n^2p^2-nm_1q^2)\leqslant 0\tag{11}$$

上述方法对其余 $x_2,\cdots,x_n$ 同样适合,所以对任意 $x_i(1\leqslant i\leqslant n)$ 均有

$$f(x_i)=(\lambda_i^2+\mu_im_i)x_i^2-2np\lambda_ix_i+n(np^2-m_iq^2)\leqslant 0\tag{12}$$

欲使不等式(12)有实数解,必须使关于 x_i 的方程 $f(x_i)=0$ 有实数根,从而判别式

$$\begin{aligned}\Delta_i&=4n^2p^2\lambda_i^2-4n(np^2-m_iq^2)(\lambda_i^2+\mu_im_i)\\&=4n[m_iq^2(\lambda_i^2+\mu_im_i)-np^2\mu_im_i]\geqslant 0\quad(i=1,2,\cdots,n)\end{aligned}\tag{13}$$

于是不等式(12)的解为

$$\frac{2np\lambda_i-\sqrt{\Delta_i}}{2(\lambda_i^2+\mu_im_i)}\leqslant x_i\leqslant\frac{2np\lambda_i+\sqrt{\Delta_i}}{2(\lambda_i^2+\mu_im_i)}\quad(1\leqslant i\leqslant n)\tag{14}$$

从式(14)便知 $x_i(1\leqslant i\leqslant n)$ 的最大值与最小值,特别地,当取

$$\lambda_i=\mu_i=1\Rightarrow m_i=n-1\quad(1\leqslant i\leqslant n)$$

$$\Rightarrow\Delta_i=4n^2(n-1)(q^2-p^2)$$

此时,必须 $q\geqslant p$,式(14)化为

$$p-\sqrt{(n-1)(q^2-p^2)}\leqslant x_i\leqslant p+\sqrt{(n-1)(q^2-p^2)}\quad(i=1,2,\cdots,n)\tag{15}$$

$$\begin{cases}\min(x_i)=p-\sqrt{(n-1)(q^2-p^2)}\\ \max(x_i)=p+\sqrt{(n-1)(q^2-p^2)}\end{cases} \tag{16}$$

题 8　设 a,b,c,d 为正常数,正数 x,y,z 满足 $x+y+z=d$,求表达式

$$f=\sqrt{x^2+a^2}+\sqrt{y^2+b^2}+\sqrt{z^2+c^2}$$

的最小值.

分析　关于只有两个变元 x,y 的情形. 我们在题 5 中已经得到解决,但本题是涉及三个变元 x,y,z 的情形,自然加大了难度,让我们先用三种方法解答本题.

解法 1　设 λ,μ,v 为正参数,应用柯西不等式有

$$\begin{aligned}f&=\frac{\sqrt{(\lambda^2+1)(x^2+a^2)}}{\sqrt{\lambda^2+1}}+\frac{\sqrt{(\mu^2+1)(y^2+b^2)}}{\sqrt{\mu^2+1}}+\frac{\sqrt{(v^2+1)(z^2+c^2)}}{\sqrt{v^2+1}}\\&\geqslant\frac{\lambda x+a}{\sqrt{\lambda^2+1}}+\frac{\mu y+b}{\sqrt{\mu^2+1}}+\frac{vz+c}{\sqrt{v^2+1}}\\&=\frac{\lambda x+a}{\sqrt{\lambda^2+1}}+\frac{\mu y+b}{\sqrt{\mu^2+1}}+\frac{v(d-x-y)+c}{\sqrt{v^2+1}}\end{aligned}$$

$$\Rightarrow f\geqslant A+B \tag{1}$$

其中

$$A=\left(\frac{\lambda}{\sqrt{\lambda^2+1}}-\frac{v}{\sqrt{v^2+1}}\right)x+\left(\frac{\mu}{\sqrt{\mu^2+1}}-\frac{v}{\sqrt{v^2+1}}\right)y \tag{2}$$

$$B=\frac{a}{\sqrt{\lambda^2+1}}+\frac{b}{\sqrt{\mu^2+1}}+\frac{vd+c}{\sqrt{v^2+1}} \tag{3}$$

式(1)等号成立仅当

$$\frac{\lambda}{1}=\frac{x}{a},\frac{\mu}{1}=\frac{y}{b},\frac{v}{1}=\frac{z}{c}$$

即 $\lambda=\frac{x}{a},\mu=\frac{y}{b},v=\frac{z}{c}$.

为了让 f 取到最小值,必须消去式(2)中的变量 x,y,因此必须且只需令

$$\frac{\lambda}{\sqrt{\lambda^2+1}}=\frac{\mu}{\sqrt{\mu^2+1}}=\frac{v}{\sqrt{v^2+1}} \tag{4}$$

$$\Rightarrow\frac{x}{\sqrt{x^2+a^2}}=\frac{y}{\sqrt{y^2+b^2}}=\frac{z}{\sqrt{z^2+c^2}}=\frac{1}{t}$$

$$\Rightarrow(x,y,z)=\left(\frac{a}{\sqrt{t^2-1}},\frac{b}{\sqrt{t^2-1}},\frac{c}{\sqrt{t^2-1}}\right)$$

$$\Rightarrow\frac{a+b+c}{\sqrt{t^2-1}}=d$$

$$\Rightarrow\frac{1}{\sqrt{t^2-1}}=\frac{d}{S}\quad(S=a+b+c)$$

$$\Rightarrow(x,y,z)=(\frac{ad}{S},\frac{bd}{S},\frac{cd}{S})$$

$$\Rightarrow f_{\min}=\sqrt{(\frac{ad}{S})^2+a^2}+\sqrt{(\frac{bd}{S})^2+b^2}+\sqrt{(\frac{cd}{S})^2+c^2}$$

$$=(\frac{a}{S}+\frac{b}{S}+\frac{c}{S})\sqrt{S^2+d^2}$$

$$\Rightarrow f\geqslant f_{\min}=\sqrt{S^2+d^2}\tag{5}$$

这即为f的最小值,仅当

$$x=\frac{ad}{a+b+c},y=\frac{bd}{a+b+c},z=\frac{cd}{a+b+c}$$

时取到.

解法2 由于

$$f^2=(\sqrt{x^2+a^2}+\sqrt{y^2+b^2}+\sqrt{z^2+c^2})^2$$

$$=x^2+y^2+z^2+a^2+b^2+c^2+2\sqrt{(x^2+a^2)(y^2+b^2)}+$$

$$2\sqrt{(y^2+b^2)(z^2+c^2)}+2\sqrt{(z^2+c^2)(x^2+a^2)}$$

应用柯西不等式,有

$$f^2\geqslant x^2+y^2+z^2+a^2+b^2+c^2+2(xy+ab)+2(yz+bc)+2(zx+ac)$$

$$=(x^2+y^2+z^2+2xy+2yz+2zx)+(a^2+b^2+c^2+2ab+2bc+2ca)$$

$$=(x+y+z)^2+(a+b+c)^2$$

$$=d^2+(a+b+c)^2$$

$$\Rightarrow f\geqslant\sqrt{(a+b+c)^2+d^2}\tag{6}$$

等号成立仅当

$$\frac{x}{y}=\frac{a}{b},\frac{y}{z}=\frac{b}{c},\frac{z}{x}=\frac{c}{a}$$

设

$$(x,y,z)=(at,bt,ct)$$

$$\Rightarrow d=(a+b+c)t$$

$$\Rightarrow(x,y,z)=(\frac{ad}{a+b+c},\frac{bd}{a+b+c},\frac{cd}{a+b+c})$$

这时,f 取到最小值

$$f_{\min}=\sqrt{(a+b+c)^2+d^2}$$

解法 3　立体空间内构造三个向量

$$z_1=(x,a),z_2=(y,b),z_3=(z,c)$$

则有不等式

$$\begin{aligned}&|z_1|+|z_2|+|z_3|\geqslant|z_1+z_2+z_3|\\&\Rightarrow\sqrt{x^2+a^2}+\sqrt{y^2+b^2}+\sqrt{z^2+c^2}\\&\geqslant\sqrt{(x+y+z)^2+(a+b+c)^2}\\&=\sqrt{(a+b+c)^2+d^2}\end{aligned}\tag{7}$$

等号成立仅当

$$\begin{cases}|z_1|\cdot|z_2|=z_1\cdot z_2\Rightarrow\sqrt{x^2+a^2}\cdot\sqrt{y^2+b^2}=xy+ab\\|z_2|\cdot|z_3|=z_2\cdot z_3\Rightarrow\sqrt{y^2+b^2}\cdot\sqrt{z^2+c^2}=yz+bc\\|z_3|\cdot|z_1|=z_3\cdot z_1\Rightarrow\sqrt{z^2+c^2}\cdot\sqrt{x^2+a^2}=zx+ca\end{cases}$$

$$\Rightarrow\begin{cases}(bx-ay)^2=0\\(cy-bz)^2=0\\(az-cx)^2=0\end{cases}\Rightarrow\frac{x}{a}=\frac{y}{b}=\frac{z}{c}=t\quad(t>0)$$

$$\Rightarrow(x,y,z)=(at,bt,ct)$$

$$\Rightarrow(a+b+c)t=d$$

$$\Rightarrow(x,y,z)=(\frac{ad}{a+b+c},\frac{bd}{a+b+c},\frac{cd}{a+b+c})$$

$$\Rightarrow f_{\min}=\sqrt{(a+b+c)^2+d^2}$$

评注　(1°)以上三种解法中,解法 1 应用参数方法,显得巧妙;解法 2 应用柯西不等式,显得简洁;解法 3 应用向量,显得明快.

特别地,利用向量法不难将本题拓展为

拓展 1　设 $m,a_1,a_2,\cdots,a_n(n\geqslant2,n\in\mathbf{N}^*)$ 均为正常数,满足

$$x_1+x_2+\cdots+x_n=m\quad(x_i>0)$$

试求

$$f=\sum_{k=1}^{n}\sqrt{x_k^2+a_k^2}$$

的最小值.

解　设复数 $z_k=x_k+\mathrm{i}a_k(k=1,2,\cdots,n)$,应用不等式

$$\sum_{k=1}^{n} |z_k| \geqslant \left|\sum_{k=1}^{n} z_k\right| = \left|\left(\sum_{k=1}^{n} x_k\right) + \mathrm{i}\left(\sum_{k=1}^{n} a_k\right)\right|$$

$$\Rightarrow \sum_{k=1}^{n} \sqrt{x_k^2 + a_k^2} \geqslant \sqrt{\left(\sum_{k=1}^{n} x_k\right)^2 + \left(\sum_{k=1}^{n} a_k\right)^2}$$

$$\Rightarrow f \geqslant \sqrt{m^2 + \left(\sum_{k=1}^{n} a_k\right)^2}$$

$$\Rightarrow f_{\min} = \sqrt{m^2 + \left(\sum_{k=1}^{n} a_k\right)^2}$$

等号成立仅当

$$\frac{x_1}{a_1} = \frac{x_2}{a_2} = \cdots = \frac{x_n}{a_n}$$

$$\Rightarrow \frac{x_k}{a_k} = \frac{\sum_{k=1}^{n} x_k}{\sum_{k=1}^{n} a_k} = \frac{m}{\sum_{k=1}^{n} a_k}$$

$$\Rightarrow x_k = \frac{m a_k}{\sum_{k=1}^{n} a_k} \quad (k = 1,2,\cdots,n)$$

(2°)如果应用闵可夫斯基(H. Minkowski)不等式,还可将拓展1从指数方面拓展为:

拓展2 设$m,a_1,a_2,\cdots,a_n(n\geqslant 3,n\in \mathbf{N}^*)$均为正常数,满足$x_1+x_2+\cdots+x_n=m(x_i>0,i=1,\cdots,n)$. 指数$\theta>1$,试求$f=\sum_{k=1}^{n}\sqrt[\theta]{x_k^\theta+a_k^\theta}$的最小值.

提示 利用闵可夫斯基不等式有

$$f = \sum_{k=1}^{n} \sqrt[\theta]{x_k^\theta + a_k^\theta} \geqslant \sqrt[\theta]{\left(\sum_{k=1}^{n} x_i\right)^\theta + \left(\sum_{k=1}^{n} a_k\right)^\theta} = \sqrt[\theta]{m^\theta + \left(\sum_{k=1}^{n} a_k\right)^\theta}$$

仅当$x_k=\frac{m a_k}{S}$(其中$S=\sum_{k=1}^{n} a_k$)时达到.

(3°)事实上,如果我们利用赫尔德(Hölder)不等式,还可考虑拓展2的系数推广问题,进而从系数方面推广了拓展1,并回头照应题5的系数推广.

拓展3 设$m,a_i,p_i(i=1,2,\cdots,n;n\geqslant 2,n\in \mathbf{N}^*)$均为正常数,正变量$x_1,x_2,\cdots,x_n$满足

$$x_1 + x_2 + \cdots + x_n = m$$

试指出表达式(其中指数$\theta>1$)

$$f=\sum_{k=1}^{n}p_k\sqrt[\theta]{x_k^{\theta}+a_k^{\theta}}$$

什么条件下取到最小值?

解　设$\lambda_1,\lambda_2,\cdots,\lambda_n$为待定正参数,注意到$\theta>1$知

$$\frac{1}{\theta},\frac{\theta-1}{\theta}\in(0,1),\frac{1}{\theta}+\frac{\theta-1}{\theta}=1$$

应用赫尔德不等式有

$$(\lambda_i^{\frac{\theta}{\theta-1}}+1)^{\frac{\theta-1}{\theta}}\cdot(x_i^{\theta}+a_i^{\theta})^{\frac{1}{\theta}}\geqslant\lambda_ix_i+a_i$$

$$\Rightarrow\sqrt[\theta]{x_i^{\theta}+a_i^{\theta}}\geqslant\frac{\lambda_ix_i+a_i}{\sqrt[\alpha]{\lambda_i^{\alpha}+1}}\quad(1\leqslant i\leqslant n)\tag{8}$$

其中$\alpha=\dfrac{\theta}{\theta-1}>1$,于是

$$\begin{aligned}f&=\sum_{i=1}^{n}p_i\sqrt[\theta]{x_i^{\theta}+a_i^{\theta}}\geqslant\sum_{i=1}^{n}\frac{p_i(\lambda_ix_i+a_i)}{\sqrt[\alpha]{\lambda_i^{\alpha}+1}}\\&=\sum_{i=1}^{n-1}\frac{p_i(\lambda_ix_i+a_i)}{\sqrt[\alpha]{\lambda_i^{\alpha}+1}}+\frac{p_n(\lambda_nx_n+a_n)}{\sqrt[\alpha]{\lambda_n^{\alpha}+1}}\\&=\sum_{i=1}^{n-1}\frac{p_i(\lambda_ix_i+a_i)}{\sqrt[\alpha]{\lambda_i^{\alpha}+1}}+\frac{p_n[\lambda_n(m-x_1-x_2-\cdots-x_{n-1})+a_n]}{\sqrt[\alpha]{\lambda_n^{\alpha}+1}}\\&=\sum_{i=1}^{n-1}\left(\frac{p_i\lambda_i}{\sqrt[\alpha]{\lambda_i^{\alpha}+1}}-\frac{p_n\lambda_n}{\sqrt[\alpha]{\lambda_n^{\alpha}+1}}\right)x_i+A\end{aligned}\tag{9}$$

其中

$$A=\sum_{i=1}^{n}\frac{p_ia_i}{\sqrt[\alpha]{\lambda_i^{\alpha}+1}}+\frac{p_n\lambda_nm}{\sqrt[\alpha]{\lambda_n^{\alpha}+1}}\tag{10}$$

一方面,式(1)知等号成立仅当

$$\frac{\lambda_i^{\alpha}}{1}=\frac{x_i^{\theta}}{a_i^{\theta}}\Rightarrow\lambda_i=(\frac{x_i}{a_i})^{\frac{\theta}{\alpha}}=(\frac{x_i}{a_i})^{\theta-1}\quad(i=1,2,\cdots,n)$$

另一方面,欲使f取到最小值,必须消去式(9)中的变量$x_1,x_2,\cdots,x_{n-1}$,故必须令

$$\frac{p_i\lambda_i}{\sqrt[\alpha]{\lambda_n^{\alpha}+1}}=\frac{p_n\lambda_n}{\sqrt[\alpha]{\lambda_n^{\alpha}+1}}\quad(i=1,2,\cdots,n-1)$$

$$\Rightarrow\frac{p_i(\frac{x_i}{a_i})^{\theta-1}}{\sqrt[\alpha]{(\frac{x_i}{a_i})^{\alpha(\theta-1)}+1}}=t\quad(t\text{ 为比值},\alpha=\frac{\theta}{\theta-1})$$

$$\Rightarrow \frac{p_i x_i^{\theta-1}}{\sqrt[\alpha]{x_i^\theta + a_i^\theta}} = t \quad (i=1,2,\cdots,n) \tag{11}$$

$$\Rightarrow \frac{p_i x_i^{\theta-1}}{\sqrt[\alpha]{x_1^\theta + a_1^\theta}} = \frac{p_2 x_2^{\theta-1}}{\sqrt[\alpha]{x_2^\theta + a_2^\theta}} = \cdots = \frac{p_n x_n^{\theta-1}}{\sqrt[\alpha]{x_n^\theta + a_n^\theta}} (=t) \tag{12}$$

式(12)便是f取到最小值时必备的条件.

特别地,当取$n=2$时,得到

$$\frac{p_1 x_1^{\theta-1}}{\sqrt[\alpha]{x_1^\theta + a_1^\theta}} = \frac{p_2 x_2^{\theta-1}}{\sqrt[\alpha]{x_2^\theta + a_2^\theta}} \tag{13}$$

作代换,令

$$(x_1,x_2,a_1,a_2,p_1,p_2) = (x,y,a,b,p,q)$$

得

$$\frac{p x^{\theta-1}}{\sqrt[\alpha]{x^\theta + a^\theta}} = \frac{q y^{\theta-1}}{\sqrt[\alpha]{y^\theta + b^\theta}} \tag{14}$$

在式(14)中取$\theta=2 \Rightarrow \alpha = \dfrac{\theta}{\theta-1} = 2$得到

$$\frac{px}{\sqrt{x^2+a^2}} = \frac{qy}{\sqrt{y^2+b^2}}$$

$$\Rightarrow p\cos\alpha = q\cos\beta \tag{15}$$

这便是我们在前面得到的光学结论.

自然地,若设p,q,r,a,b,c,m均为正常数,正变量x,y,z满足$x+y+z=m$.那么当

$$\frac{px}{\sqrt{x^2+a^2}} = \frac{qy}{\sqrt{y^2+b^2}} = \frac{rz}{\sqrt{z^2+c^2}} \tag{16}$$

时,表达式

$$f = p\sqrt{x^2+a^2} + q\sqrt{y^2+b^2} + r\sqrt{z^2+c^2} \tag{17}$$

取到最小值.

由此可知,当$\sum_{i=1}^{n} x_i = m$及

$$\frac{p_1 x_1}{\sqrt{x_1^2+a_1^2}} = \frac{p_2 x_2}{\sqrt{x_2^2+a_2^2}} = \cdots = \frac{p_n x_n}{\sqrt{x_n^2+a_n^2}}$$

时,表达式

$$f = \sum_{i=1}^{n} p_i \sqrt{x_i^2 + a_i^2}$$

取到最小值.

其实,对于表达式,依次对 x_i 求导得

$$f'(x_i)=\frac{p_i x_i}{\sqrt{x_i^2+a_i^2}}$$

因此,只有当

$$f'(x_1)=f'(x_2)=\cdots=f'(x_n)$$

及

$$x_1+x_2+\cdots+x_n=m$$

时,f 才能取到最小值.

题 9　已知实数 x,y 满足 $\frac{(x-4)^2}{9}+\frac{y^2}{25}\leqslant 1$,求 $\mu=x^2+y^2$ 的最大值与最小值.

分析　从平面解析几何的意义上理解:不等式

$$\frac{(x-4)^2}{9}+\frac{y^2}{25}\leqslant 1 \tag{1}$$

表示椭圆(记为 E)

$$\frac{(x-4)^2}{9}+\frac{y^2}{25}=1 \tag{2}$$

的内部及边界,等式

$$x^2+y^2=(\sqrt{\mu})^2 \tag{3}$$

表示中心在原点半径为$\sqrt{\mu}$的圆系,从图 2.6 上看,当圆系与椭圆相外切时$\sqrt{\mu}$最小,当椭圆内切于圆系时$\sqrt{\mu}$最大,这样便可求得 μ 的最大值与最小值,于是,便有了如下的两种解法.

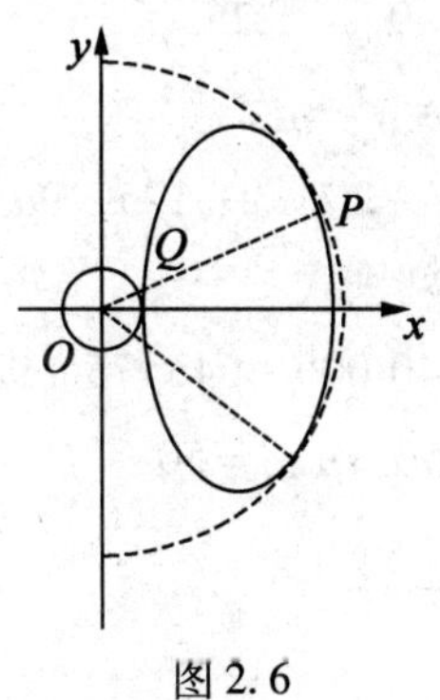

图 2.6

解法 1　从分析知,可设椭圆 E 的参数方程为

$$\begin{cases}x=4+3\cos\theta\\ y=5\sin\theta\end{cases},\theta\in[0,\pi]$$

代入 $\mu=x^2+y^2$ 得

$$\begin{aligned}\mu&=(4+3\cos\theta)^2+25\sin^2\theta\\&=16+24\cos\theta+9\cos^2\theta+25(1-\cos^2\theta)\\&=41+24\cos\theta-16\cos^2\theta\end{aligned}$$

记
$$t=\cos\theta\in[-1,1]$$

$$\mu=f(t)=41+24t-16t^2=50-(4t-3)^2\leqslant 50$$

$$\Rightarrow\mu_{\max}=f_{\max}(t)=f(\frac{3}{4})=50$$

当 $\mu_{\max}=50$ 时

$$t=\cos\theta=\frac{3}{4}$$

$$\sin\theta=\pm\sqrt{1-\cos^2\theta}=\pm\frac{\sqrt{7}}{4}$$

此时 $x=\frac{25}{4},y=\pm\frac{5\sqrt{7}}{4}$.

又易知当 $t=-1$ 时,$\mu_{\min}=50-7^2=1$,此时 $\cos\theta=-1,\sin\theta=0,x=1,y=0$.

综合上述知,当 $x=\frac{25}{4},y=\pm\frac{5\sqrt{7}}{4}$ 时,μ 取最大值 50;当 $x=1,y=0$ 时,μ 取最小值 1.

解法 2 先从下列方程组消去变量 y,并整理

$$\begin{cases}\frac{(x-4)^2}{9}+\frac{y^2}{25}=1\\x^2+y^2=\mu\end{cases}$$

$$\Rightarrow 16x^2-200x+(175-9\mu)=0 \tag{4}$$

因为 x 是实数,所以关于 x 的判别式

$$\Delta=40\ 000-64(175+9\mu)\geqslant 0$$

$$\Rightarrow\mu\leqslant 50\Rightarrow\mu_{\max}=50$$

当 $\mu=50$ 时,解得 $x=\frac{25}{4},y=\pm\frac{5\sqrt{7}}{4}$.

另外,由

$$\frac{(x-4)^2}{9}+\frac{y^2}{25}\leqslant 1\Rightarrow\frac{(x-4)^2}{9}\leqslant 1$$

$$\Rightarrow 1\leqslant x\leqslant 7\Rightarrow\mu=x^2+y^2\geqslant x^2\geqslant 1$$

当 $\mu=1$ 时,$x=1,y=0$.

所以,当 $x=\frac{25}{4},y=\pm\frac{5\sqrt{7}}{4}$时,$\mu$ 取最大值 50;当 $x=1,y=0$ 时,μ 取最小值 1.

题 10　设 a,b,c,d,e,f 为实数,且

$$ax^2+bx+c\geqslant|dx^2+ex+f| \tag{1}$$

对任意实数 x 成立,证明

$$4ac-b^2\geqslant|4df-e^2| \tag{2}$$

分析　二次函数是我们最熟悉不过的,但本题却展现了它一个新奇、独特的趣味性质,使我们感到既新鲜又陌生. 那么,我们将怎样证明它呢? 不妨分类讨论,拭目以待!

证明　若 $a=0$,则 $b=0,d=0,e=0$. 式(2)显然成立.

当 $a\neq0$ 时,由于

$$ax^2+bx+c\geqslant0\Rightarrow\begin{cases}a>0\\b^2-4ac\leqslant0\end{cases}$$

进一步,不妨设 $d>0$,则由

$$ax^2+bx+c\geqslant dx^2+ex+f \tag{3}$$

可知 $a\geqslant d>0$,记

$$g(x)=dx^2+ex+f$$

下面我们分两种情况讨论:

(1)若 $e^2-4df>0$,则由

$$\begin{aligned}&ax^2+bx+c\geqslant|g(x)|\\&\Rightarrow ax^2+bx+c\pm(dx^2+ex+f)\geqslant0\\&\Rightarrow\begin{cases}(b+e)^2-4(a+d)(c+f)\leqslant0\\(b-e)^2-4(a-d)(c-f)\leqslant0\end{cases}\\&\Rightarrow(b^2-4ac)+(e^2-4df)\leqslant0\\&\Rightarrow4ac-b^2\geqslant|4df-e^2|\end{aligned}$$

(2)若 $e^2-4df\leqslant0\Leftrightarrow g(x)\geqslant0$ 且 $g(x)$ 的最小值

$$g_{\min}(x)=\frac{4df-e^2}{4d}$$

在式(1)中取 $x=-\frac{b}{2a}$,则得到

$$\frac{4ac-b^2}{4a} \geqslant g\left(-\frac{b}{2a}\right) \geqslant \frac{4df-e^2}{4d}$$

$$\Rightarrow 4ac-b^2 \geqslant 4df-e^2$$

$$\Rightarrow 4ac-b^2 \geqslant |4df-e^2|$$

2.3 B 组 妙 题

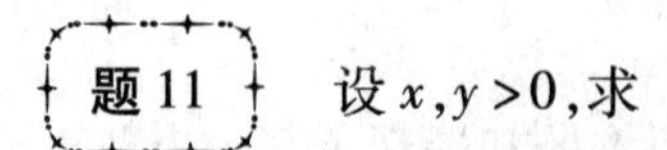

设 $x,y>0$,求

$$f(x,y)=\frac{x}{2x+y}+\frac{y}{x+2y} \tag{1}$$

的最大值.

分析 对于正常数 $p<q$,设

$$g(x,y)=\frac{x}{px+qy}+\frac{y}{py+qx} \tag{2}$$

应用柯西不等式有

$$g(x,y)=\frac{x^2}{px^2+qxy}+\frac{y^2}{py^2+qxy} \geqslant \frac{(x+y)^2}{(px^2+qxy)+(py^2+qxy)}$$

$$=\frac{(x+y)^2}{p(x+y)+2(q-p)xy}$$

$$\geqslant \frac{(x+y)^2}{p(x+y)^2+\frac{1}{2}(q-p)(x+y)^2}=\frac{2}{p+q}$$

$$\Rightarrow g_{\min}(x,y)=\frac{2}{p+q}$$

仅当 $x=y$ 时取到.

但在这种情况下求出的是最小值,并非最大值,这表明,我们刚才走反了方向,与目标背道而驰了.

解法1 当 $x=y$ 时,$f(x,y)=\frac{2}{3}$. 下面我们证明$\frac{2}{3}$就是所求的最大值,即证

$$\frac{x}{2x+y}+\frac{y}{x+2y} \leqslant \frac{2}{3} \tag{3}$$

$$\Leftrightarrow 3[x(x+2y)+y(y+2x)] \leqslant 2(2x+y)(x+2y)$$

$$\Leftrightarrow 3(x^2+y^2+4xy) \leqslant 2[2(x^2+y^2)+5xy]$$

$$\Leftrightarrow (x-y)^2 \geqslant 0$$

即式(3)成立,等号成立仅当 $x=y$,故

$$f_{\max}(x,y)=\frac{2}{3}$$

仅当 $x=y$ 时取到.

解法2　作代换,令

$$\begin{cases} s=2x+y \\ t=x+2y \end{cases} \Rightarrow \begin{cases} x=\dfrac{1}{3}(2s-t) \\ y=\dfrac{1}{3}(2t-s) \end{cases}$$

$$\Rightarrow f(x,y)=\frac{x}{2x+y}+\frac{y}{x+2y}=\frac{2s-t}{3s}+\frac{2t-s}{3t}$$

$$=\frac{4}{3}-\frac{1}{3}\left(\frac{t}{s}+\frac{s}{t}\right) \leqslant \frac{4}{3}-\frac{2}{3}=\frac{2}{3}$$

$$\Rightarrow f(x,y) \leqslant \frac{2}{3}$$

$$\Rightarrow f_{\max}(x,y) \leqslant \frac{2}{3}$$

仅当 $x=y$ 时到达.

解法3　注意到 $x,y>0$,作代换. 令 $t=\dfrac{y}{x}\in(0,+\infty)$. 于是

$$\frac{x}{2x+y}+\frac{y}{x+2y}=\frac{1}{t+2}+\frac{t}{2t+1}=f(t)$$

求导得

$$f'(t)=\frac{3(1-t^2)}{(t+2)^2(2t+1)^2}$$

显然,当 $t<1$ 时,$f'(t)>0$;当 $t>1$ 时,$f'(t)<0$,所以函数在 $x=y$ 时取得最大值

$$f_{\max}(t)=f(1)=\frac{2}{3}$$

$$\Rightarrow f_{\max}(x,y)=\frac{2}{3}$$

评注　我们觉得这个问题简单有趣,并提出新的推广问题:

问题:设 $\lambda\neq 1$ 且 $\lambda>1-n$,$n\geqslant 2$,$n\in\mathbf{N}^*$,p_i 为正系数,$x_i(i=1,2,\cdots,n)$ 为任意正实数,记 $S=\sum\limits_{i=1}^{n}x_i$,并设

$$\sum_{i=1}^{n} p_i = n$$

$$f(x) = \sum_{i=1}^{n} \frac{p_i x_i}{S + (\lambda - 1)x_i} \tag{4}$$

试讨论表达式$f(x)$的最值.

解析:我们作代换,令 $Y = \sum_{i=1}^{n} y_i$ 及

$$S + (\lambda - 1)x_i = (n + \lambda - 1)y_i \quad (1 \leqslant i \leqslant n)$$

$$\Rightarrow \sum_{i=1}^{n} [S + (\lambda - 1)x_i] = (n + \lambda - 1)\sum_{i=1}^{n} y_i$$

$$\Rightarrow nS + (\lambda - 1)\sum_{i=1}^{n} x_i = (n + \lambda - 1)\sum_{i=1}^{n} y_i$$

$$\Rightarrow (n + \lambda - 1)\sum_{i=1}^{n} x_i = (n + \lambda - 1)\sum_{i=1}^{n} y_i$$

$$\Rightarrow \sum_{i=1}^{n} x_i = \sum_{i=1}^{n} y_i = S = Y$$

$$\Rightarrow Y + (\lambda - 1)x_i = (n + \lambda - 1)y_i$$

$$\Rightarrow (\lambda - 1)x_i = (n + \lambda - 1)y_i - Y$$

$$\begin{aligned}
\Rightarrow (\lambda - 1)(n + \lambda - 1)f(x) &= \sum_{i=1}^{n} \left[\frac{(n + \lambda - 1)y_i - Y}{y_i}\right] p_i \\
&= \sum_{i=1}^{n} p_i \left[(n + \lambda - 1) - \frac{Y}{y_i}\right] \\
&= (n + \lambda - 1)\sum_{i=1}^{n} p_i - Y\sum_{i=1}^{n} \frac{p_i}{y_i} \\
&= (n + \lambda - 1)n - \left(\sum_{i=1}^{n} y_i\right)\left(\sum_{i=1}^{n} \frac{p_i}{y_i}\right)
\end{aligned}$$

(应用柯西不等式)

$$\leqslant n(n + \lambda - 1) - \left(\sum_{i=1}^{n} \sqrt{p_i}\right)^2 \tag{5}$$

由于$\lambda \neq 1, \lambda > 1 - n$,所以,当$\lambda > 1$时

$$f(x) \leqslant \frac{1}{\lambda - 1}\left[n - \frac{\left(\sum_{i=1}^{n} \sqrt{p_i}\right)^2}{n + \lambda - 1}\right]$$

$$\Rightarrow f_{\max}(x) = \frac{1}{\lambda - 1}\left[n - \frac{\left(\sum_{i=1}^{n} \sqrt{p_i}\right)^2}{n + \lambda - 1}\right]$$

当$1-n<\lambda<1$时

$$f(x)\geqslant\frac{1}{\lambda-1}\left[n-\frac{(\sum_{i=1}^{n}\sqrt{p_i})^2}{n+\lambda-1}\right]$$

$$\Rightarrow f_{\min}(x)=\frac{1}{\lambda-1}\left[n-\frac{(\sum_{i=1}^{n}\sqrt{p_i})^2}{n+\lambda-1}\right]$$

题 12 设正数a,b,c满足$\sqrt{a}+\sqrt{b}+\sqrt{c}=3$,求表达式

$$P=\frac{b+c}{2+b+c}+\frac{c+a}{2+c+a}+\frac{a+b}{2+a+b}$$

的最小值.

分析 显然,当$a=b=c=1$时,$P=\frac{3}{2}$,因此,我们只需证明下面不等式成立即可

$$\frac{b+c}{2+b+c}+\frac{c+a}{2+c+a}+\frac{a+b}{2+a+b}\geqslant\frac{3}{2}\tag{1}$$

(1)将式(1)变形为

$$(1-\frac{2}{2+b+c})+(1-\frac{2}{2+c+a})+(1-\frac{2}{2+a+b})\geqslant\frac{3}{2}$$

$$\Leftrightarrow\frac{1}{2+b+c}+\frac{1}{2+c+a}+\frac{1}{2+a+b}\leqslant\frac{3}{4}\tag{2}$$

利用柯西不等式显然有

$$\sum(\frac{1}{2+b+c})\leqslant\sum(\frac{2}{2+\sqrt{b}+\sqrt{c}})^2$$

但欲证明更强的结论

$$\sum(\frac{2}{2+\sqrt{b}+\sqrt{c}})^2\leqslant\frac{3}{4}\tag{3}$$

显然是困难的,况且不知道式(3)是否成立.

(2)简记

$$\begin{cases}s=a+b+c\\t=bc+ca+ab\\m=a^2+b^2+c^2\end{cases}$$

注意到

$$\sum(2+c+a)(2+a+b)$$
$$=\sum[4+2a+b+c+(a+b)(c+a)]$$
$$=12+\sum(2a+b+c)+\sum(a+b)(a+c)$$
$$=12+4s+m+3t$$

$$\prod(2+b+c)$$
$$=8+4\sum(b+c)+\prod(b+c)+2\sum(b+c)(b+a)$$
$$=8+8s+2(m+3t)+\prod(b+c)$$

因此,式(2)等价于

$$4\sum(2+c+a)(2+a+b)\leqslant 3\prod(2+b+c)$$
$$\Leftrightarrow 4(12+4s+3t+m)\leqslant 3[8+8s+2m+6t+\prod(b+c)]$$
$$\Leftrightarrow 8s+2m+6t+3\prod(b+c)\geqslant 24 \tag{4}$$

可见,欲证明式(4)成立也不容易,因此,要解答本题,得另寻新路.

(3)记号 s,t,m 同前,应用柯西不等式有

$$m=\sum(b+c)^2\geqslant\frac{1}{3}[\sum(b+c)]^2=\frac{4}{3}s^2$$

又
$$s=a+b+c\geqslant\frac{1}{3}(\sqrt{a}+\sqrt{b}+\sqrt{c})^2=3$$

所以
$$m\geqslant\frac{4}{3}s^2\geqslant 4s \tag{5}$$

由于
$$[\sum(b+c)]^2=4s^2$$

$$\sum(b+c)(2+b+c)=\sum[(b+c)^2+2(b+c)]$$
$$=2\sum(b+c)+\sum(b+c)^2=4s+m$$
$$\Rightarrow\sum(b+c)(2+b+c)=4s+m \tag{6}$$

利用柯西不等式有

$$P=\sum\left(\frac{b+c}{2+b+c}\right)=\sum\frac{(b+c)^2}{(b+c)(2+b+c)}$$
$$\geqslant\frac{[\sum(b+c)]^2}{\sum(b-c)(2+b+c)}=\frac{4s^2}{m+4s}$$
$$\Rightarrow P\geqslant\frac{4s^2}{m+4s} \tag{7}$$

但欲证明

$$\frac{4s^2}{m+4s}\geqslant\frac{3}{2}\Leftrightarrow 8s^2\geqslant 3(m+4s) \tag{8}$$

却不简单.

其实,本题并非很难,只因我们刚才没有选择好突破口,才导致刚才前行受挫.

解　注意到

$$\begin{aligned}(a+b)(a+c)&=a^2+a(b+c)+bc\\&\geqslant a^2+2a\sqrt{bc}+bc=(a+\sqrt{bc})^2\end{aligned}$$

$$\begin{aligned}\Rightarrow\left(\sum\sqrt{b+c}\right)^2&=\sum(b+c)+2\sum\sqrt{(a+b)(a+c)}\\&=2\sum a+2\sum(a+\sqrt{bc})\\&=3\sum a+\left(\sum a+2\sum\sqrt{bc}\right)\\&=3\sum a+\left(\sum\sqrt{a}\right)^2=3\sum a+9\end{aligned}$$

$$\Rightarrow\left(\sum\sqrt{b+c}\right)^2\geqslant 3\sum a+9 \tag{9}$$

利用柯西不等式有

$$\begin{aligned}P&=\sum\left(\frac{b+c}{2+b+c}\right)\geqslant\frac{\left(\sum\sqrt{b+c}\right)^2}{\sum(2+b+c)}\\&=\frac{\left(\sum\sqrt{b+c}\right)^2}{6+2\sum a}\geqslant\frac{9+3\sum a}{6+2\sum a}=\frac{3}{2}\end{aligned}$$

$$\Rightarrow P\geqslant\frac{3}{2}\Rightarrow P_{\min}=\frac{3}{2}$$

仅当 $a=b=c=1$ 时取到最小值.

评注　前面的不等式(1)即为2011年浙江省高中数学竞赛附加题(第22题,满分50分).

从不等式的意义上讲,前面的不等式(1)与不等式(2)虽然外形不同,但它们是等价的,而且式(2)比式(1)的外形更加简洁.

(1)我们先建立一个漂亮的推广结论:

结论1　设正数 a,b,c 满足 $\sqrt{a}+\sqrt{b}+\sqrt{c}=3$,系数 $p,q,\lambda,\mu,\upsilon>0$,参数 $0<x\leqslant 6$,设

$$P_\lambda=\frac{(\mu+\upsilon)(pb+qc)}{x+b+c}+\frac{(\upsilon+\lambda)(pc+qa)}{x+c+a}+\frac{(\lambda+\mu)(pa+qb)}{x+a+b}$$

则有

$$P_\lambda \geqslant \frac{1}{2}\sqrt{3pq(\mu v+v\lambda+\lambda\mu)} \tag{10}$$

证明 简记 $t=bc+ca+ab$，$s=a+b+c$，则有

$$s\geqslant\frac{1}{3}(\sqrt{a}+\sqrt{b}+\sqrt{c})^2=3$$

记
$$\begin{aligned} A &= \sum\sqrt{(pa+qb)(pc+qa)} \\ &= \sum\sqrt{(pa+qb)(pa+qc)} \geqslant \sum(\sqrt{pq}a+\sqrt{pqbc}) \\ &= \sqrt{pq}s+\sqrt{pq}\sum\sqrt{bc} \end{aligned}$$

$$\begin{aligned} \Rightarrow 2A &= \sqrt{pq}s+\sqrt{pq}(s+2\sqrt{bc}) \\ &= \sqrt{pq}s+\sqrt{pq}(\sum\sqrt{a})^2 = \sqrt{pq}(s+9) \end{aligned}$$

$$\Rightarrow A\geqslant\frac{1}{2}\sqrt{pq}(s+9)$$

$$\Rightarrow A^2\geqslant\frac{1}{4}pq(s+9)^2 \tag{11}$$

再记

$$\begin{aligned} B &= \sum(x+c+a)(x+a+b) \\ &\leqslant \frac{1}{3}[\sum(x+b+c)]^2 = \frac{1}{3}(3x+2s)^2 \\ &= \frac{4}{3}(s+\frac{3}{2}x)^2 \leqslant \frac{4}{3}(s+9)^2 \end{aligned}$$

$$\Rightarrow B\leqslant\frac{4}{3}(s+9)^2 \tag{12}$$

$$P_\lambda^2 = \left[\sum\frac{(\mu+v)(pb+qc)}{x+b+c}\right]^2$$

利用杨克昌不等式有

$$P_\lambda^2 \geqslant 4(\sum\mu v)\sum\left[\frac{(pc+qa)(pa+qb)}{(x+c+a)(x+a+b)}\right]$$

（再应用柯西不等式）

$$\geqslant 4(\sum\mu v)\frac{A^2}{B} \geqslant 4(\sum\mu v)\cdot\frac{\frac{1}{4}pq(s+9)^2}{\frac{4}{3}pq(s+9)^2}$$

$$\Rightarrow P_\lambda \geqslant \frac{1}{2}\sqrt{3pq(\sum\mu v)}$$

即式(10)成立,等号成立仅当

$$\begin{cases}x=6,a=b=c=1\\p=q,\lambda=\mu=\upsilon\end{cases}$$

(2)我们再建立第二个漂亮的结论:

结论2　设 $\lambda_1,\lambda_2,\lambda_3\geqslant 0,\mu_1,\mu_2,\mu_3>0,a,b,c,k>0$,满足 $3\sqrt{\lambda}=\sqrt{\lambda_1}+\sqrt{\lambda_2}+\sqrt{\lambda_3},3\mu=\mu_1+\mu_2+\mu_3,\sqrt{a}+\sqrt{b}+\sqrt{c}\geqslant 3\sqrt{k},p,q,x,y>0$,满足

$$\frac{\mu}{x+y}-\frac{\lambda}{3\sqrt{pq}}=k$$

记
$$P_\lambda=\frac{(\lambda_1+pb+qc)^\alpha}{(\mu_1+xb+yc)^\beta}+\frac{(\lambda_2+pc+qa)^\alpha}{(\mu_2+xc+ya)^\beta}+\frac{(\lambda_3+pa+qb)^\alpha}{(\mu_3+xa+yb)^\beta}$$

正指数 α,β 满足 $\alpha\geqslant\max\{\beta,\frac{1+\beta}{2}\}$.

求证

$$P_\lambda\geqslant 3(\frac{\sqrt{pq}}{x+y})^\alpha[\mu+(x+y)k]^{\alpha-\beta}\tag{13}$$

特别地,当取 $\lambda_1=\lambda_2=\lambda_3=\lambda=0,\mu_1=\mu_2=\mu_3=\mu=2$ 时,$k=\frac{2}{x+y}$,这时式(13)简化为

$$\frac{(pb+qc)^\alpha}{(2+xb+yc)^\beta}+\frac{(pc+qa)^\alpha}{(2+xc+ya)^\beta}+\frac{(pa+qb)^\alpha}{(2+xa+yb)^\beta}\geqslant 3\times 2^{2(\alpha-\beta)}\cdot(\frac{\sqrt{pq}}{x+y})^\alpha\tag{14}$$

证明　(i)应用柯西不等式有

$$\begin{aligned}t&=\sum\sqrt{(\lambda_2+pc+qa)(\lambda_3+pa+qb)}\\&\geqslant\sum[\sqrt{\lambda_2\lambda_3}+\sqrt{pq}(a+\sqrt{bc})]\\&=\sum\sqrt{\lambda_2\lambda_3}+\sqrt{pq}(\sum a+\sum\sqrt{bc})\end{aligned}$$

$$\begin{aligned}\Rightarrow A&=[\sum\sqrt{\lambda_1+pb+qc}]^2=\sum(\lambda_1+pb+qc)+2t\\&=(\sum\lambda_1+2\sum\sqrt{\lambda_2\lambda_3})+(p+q)s+\sqrt{pq}s+\sqrt{pq}(s+2\sum bc)\\&=(\sum\sqrt{\lambda_1})^2+(p+q+\sqrt{pq})s+\sqrt{pq}(\sum\sqrt{a})^2\\&\geqslant 9\lambda+3\sqrt{pq}s+9k\sqrt{pq}\end{aligned}$$

$$\Rightarrow A\geqslant 3(3\lambda+\sqrt{pq}s+3k\sqrt{pq})\tag{15}$$

(ii)由 $\alpha\geqslant\max\{\beta,\frac{1+\beta}{2}\}$,设 $2\theta=\frac{2\alpha}{1+\beta}\geqslant 1$. 应用幂平均不等式有

$$\sum(\sqrt{\lambda_1+pb+qc})^{2\theta}\geqslant 3\left(\frac{\sum\sqrt{\lambda_1+pb+qc}}{3}\right)^{2\theta}=\frac{3A^\theta}{3^{2\theta}}=\frac{A^\theta}{3^{2\theta-1}}$$

$$\Rightarrow\left[\sum(\sqrt{\lambda_1+pb+qc})^{2\theta}\right]^{1+\beta}\geqslant\frac{3^{1+\beta}A^{\theta(1+\beta)}}{3^{2\theta(1+\beta)}}=3^{(1+\beta-2\alpha)}\cdot A^\alpha \tag{16}$$

(ⅲ)再设

$$B=\sum(\mu_1+xb+yc)=3\mu+(x+y)s$$

应用权方和不等式有

$$\begin{aligned}P_\lambda&=\sum\frac{(\lambda_1+pb+qc)^\alpha}{(\mu_1+xb+yc)^\beta}\\&=\sum\frac{[(\lambda_1+pb+qc)^{2\theta}]^{1+\beta}}{(\mu_1+xb+yc)^\beta}\\&\geqslant\frac{[\sum(\sqrt{\lambda_1+pb+qc})^{2\theta}]^{1+\beta}}{[\sum(\mu_1+xb+yc)]^\beta}\\&\geqslant\frac{3^{(1+\beta-2\alpha)}\cdot A^\alpha}{B^\beta}\\&\geqslant\frac{3^{(1+\beta-2\alpha)}\cdot(3\lambda+3\sqrt{pq}s+9k\sqrt{pq})^\alpha}{[3\mu+(x+y)s]^\beta}\\&=\frac{3^{(1+\beta-2\alpha)}\cdot(\lambda+\sqrt{pq}s+3k\sqrt{pq})^\alpha}{[3\mu+(x+y)s]^\beta}\end{aligned} \tag{17}$$

由 $\frac{\mu}{x+y}-\frac{\lambda}{3\sqrt{pq}}=k$

$$\Rightarrow\lambda+3k\sqrt{pq}+\sqrt{pq}s=\frac{3\sqrt{pq}}{x+y}\mu+\sqrt{pq}s=\frac{\sqrt{pq}}{x+y}[3\mu+(x+y)s]$$

$$\Rightarrow P_\lambda\geqslant 3^{(1+\beta-\alpha)}\cdot\left(\frac{\sqrt{pq}}{x+y}\right)^\alpha\cdot[3\mu+(x+y)s]^{\alpha-\beta} \tag{18}$$

又因为

$$s=a+b+c\geqslant\frac{1}{3}(\sqrt{a}+\sqrt{b}+\sqrt{c})^2\geqslant 3k$$

$$\Rightarrow P_\lambda\geqslant 3^{(1+\beta-\alpha)}\cdot\left(\frac{\sqrt{pq}}{x+y}\right)^\alpha\cdot[3\mu+3k(x+y)]^{\alpha-\beta}$$

$$\Rightarrow P_\lambda\geqslant 3\left(\frac{\sqrt{pq}}{x+y}\right)^\alpha\cdot[\mu+(x+y)k]^{\alpha-\beta}$$

所以式(13)成立,等号成立仅当 $p=q$ 及

$$\begin{cases}a=b=c=k\\ \lambda_1=\lambda_2=\lambda_3=\lambda\\ \mu_1=\mu_2=\mu_3=\mu\end{cases}$$

(3°)最后,我们建立一个更广泛、更美妙的结论.

结论3　设$\lambda_i\geqslant 0,\mu_i>0,x_i>0(i=1,2,\cdots,n;n\geqslant 3,n\in\mathbf{N}^*)$. 满足$\sum_{i=1}^{n}\sqrt{x_i}\geqslant n\sqrt{k}(k>0)$,$n\sqrt{\lambda}=\sum_{i=1}^{n}\sqrt{\lambda_i}$,$n\mu=\sum_{i=1}^{n}\mu_i$,$S=\sum_{i=1}^{n}x_i$,正指数$\alpha,\beta$满足$\alpha\geqslant\max\{\beta,\frac{1+\beta}{2}\}$,参数$\lambda,\mu,k$满足$(n-2)\mu=(n-1)(\lambda+k)$,则有

$$P_n=\sum_{i=1}^{n}\frac{(\lambda_i+S-x_i)^{\alpha}}{(\mu_i+S-x_i)^{\beta}}\geqslant n(\frac{n-2}{n-1})^{\alpha}\cdot[\mu+(n-1)k]^{\alpha-\beta}\qquad(19)$$

证明　（ⅰ）记$B=\sum_{i=1}^{n}(\mu_i+S-x_i)=\sum_{i=1}^{n}\mu_i+nS-\sum_{i=1}^{n}x_i=n\mu+nS-S=n\mu+(n-1)S$, 记$t=\sum\sqrt{(\lambda_i+S-x_i)(\lambda_j+S-x_j)}$其中$\sum$表示$\sum\limits_{1\leqslant i\leqslant j\leqslant n}$,应用柯西不等式有

$$\begin{aligned}&\sqrt{(\lambda_1+S-x_1)(\lambda_2+S-x_2)}\\&=[(\lambda_1+x_2+x_3+x_4+\cdots+x_n)\cdot(\lambda_2+x_1+x_3+x_4+\cdots+x_n)]^{\frac{1}{2}}\\&\geqslant\sqrt{\lambda_1\lambda_2}+\sqrt{x_1x_2}+x_3+x_4+\cdots+x_n=\sqrt{\lambda_1\lambda_2}+S+\sqrt{x_1x_2}-x_1-x_2\end{aligned}$$

应用上述方法有

$$\sqrt{(\lambda_i+S-x_i)(\lambda_j+S-x_j)}\geqslant\sqrt{\lambda_i\lambda_j}+S+\sqrt{x_ix_j}-x_i-x_j$$

记

$$\begin{aligned}t&=\sum\sqrt{(\lambda_i+S-x_i)(\lambda_j+S-x_j)}\\&\geqslant\sum(\sqrt{\lambda_i\lambda_j}+S+\sqrt{x_ix_j}-x_i-x_j)\\&=SC_n^2+\sum\sqrt{\lambda_i\lambda_j}+\sum\sqrt{x_ix_j}-\sum(x_i+x_j)\\&=SC_n^2+\sum\sqrt{\lambda_i\lambda_j}+\sum\sqrt{x_ix_j}-\frac{2C_n^2}{n}\sum_{i=1}^{n}x_i\end{aligned}$$

$$\Rightarrow 2t\geqslant n(n-1)S+2\sum\sqrt{\lambda_i\lambda_j}-2(n-1)S+2\sum\sqrt{x_ix_j}\qquad(20)$$

（ⅱ）记

$$\begin{aligned}A&=(\sum_{i=1}^{n}\sqrt{\lambda_i+S-x_i})^2\\&=\sum_{i=1}^{n}(\lambda_i+S-x_i)+2t\end{aligned}$$

$$= \sum_{i=1}^{n} \lambda_i + (n-1)S + 2t$$

$$= (\sum_{i=1}^{n} \lambda_i + 2\sum \sqrt{\lambda_i \lambda_j}) + (S + 2\sum \sqrt{\lambda_i \lambda_j}) + n(n-2)S$$

$$= (\sum_{i=1}^{n} \sqrt{\lambda_i})^2 + (\sum_{i=1}^{n} \sqrt{x_i})^2 + n(n-2)S$$

$$\geqslant n^2\lambda + n^2k + n(n-2)S \tag{21}$$

(ⅲ)注意到$\alpha \geqslant \max\{\beta, \frac{1+\beta}{2}\}$，设$2\theta = \frac{2\alpha}{1+\beta} \geqslant 1$. 应用权方和不等式有

$$P_n = \sum_{i=1}^{n} \frac{(\lambda_i + S - x_i)^\alpha}{(\mu_i + S - x_i)^\beta}$$

$$= \sum_{i=1}^{n} \frac{[(\sqrt{\lambda_i + S - x_i})^{2\theta}]^{1+\beta}}{(\mu_i + S - x_i)^\beta}$$

$$\geqslant \frac{[\sum_{i=1}^{n} (\sqrt{\lambda_i + S - x_i})^{2\theta}]^{1+\beta}}{[\sum_{i=1}^{n} (\mu_i + S - x_i)]^\beta}$$

$$= \frac{1}{B^\beta}[\sum_{i=1}^{n} (\sqrt{\lambda_i + S - x_i})^{2\theta}]^{1+\beta}$$

$$\geqslant \frac{1}{B^\beta}\left[n\left(\frac{\sum_{i=1}^{n} \sqrt{\lambda_i + S - x_i}}{n}\right)^{2\theta}\right]^{1+\beta}$$

$$= \frac{n^{1+\beta-2\alpha} \cdot A^\alpha}{B^\beta}$$

$$\geqslant \frac{n^{1+\beta-2\alpha}}{[(n-1)S + n\mu]^\beta} \cdot [n^2\lambda + n^2k + n(n-2)S]^2$$

$$= n^{1+\beta-2\alpha} \cdot \frac{[n\lambda + nk + (n-2)S]}{[(n-1)S + n\mu]^\beta} \tag{22}$$

(ⅳ)由 $(n-2)\mu = (n-1)(\lambda + k)$

$$\Rightarrow n(\lambda + k) + (n-2)S = \frac{n(n-2)}{n-1}\mu + (n-2)S$$

$$= \frac{n-2}{n-1}[n\mu + (n-1)S]$$

$$\Rightarrow P_n \geqslant n^{1+\beta-\alpha} \cdot (\frac{n-2}{n-1})^\alpha \cdot [n\mu + (n-1)S]^{\alpha-\beta} \tag{23}$$

又

$$S=\sum_{i=1}^{n}a_i\geqslant\frac{1}{n}(\sum_{i=1}^{n}\sqrt{a_i})^2\geqslant nk$$

$$\Rightarrow P_n\geqslant n^{1+\beta-\alpha}\cdot(\frac{n-2}{n-1})^{\alpha}\cdot[n\mu+n(n-1)k]^{\alpha-\beta}$$

$$\Rightarrow P_n\geqslant n(\frac{n-2}{n-1})^{\alpha}\cdot[\mu+n(n-1)k]^{\alpha-\beta}$$

所以式(19)成立,等号成立仅当

$$\begin{cases}x_1=x_2=\cdots=x_n=k\\\lambda_1=\lambda_2=\cdots=\lambda_n=\lambda\\\mu_1=\mu_2=\cdots=\mu_n=\mu\\(n-2)\mu=(n-1)(\lambda+k)\end{cases}$$

特别地,当 $\alpha=\beta$ 时,得到特例

$$P_n\geqslant n(\frac{n-2}{n-1})^2\tag{24}$$

若取 $\lambda=0,k=1$,得到

$$\mu=\frac{n-1}{n-2}$$

$$P_n\geqslant n(\frac{n-2}{n-1})^{\alpha}\cdot(\frac{n-1}{n-2}+n-1)^{\alpha-\beta}=\frac{n(n-2)^{\beta}}{(n-1)^{2\beta-\alpha}}\tag{25}$$

有趣的是:若取 $k=1,\lambda=n-3$ 得

$$\mu=n-1$$

$$P_n\geqslant n(\frac{n-2}{n-1})^{\alpha}[(n-1)(n-1)]^{\alpha-\beta}=n2^{\alpha-\beta}\cdot\frac{(n-2)^{\alpha}}{(n-1)^{\beta}}\tag{26}$$

再取 $\alpha=\beta=1$ 得

$$P_n\geqslant\frac{n(n-2)}{n-1}\tag{27}$$

当取 $\beta=\frac{1}{2}$时,$\alpha\geqslant\frac{1}{2}(1+\beta)=\frac{3}{4}$,再取 $\alpha=\frac{3}{4}$得

$$P_n\geqslant\frac{n\sqrt{n-2}}{\sqrt[4]{n-1}}\tag{28}$$

题 13　设 $a,b\in\mathbf{R}$,求

$$f(a,b)=a^2+ab+b^2-a-2b$$

的最小值.

分析 这是一个二元二次函数，虽然 a,b 不对称，但可用配方法或判别式法求最小值.

解法1 简记 $f(a,b)=f$，有

$$a^2+(b-1)a+(b^2-2b-f)=0 \tag{1}$$

关于 a 的判别式

$$\Delta=(b-1)^2-4(b^2-2b-f)=4(f+1)-3(b-1)^2$$

由于 a,b 为实数，因此关于 a 的二次方程(1)有实数根，则判别式 $\Delta\geqslant 0$，即

$$4(f+1)\geqslant 3(b-1)^2\geqslant 0$$

$$\Rightarrow f\geqslant -1\Rightarrow f_{\min}=-1$$

当 $a=0,b=1$ 时取到.

解法2 记 $f(a,b)=f,b-1=t$，那么

$$0=a^2+(b-1)a+(b^2-2b+1)-(f+1)$$

$$\Rightarrow t^2+at-(f+1-a^2)=0 \tag{2}$$

由于 a,b 均为实数，则关于 t 的二次方程(2)有实数根. 即，其判别式

$$\Delta=a^2+4(f+1-a^2)\geqslant 0$$

$$\Rightarrow 4(f+1)\geqslant 3a^2\geqslant 0$$

$$\Rightarrow f\geqslant -1\Rightarrow f_{\min}=-1$$

仅当 $a=0,b=1$ 时取到.

解法3 对表达式 $f(a,b)$ 配方得

$$\begin{aligned}f(a,b)&=a^2+(b-1)a+(b^2-2b)\\&=a^2+(b-1)a+\frac{(b-1)^2}{4}+\frac{3}{4}b^2-\frac{3}{2}b-\frac{1}{4}\\&=(a+\frac{b-1}{2})^2+\frac{3}{4}(b-1)^2-1\geqslant -1\end{aligned}$$

当 $\begin{cases}a+\dfrac{b-1}{2}=0\\b-1=0\end{cases}\Rightarrow\begin{cases}a=0\\b=1\end{cases}$ 时等号成立，即此时 $f_{\min}=-1$.

题14 设 $x,y,z\in\mathbf{R}$，且满足

$$x^2+y^2+z^2=3m^2\quad(m\text{ 为正常数})$$

求 $f=(x-y)^2+(y-z)^2+(z-x)^2$ 的最大值和最小值.

解 显然有 $f\geqslant 0\Rightarrow f_{\min}=0$. 当 $x=y=z=m$ 时取到.

又 $$f=2(x^2+y^2+z^2-xy-yz-zx)$$

$$=3(x^2+y^2+z^2)-(x+y+z)^2$$
$$\leqslant 3(x^2+y^2+z^2)=9m^2$$
$$\Rightarrow f_{\max}=9m^2$$

当$\begin{cases}x^2+y^2+z^2=3m^2\\x+y+z=0\end{cases}$时取到.

注　这是　个趣味求极值的问题,我们可以将问题推广为:

设 $x_i\in\mathbf{R}(i=1,2,\cdots,n;n\geqslant2)$,满足 $x_1^2+x_2^2+\cdots+x_n^2=nm^2$ 其中 m 为正常数. 求

$$f=(x_1-x_2)^2+(x_2-x_3)^2+\cdots+(x_n-x_1)^2$$

的最值.

显然 $f\geqslant0\Rightarrow f_{\min}=0$,当 $x_1=x_2=\cdots=x_n$ 时取到.

又
$$f=2(x_1^2+x_2^2+\cdots+x_n^2)-2\sum_{1\leqslant i\leqslant j\leqslant n}x_ix_j$$
$$=3(x_1^2+x_2^2+\cdots+x_n^2)-(x_1+x_2+\cdots+x_n)^2$$
$$\leqslant 3(x_1^2+x_3^2+\cdots+x_n^2)=3nm^2$$
$$\Rightarrow f_{\max}=3nm^2$$

当$\begin{cases}x_1^2+x_2^2+\cdots+x_n^2=nm^2\\x_1+x_2+\cdots+x_n=0\end{cases}$时取到.

但是,请大家思考,这个推广正确吗?若不对,应当怎样纠正?

答:这个推广不对,应当纠正为:

设 $x_i\in\mathbf{R}(i=1,2,\cdots,n;n\geqslant2)$. 满足 $x_1^2+x_2^2+\cdots+x_n^2=nm^2$(其中 m 为正常数),求 $f=\sum\limits_{1\leqslant i\leqslant j\leqslant n}(x_i-x_j)^2$ 的最值.

解:显然

$$f\geqslant0\Rightarrow f_{\min}=0$$

当 $x_1=x_2=\cdots=x_n$ 时取到.

又
$$f=(n-1)\sum_{i=1}^{n}x_i^2-2\sum_{1\leqslant i\leqslant j\leqslant n}x_ix_j$$
$$=n\sum_{i=1}^{n}x_i^2-(\sum_{i=1}^{n}x_i)^2\leqslant n\sum_{i=1}^{n}x_i^2=n^2m^2$$
$$\Rightarrow f_{\max}=(nm)^2$$

等号成立仅当

$$\begin{cases}x_1^2+x_2^2+\cdots+x_n^2=nm^2\\x_1+x_2+\cdots+x_n=0\end{cases}$$

题 15　一天上午,我正在备课,一位初二女生问我一道数学题,这道题是:设 x,y 均为实数,满足

$$y=\sqrt{x-1}+\sqrt{4-x}$$

求 y 的最大值与最小值.

1. 解析

这是一道根式函数问题,在初中阶段,我们只能用"刀耕火种"的原始方法进行解答. 首先,自变量 x 的定义域为

$$\begin{cases}x-1\geqslant 0\\4-x\geqslant 0\end{cases}\Rightarrow 1\leqslant x\leqslant 4\Rightarrow x\in[1,4]$$

其次,在定义域[1,4]内将 y 变形

$$\begin{aligned}y^2&=(x-1)+(4-x)+2\sqrt{(x-1)(4-x)}\\&=3+2\sqrt{\frac{9}{4}-(x^2-5x+\frac{25}{4})}\\&=3+2\sqrt{\frac{9}{4}-(x-\frac{5}{2})^2}\end{aligned}$$

于是,当 $x=\frac{5}{2}$ 时,y^2 取最大值,为

$$y^2=3+2\times\frac{3}{2}=6$$

由于 $x=1$ 时,$y^2=3$,$x=4$ 时,$y^2=3$,所以当 $1\leqslant x\leqslant 4$ 时,y^2 的最小值为 3.

综合上述,得

$$y_{\max}=\sqrt{6},y_{\min}=\sqrt{3}$$

2. 思考

我们可将本题先推广为:

推广 1　设 p,q,m,n 均为正常数,且 $m>n$,求函数

$$f=p\sqrt{x-n}+q\sqrt{m-x}$$

的最值.

解法 1　自变量 x 的定义域为

$$\begin{cases}x-n\geqslant 0\\m-x\geqslant 0\end{cases}\Rightarrow n\leqslant x\leqslant m$$

作代换,令

$$\begin{cases}\sqrt{x-n}=a\\ \sqrt{m-x}=b\end{cases}\Rightarrow a^2+b^2=m-n>0$$

$$\begin{aligned}\Rightarrow f^2&=(pa+qb)^2=p^2a^2+2pqab+q^2b^2\\&=(p^2+q^2)(a^2+b^2)-(pb-qa)^2\\&\leqslant(p^2+q^2)(a^2+b^2)=(m-n)(p^2+q^2)\end{aligned}$$

$$\Rightarrow f\leqslant\sqrt{(m-n)(p^2+q^2)}$$

$$\Rightarrow f_{\max}=\sqrt{(m-n)(p^2+q^2)}$$

其中f取到最大值的条件是

$$pb=qa\Rightarrow p^2(m-x)=q^2(x-n)$$

$$\Rightarrow x=\frac{mp^2+nq^2}{p^2+q^2}$$

由于$n\leqslant x\leqslant m$,因此f在边界m或n时取到最小值,即

$$f_{\min}(x)=\min\{p\sqrt{m-n},q\sqrt{m-n}\}$$

解法2　利用柯西不等式有

$$\begin{aligned}f&=p\sqrt{x-n}+q\sqrt{m-x}\\&\leqslant\sqrt{(p^2+q^2)[(\sqrt{x-n})^2+(\sqrt{m-x})^2]}\\&=\sqrt{(m-n)(p^2+q^2)}\end{aligned}$$

$$\Rightarrow f_{\max}=\sqrt{(m-n)(p^2+q^2)}$$

其中f取到最大值的条件是

$$\frac{p}{q}=\frac{\sqrt{x-n}}{\sqrt{m-x}}$$

$$\Rightarrow p^2(m-x)=q^2(x-n)$$

$$\Rightarrow x=\frac{mp^2+nq^2}{p^2+q^2}$$

以下过程略.

解法3　注意到

$$(\sqrt{x-n})^2+(\sqrt{m-x})^2=m-n>0$$

作代换,令

$$\begin{cases}p=\sqrt{p^2+q^2}\cos\alpha\\ q=\sqrt{p^2+q^2}\sin\alpha\end{cases},\begin{cases}\sqrt{x-n}=\sqrt{(m-n)}\cos\beta\\ \sqrt{m-x}=\sqrt{(m-n)}\sin\beta\end{cases}$$

得
$$f=\sqrt{(m-n)(p^2+q^2)}(\cos\alpha\cos\beta+\sin\alpha\sin\beta)$$
$$=\sqrt{(m-n)(p^2+q^2)}\cos(\alpha-\beta)$$
$$\leqslant\sqrt{(m-n)(p^2+q^2)}$$
$$\Rightarrow f_{\max}=\sqrt{(m-n)(p^2+q^2)}$$

其中 $\alpha\in(0,\frac{\pi}{2})$,$\beta\in(0,\frac{\pi}{2})$.$f$ 取最大值的条件是

$$\cos(\alpha-\beta)=1\Rightarrow\alpha=\beta$$
$$\Rightarrow\tan\alpha=\tan\beta\Rightarrow\frac{q}{p}=\sqrt{\frac{m-x}{x-n}}$$
$$\Rightarrow p^2(m-x)=q^2(x-n)$$
$$\Rightarrow x=\frac{mp^2+nq^2}{p^2+q^2}$$

以下过程略.

解法4 设关于 x 的函数为

$$f(x)=p\sqrt{x-n}+q\sqrt{m-x}$$

其定义域为

$$\begin{cases}x-n\geqslant0\\m-x\geqslant0\end{cases}\Rightarrow n\leqslant x\leqslant m$$

对 x 求导得

$$f'(x)=\frac{1}{2}\left(\frac{p}{\sqrt{x-n}}-\frac{q}{\sqrt{m-x}}\right)$$

$$f''(x)=-\frac{1}{4}\left[\frac{p}{(\sqrt{x-n})^3}+\frac{q}{(\sqrt{m-x})^3}\right]<0$$

所以函数 $f(x)$ 在定义域 $[n,m]$ 内存在最大值 $f(x_0)$,其中 x_0 是方程 $f'(x_0)=0$ 的根,即

$$\frac{p}{\sqrt{x_0-n}}=\frac{q}{\sqrt{m-x_0}}$$
$$\Rightarrow\frac{p^2}{x_0-n}=\frac{q^2}{m-x_0}\Rightarrow x_0=\frac{mp^2+nq^2}{p^2+q^2}$$
$$\Rightarrow f_{\max}(x)=f(x_0)$$
$$=p\sqrt{x_0-n}+q\sqrt{m-x_0}=\sqrt{(m-n)(p^2+q^2)}$$

以下过程略.

3. 拓展

其实,如果应用赫尔德不等式,我们又可以从指数方面再拓展推广1.

推广2　设 p,q,m,n 均为正常数,且 $m>n$,指数 $\theta\in(0,1)$,求表达式

$$y=p(x-n)^{\theta}+q(m-x)^{\theta}$$

的最大值.

解　应用赫尔德不等式有

$$\begin{aligned}y&=(p^{\frac{1}{1-\theta}})^{1-\theta}\cdot(x-n)^{\theta}+(q^{\frac{1}{1-\theta}})^{1-\theta}\cdot(m-x)^{\theta}\\&\leqslant(p^{\frac{1}{1-\theta}}+q^{\frac{1}{1-\theta}})^{1-\theta}\cdot[(x-n)+(m-x)]^{\theta}\\&=(m-n)^{\theta}(p^{\frac{1}{1-\theta}}+q^{\frac{1}{1-\theta}})^{1-\theta}\\\Rightarrow y_{\max}&=(m-n)^{\theta}(p^{\frac{1}{1-\theta}}+q^{\frac{1}{1-\theta}})^{1-\theta}\end{aligned}$$

等号成立仅当

$$\frac{x-n}{m-x}=(\frac{p}{q})^{\frac{1}{1-\theta}}$$

$$\Rightarrow x=\frac{mp^{\frac{1}{1-\theta}}+nq^{\frac{1}{1-\theta}}}{p^{\frac{1}{1-\theta}}+q^{\frac{1}{1-\theta}}}$$

如果我们将推广2中的指数 θ 的定义范围由 $(0,1)$ 改变为 $(1,+\infty)$,即 $\theta>1$时,注意到

$$\theta>1\Rightarrow\begin{cases}\frac{1}{\theta},\frac{\theta-1}{\theta}\in(0,1)\\\frac{1}{\theta}+\frac{\theta-1}{\theta}=1\end{cases}$$

仍然应用赫尔德不等式有

$$\begin{aligned}&y^{\frac{1}{\theta}}\cdot\left[(\frac{1}{p})^{\frac{1}{1-\theta}}+(\frac{1}{q})^{\frac{1}{1-\theta}}\right]^{\frac{\theta-1}{\theta}}\\&=[p(x-n)^{\theta}+q(m-x)^{\theta}]^{\frac{1}{\theta}}\cdot\left[(\frac{1}{p})^{\frac{1}{1-\theta}}+(\frac{1}{q})^{\frac{1}{1-\theta}}\right]^{\frac{\theta-1}{\theta}}\\&\geqslant(x-n)+(m-x)=m-n\\&\Rightarrow y(p^{\frac{1}{1-\theta}}+q^{\frac{1}{1-\theta}})^{-(1-\theta)}\geqslant(m-n)^{\theta}\\&\Rightarrow y_{\min}=(m-n)^{\theta}(p^{\frac{1}{1-\theta}}+q^{\frac{1}{1-\theta}})^{1-\theta}\end{aligned}$$

等号成立仅当

$$\frac{p(x-n)^{\theta}}{q(m-x)^{\theta}}=(\frac{q}{p})^{\frac{1}{\theta-1}}$$

$$\Rightarrow \left(\frac{p}{q}\right)^{\theta-1} \cdot \left(\frac{x-n}{m-x}\right)^{\theta(\theta-1)} = \frac{q}{p}$$

$$\Rightarrow \left(\frac{x-n}{m-x}\right)^{\theta(\theta-1)} = \left(\frac{q}{p}\right)^{\theta}$$

$$\Rightarrow \frac{x-m}{m-x} = \left(\frac{q}{p}\right)^{\frac{1}{\theta-1}}$$

$$\Rightarrow x = \frac{mp^{\frac{1}{1-\theta}} + nq^{\frac{1}{1-\theta}}}{p^{\frac{1}{1-\theta}} + q^{\frac{1}{1-\theta}}}$$

4. 变通

数学是灵活多变，五彩缤纷的，应用上面的方法，可将推广 1 变通为下面的推广.

推广 3 设 a,b,c,d 均为正常数，求表达式

$$y = \sqrt{ax \pm b} + \sqrt{c - dx}$$

的最大值.

解 首先，自变量 x 的定义域为

$$\begin{cases} ax \pm b \geqslant 0 \\ c - dx \geqslant 0 \end{cases} \Rightarrow \pm \frac{b}{a} \leqslant x \leqslant \frac{d}{c}$$

自然，对于表达式

$$y = \sqrt{ax - b} + \sqrt{c - dx}$$

其定义域为 $\frac{b}{a} \leqslant x \leqslant \frac{d}{c}$，必须

$$\frac{b}{a} \leqslant \frac{d}{c} \Leftrightarrow ad - bc \geqslant 0$$

否则无意义.

其次，我们考虑表达式

$$y = \sqrt{ax \pm b} + \sqrt{c - dx} = \sqrt{\frac{1}{a}} \cdot \sqrt{x \pm \frac{b}{a}} + \sqrt{\frac{1}{d}} \cdot \sqrt{\frac{c}{d} - x}$$

应用柯西不等式有

$$y \leqslant \sqrt{\left(\frac{1}{a} + \frac{1}{d}\right)\left(\pm \frac{b}{a} + \frac{c}{d}\right)}$$

$$\Rightarrow y_{\max} = \frac{\sqrt{(a+d)(ac \pm bd)}}{ad}$$

等号成立仅当

$$\frac{1}{a}:\frac{1}{d}=(x\pm\frac{b}{a}):(\frac{c}{d}-x)$$

$$\Rightarrow ax\pm b=c-dx$$

$$\Rightarrow x=\frac{c\mp b}{a+d}$$

相应地,如果正常数 a,b,c,d 满足 $ac\pm bd>0$,指数 $\theta>0$,且 $\theta\neq1$,那么,利用赫尔德不等式,可求

$$f(x)=y=(ax\pm b)^{\theta}+(c-dx)^{\theta}$$

的最值.

如对于

$$y=(ax+b)^{\theta}+(c-dx)^{\theta}$$

先将表达式变为

$$y=(\frac{1}{a})^{\theta}\cdot(x+\frac{b}{a})^{\theta}\cdot(\frac{1}{d})^{\theta}\cdot(\frac{c}{d}-x)^{\theta}$$

再作代换,令

$$\begin{cases}(\frac{1}{a})^{\theta}=p\\(\frac{1}{d})^{\theta}=q\end{cases},\quad\begin{cases}m=\frac{b}{a}\\n=\frac{c}{d}\end{cases}$$

得到变式

$$y=p(x+m)^{\theta}+q(n-x)^{\theta}$$

然后仿效前面的方法,利用赫尔德不等式即可求出 y 的最值(当 $\theta>1$ 时可求出 y 的最小值,当 $0<\theta<1$ 时,可求出 y 的最大值).

其实,指数 θ 的约束条件还可放宽为 $\theta(\theta-1)\neq0$,即 $\theta\neq0$ 和 $\theta\neq1$,当 $\theta<0$ 时也可求出 y 的最值.

设 $y=f(x)=(ax\pm b)^{\theta}+(c-dx)^{\theta}$,对 x 求导得

$$f'(x)=\theta[a(ax\pm b)^{\theta-1}-d(c-dx)^{\theta-1}]$$

$$f''(x)=\theta(\theta-1)[a^2(ax\pm b)^{\theta-2}+d^2(c-dx)^{\theta-2}]$$

令

$$f'(x_0)=0(\text{即 } x_0 \text{ 为函数 } f(x) \text{ 的驻点})$$

$$\Rightarrow a(ax_0\pm b)^{\theta-1}=d(c-dx_0)^{\theta-1}$$

$$\Rightarrow a^{\frac{1}{\theta-1}}(ax_0\pm b)=d^{\frac{1}{\theta-1}}(c-dx_0)$$

$$\Rightarrow(a^{\frac{\theta}{\theta-1}}+d^{\frac{\theta}{\theta-1}})x_0=cd^{\frac{1}{\theta-1}}\mp ba^{\frac{1}{\theta-1}}$$

$$\Rightarrow x_0=\frac{cd^{\frac{1}{\theta-1}}\mp ba^{\frac{1}{\theta-1}}}{a^{\frac{\theta}{\theta-1}}+d^{\frac{\theta}{\theta-1}}}$$

当 $\theta<0$ 或 $\theta>1$ 时，$\theta(\theta-1)>0$，$f''(x)>0$，这时 $f(x)$ 有最小值 $f(x_0)$，即

$$y_{\min}=f_{\min}(x)=f(x_0)$$

当 $0<\theta<1$ 时，$\theta(\theta-1)<0$，$f''(x)<0$，这时 $f(x)$ 有最大值 $f(x_0)$，即

$$y_{\max}=f_{\max}(x)=f(x_0)$$

题 16　设实数 x,y 满足

$$\frac{(x-4)^2}{9}+\frac{y^2}{25}\leqslant 1 \tag{1}$$

求 $\mu=x^2+y^2$ 的最值.

解法 1　由方程组

$$\begin{cases}\dfrac{(x-4)^2}{9}+\dfrac{y^2}{25}=1\\ x^2+y^2=\mu\end{cases}$$

消去 y，整理得

$$16x^2-200x+(175+9\mu)=0$$

因为 $x\in\mathbf{R}$，所以判别式

$$\Delta=40\ 000-64(175-9\mu)\geqslant 0$$

$$\Rightarrow\mu\leqslant 50\Rightarrow\mu_{\max}=50$$

当 $\mu=50$（时）$\Rightarrow x=\frac{25}{4}\Rightarrow y=\pm\frac{5\sqrt{7}}{4}$.

另外，由

$$\frac{(x-4)^2}{9}+\frac{y^2}{25}\leqslant 1\Rightarrow\frac{(x-4)^2}{9}\leqslant 1$$

$$\Rightarrow 1\leqslant x\leqslant 7\Rightarrow\mu=x^2+y^2\geqslant x^2\geqslant 1$$

$$\Rightarrow\mu_{\min}=1$$

而当 $\mu=1$ 时，$x=1$，$y=0$.

综合上述，当 $x=\frac{25}{4}$，$y=\pm\frac{5\sqrt{7}}{4}$ 时，$\mu_{\max}=50$；当 $x=1$，$y=0$ 时，$\mu_{\min}=1$.

解法 2　不等式(1)表示椭圆

$$\frac{(x-4)^2}{9}+\frac{y^2}{25}=1 \tag{2}$$

的内部及边界的所有区域,而 $x^2+y^2=\mu$ 表示圆心在原点,半径为$\sqrt{\mu}$(变量)的同心圆系,从图 2.7 上可知,当圆与椭圆相外切时,圆的半径最小,为 1,即 $\mu_{\min}=1$. 而椭圆的中心为(4,0),长半轴为 5,短半轴为 3. 它与 x 轴的两个交点为(1,0),(7,0),即圆与椭圆的切点为(1,0),此时 $x=1$.

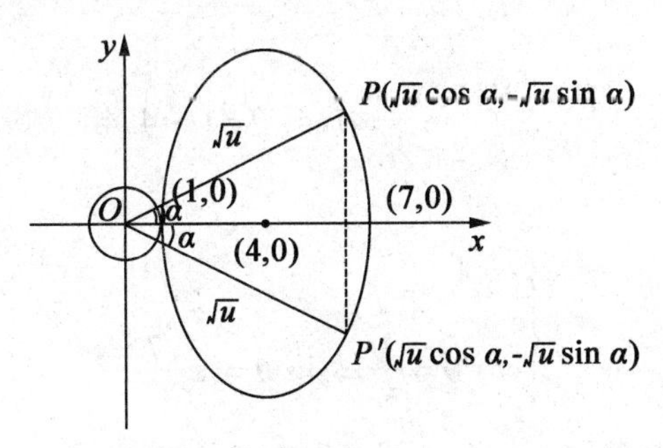

图 2.7

设圆系与椭圆交于另外两点 P 与 P'. 则这两点关于 x 轴对称,且 $|OP|=\sqrt{\mu}$为圆系的半径,不妨设坐标 $P(\sqrt{\mu}\cos\alpha,\sqrt{\mu}\sin\alpha)$,其中 $\alpha\in[0,2\pi]$为角参数,将点 P 坐标代入方程(2)得

$$\frac{(\sqrt{\mu}\cos\alpha-4)^2}{9}+\frac{(\sqrt{\mu}\sin\alpha)^2}{25}=1$$

$$\Rightarrow 25(\sqrt{\mu}\cos\alpha-4)^2+9\mu\sin^2\alpha=225$$

$$\Rightarrow 16(\sqrt{\mu}\cos\alpha)^2-200(\sqrt{\mu}\cos\alpha)+9\mu+175=0$$

令 $t=\sqrt{\mu}\cos\alpha$,得

$$16t^2-200t+(175+9\mu)=0 \tag{3}$$

因 x,y 为实数,则 $t=\sqrt{\mu}\cos\alpha=x\in\mathbf{R}$,故方程(3)有实数根 x,则判别式

$$\Delta=(-200)^2-4\times16(175+9\mu)\geqslant0$$

$$\Rightarrow\mu\leqslant50\Rightarrow\mu_{\max}=50$$

而当 $\mu=50$ 时,可解得

$$x=\frac{25}{4},y=\pm\frac{5\sqrt{7}}{4}$$

综合上述,得 $1\leqslant\mu\leqslant50$,故 $\mu_{\min}=1,\mu_{\max}=50$.

解法 3　从已知条件可设

$$\begin{cases}x=4+3r\cos\theta\\y=5r\sin\theta\end{cases} \tag{4}$$

其中 $r\in[0,1]$与 $\theta\in[0,2\pi]$均为实参数,于是

$$\begin{aligned}\mu &= x^2+y^2=(4+3r\cos\theta)^2+(5r\sin\theta)^2\\ &=16+24r\cos\theta+9r^2(\cos^2\theta+\sin^2\theta)+16r^2\sin^2\theta\\ &=25r^2+16+24r\cos\theta-16r^2\cos^2\theta\\ &=25(r^2+1)-(4r\cos\theta-3)^2\end{aligned}$$

由于

$$\begin{cases}r\in[0,1]\\ \theta\in[0,2\pi]\end{cases}\Rightarrow 4r\cos\theta\in[-4,4]$$

因此,当

$$\begin{cases}r=1\\ \cos\theta=\dfrac{3}{4}\Rightarrow\sin\theta=\pm\dfrac{\sqrt{7}}{4}\end{cases}$$

时,$\mu_{\max}=25\times2=50$. 此时

$$x=\frac{25}{4},y=\pm\frac{5}{4}\sqrt{7}$$

当 $r\cos\theta=-1\Rightarrow\begin{cases}r=1\\ \cos\theta=-1\Rightarrow\sin\theta=0\end{cases}$ 时,$\mu_{\min}=25\times2-(-4-3)^2=1$ (注:当 $r=0$ 时,$\mu=16$),这时 $y=0,x=1$.

综上有 $1\leqslant\mu\leqslant50$.

评注 以上三种解法中,解法 1 通俗易懂,解法 2 将代数问题转化为几何问题,简洁直观,解法 3 将代数问题进行三角代换,显得趣味美妙.

顺便指出,在求函数最值时,应注意题意中所隐含的条件,如:

求函数 $y=\dfrac{x-1}{x^2-2x+5}$ 在区间 $[\dfrac{3}{2},2]$ 内的最值.

如果仅从函数 y 的解析式中的分母

$$x^2-2x+5=(x-1)^2+4>0$$

判断. 函数 y 的定义域为 $x\in\mathbf{R}$,即 x 为一切实数. 于是有

$$y(x^2-2x+5)=x-1$$
$$\Rightarrow yx^2-(2y+1)x+(5y+1)=0$$

当 $y=0$ 时,$x=1$,而 $x=1\notin[\dfrac{3}{2},2]$. 故 $y\neq0$.

当 $y\neq0$ 时,有

$$\Delta=(2y+1)^2-4y(5y+1)\geqslant0$$
$$\Rightarrow-\frac{1}{4}\leqslant y\leqslant\frac{1}{4}$$

又当 $y=-\frac{1}{4}\Rightarrow x=-1\notin[\frac{3}{2},2]$.

当 $y=\frac{1}{4}\Rightarrow x=3\notin[\frac{3}{2},2]$.

所以我们不能直接应用判别式求函数 y 的最值，否则将导致矛盾或错误，而正确的解法应当是：

令 $t=x-1\in[\frac{1}{2},1]$. 于是

$$y=\frac{x-1}{(x-1)^2+4}=\frac{t}{t^2+4}=\frac{1}{f(t)}$$

其中 $f(t)=t+\frac{4}{t}$.

设

$$\frac{1}{2}\leqslant t_1<t_2\leqslant 1\Rightarrow\frac{1}{4}<t_1t_2<1$$

$$\Rightarrow f(t_2)-f(t_1)=(t_2-t_1)+(\frac{4}{t_2}-\frac{4}{t_1})$$

$$=(t_2-t_1)(1-\frac{4}{t_1t_2})<0$$

$$\Rightarrow f(t_2)<f(t_1)$$

因此 $f(t)$ 在区间 $[\frac{1}{2},1]$ 内是减函数，所以

$$y_{\max}=\frac{1}{f_{\min}(t)}=\frac{1}{f(1)}=\frac{1}{5}$$

$$y_{\min}=\frac{1}{f_{\max}(t)}=\frac{1}{f(\frac{1}{2})}=\frac{2}{17}$$

题 17　设 $AO\perp MO$，且 $AO=6$，$MO=6\sqrt{3}$，试在线段 MO 内选一个点 G，使得动点 P 以速度 $2v$（v 为正常数）运动到点 G 后，又以速度 v 从点 G 运动到点 A，并让全过程所用时间 t 最少.

解法 1　如图 2.8 所示，延长 AO 到 B，使 $OB=OA=6$，联结 MB，过点 A 作 $AH\perp BM$（H 为垂足）.

在 $\mathrm{Rt}\triangle OBM$ 中，$\angle OMB=30°$，因此 $MG=2GH$.

因为点 P 在 y 轴（MO）上运动的速度是它在直线 GA 上运动速度的 2 倍，这样就可以把路程和 $MG+GA$ 转化为时间和 $GH+GA$.

当点 $A,G(G'),H$ 三点在同一条直线上时，$GH+GA$ 最小，这时 $\angle OAG=\angle OMB=30°,GO=AO\cdot\tan 30°=6\times\frac{\sqrt{3}}{3}=2\sqrt{3}$.

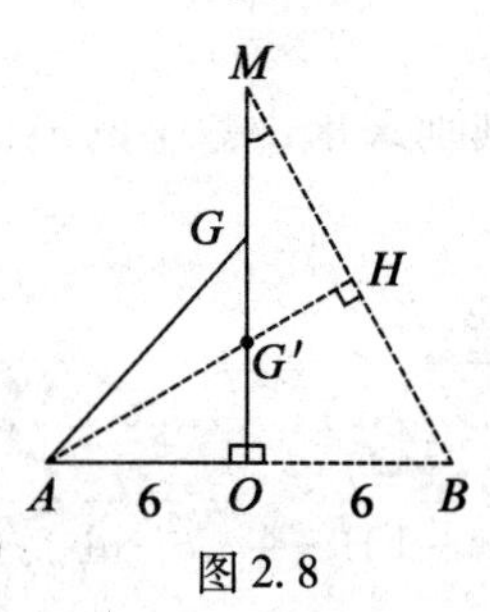

图 2.8

解法 2　设 $OG=h(0<h<6\sqrt{3})$，则 $GM=6\sqrt{3}-h,GA=\sqrt{h^2+6^2}$，且点 P 从 $M\to G\to A$ 运动的总时间为

$$t=\frac{GM}{2v}+\frac{GA}{v}=\frac{6\sqrt{3}-h}{2v}+\frac{\sqrt{h^2+36}}{v} \tag{1}$$

$$\Rightarrow h+2vt-6\sqrt{3}=2\sqrt{h^2+36}$$

$$\Rightarrow 3h^2-4(vt-3\sqrt{3})h+[144-4(vt-3\sqrt{3})^2]=0 \tag{2}$$

视式(2)为 h 的二次方程，则必有实根，其判别式

$$\Delta=16(vt-3\sqrt{3})^2-12[144-4(vt-3\sqrt{3})^2]\geqslant 0$$

$$\Rightarrow (vt-3\sqrt{3})^2\geqslant 27$$

$$\Rightarrow |vt-3\sqrt{3}|\geqslant 3\sqrt{3}$$

$$\Rightarrow vt\geqslant 6\sqrt{3}\Rightarrow t\geqslant\frac{6\sqrt{3}}{v}$$

$$\Rightarrow t_{\min}=\frac{6\sqrt{3}}{v}$$

又当 $t=\frac{6\sqrt{3}}{v}$ 时，$\Delta=0$，从式(2)解得 $h=\frac{4}{6}(vt-3\sqrt{3})=2\sqrt{3}$，即当 $OG=h=2\sqrt{3}$ 时，点 P 运动总时间为最少.

解法 3　在解法 2 中设

$$f(h)=2vt=2\sqrt{h^2+36}-h$$

对 $h\in(0,6\sqrt{3})$ 求导得

$$f'(h)=\frac{2h}{\sqrt{h^2+36}}-1=0$$

$$f''(h)=\frac{2}{\sqrt{h^2+36}}-\frac{2h^2}{(\sqrt{h^2+36})^3}$$

解方程

$$f'(h)=\frac{2h}{\sqrt{h^2+36}}-1=0\Rightarrow h=2\sqrt{3}$$

且
$$f''(2\sqrt{3})=\frac{\sqrt{3}}{8}>0$$

所以函数 $f(h)$ 当 $h=2\sqrt{3}$ 时有最小值

$$f_{\min}(h)=f(2\sqrt{3})=2\sqrt{12+36}-2\sqrt{3}=12\sqrt{3}$$

从而 $t_{\min}=\frac{6\sqrt{3}}{v}$.

解法4 设 $2vt=f(h)=2\sqrt{h^2+36}-h$，参数 $\lambda>0$，应用柯西不等式有

$$f(h)=\frac{2\sqrt{(h^2+36)(1+\lambda^2)}}{\sqrt{1+\lambda^2}}-h\geqslant\frac{2(h-6\lambda)}{\sqrt{1+\lambda^2}}-h$$

$$=\frac{(2-\sqrt{1+\lambda^2})h}{\sqrt{1+\lambda^2}}+\frac{12\lambda}{\sqrt{1+\lambda^2}}\tag{3}$$

为了消去式(3)右边的变量 h，必须且只需令

$$\sqrt{1+\lambda^2}=2\Rightarrow\lambda=\sqrt{3}$$

$$\Rightarrow f(h)\geqslant\frac{12\lambda}{\sqrt{1+\lambda^2}}=6\sqrt{3}$$

等号成立仅当

$$\frac{h}{6}=\frac{1}{\lambda}=\frac{1}{\sqrt{3}}=2\sqrt{3}$$

评注 本题是一道趣味求极值题，上面的解法1虽然略显抽象，却非常简洁；解法2虽然计算量偏大，但仅用二次方程的判别式和解不等式就求出了结果，显得初等；解法3虽然应用了导数，却显得简洁轻松；最趣味美妙的解法4，巧设待定参数，妙用柯西不等式，流畅地解决了问题；但从整体上讲，解法1与解法2显得初等通俗，适合初中学生，解法3和解法4显得趣味美妙，适合高中学生.

题18 已知实数 a,b,c 满足

$$a+b+c=2,abc=4$$

(1)求 a,b,c 中的最大者的最小值;

(2)求 $S=|a|+|b|+|c|$ 的最小值.

解 (1)不妨先设 $a=\max\{a,b,c\}$ 再求 a 的最小值,由题设知 $a>0$,且

$$b+c=2-a,bc=\frac{4}{a}$$

那么,以 b,c 为根的一元二次方程为

$$x^2+(a-2)x+\frac{4}{a}=0$$

由于 a,b,c 均为实数,因此该方程的判别式

$$\Delta=(a-2)^2-4\times\frac{4}{a}\geqslant 0$$

$$\Rightarrow a^3-4a^2+4a-16\geqslant 0$$

$$\Rightarrow(a^2+4)(a-4)\geqslant 0\Rightarrow a\geqslant 4$$

又当 $a=4,b=c=-1$ 时,满足题设条件,所以 a 的最小值为 4,即 a,b,c 中的最大者的最小值为 4.

(2)因为 $abc=4>0$,所以 a,b,c 均为正数或一正两负.

若 a,b,c 均为正数,由(1)知

$$S=a+b+c>a\geqslant 4>2$$

这与已知的 $a+b+c=2$ 矛盾.

若 a,b,c 为一正两负,不妨设 $a>0,b<0,c<0$,则

$$\begin{aligned}S&=|a|+|b|+|c|=a-b-c\\&=a-(2-a)=2a-2\\&\geqslant 2\times 4-2=6\end{aligned}$$

当 $a=4,b=c=-1$ 时,等号成立.

故 $|a|+|b|+|c|$ 的最小值为 6.

注 (1)由于本题有一定的趣味性,因此我们想推广它,故不妨设实数 x,y,z 满足

$$\begin{cases}x+y+z=m\\xyz=n\end{cases}\tag{1}$$

其中 m,n 为正常数.

再设

$$x=\max\{x,y,z\}>0$$

$$f=|x|+|y|+|z|\tag{2}$$

于是

$$x+y+\frac{n}{xy}=m$$

$$\Rightarrow x^2y+xy^2+n=mxy$$
$$\Rightarrow xy^2+(x^2-mx)y+n=0 \tag{3}$$
$$\Rightarrow \Delta_y=(x^2-mx)^2-4nx=x[x(x-m)^2-4n]\geqslant 0$$
$$\Rightarrow x(x-m)^2-4n\geqslant 0$$
$$\Rightarrow x^3-2mx^2+m^2x-4n\geqslant 0$$
$$\Rightarrow x^2(x-2m)+m^2(x-\frac{4n}{m^2})\geqslant 0 \tag{4}$$

观察上式,可令

$$\frac{4n}{m^2}=2m\Rightarrow 2n=m^3$$
$$\Rightarrow (x^2+m^2)(x-2m)\geqslant 0$$
$$\Rightarrow x\geqslant 2m$$
$$\Rightarrow \max\{x,y,z\}\geqslant 2m$$
$$\Rightarrow \max\{x,y,z\}_{\min}=2m$$

由于 $xyz=n=\frac{1}{2}m^3>0$,当 $y>0,z>0$ 时

$$f=|x|+|y|+|z|=x+y+z>x\geqslant 2m$$

与 $x+y+z=m$ 矛盾.

当 $y<0,z<0$ 时

$$f=|x|+|y|+|z|=x-y-z=2x-m\geqslant 4m-m=3m$$
$$\Rightarrow f_{\min}=3m$$

当 $x=2m,y=z=-\frac{m}{2}$时取到.

(2)如果将表达式$f=|x|+|y|+|z|$改为$f=x^2+y^2+z^2$,那么

$$f=f(x)=x^2+(y+z)^2-2yz$$
$$=x^2+(m-x)^2-\frac{m^3}{x}$$
$$=2x^2-2mx-\frac{m^3}{x}+m^2 \tag{5}$$

求导得

$$f'(x)=4x-2m+\frac{m^3}{x^2} \tag{6}$$
$$f''(x)=4-\frac{2m^3}{x^3}$$

注意到 $x\geqslant 2m>0$ 有

$$f''(x)\geqslant 4-\frac{2m^3}{(2m)^3}=\frac{15}{4}>0$$

所以函数 $f(x)$ 在区间 $[2m,+\infty)$ 内有最小值.

但是,当 $x\geqslant 2m$ 时

$$f'(x)>4x-2m\geqslant 8m-2m>0$$

因此 $f(x)$ 在区间 $[2m,+\infty)$ 内没有驻点 $x_0\in[2m,+\infty)$,使 $f'(x_0)=0$. 即在区间 $[2m,+\infty)$ 内函数没有最小值.

试问:"事实果真如此吗?",事实上,由于

$$f(x)=2\left(x-\frac{m}{2}\right)^2-\frac{m^3}{x}+\frac{m^2}{2} \tag{7}$$

显然是关于 $x\geqslant 2m$ 的增函数,于是有

$$f(x)\geqslant f(2m)=2\left(2m-\frac{m}{2}\right)^2-\frac{m^3}{2m}+\frac{m^2}{2}=\frac{9}{2}m^2$$

$$\Rightarrow f_{\min}(x)=f(2m)=\frac{9}{2}m^2$$

仅当 $x=2m,y=z-\frac{m}{2}$ 时取到最小值.

(3)趁热打铁,我们再将表达式改为

$$f=|xy|+|yz|+|zx|$$

那么由(1)知,$x\geqslant 2m,y<0,z<0$,所以

$$\begin{aligned} f=f(x)&=-xy+yz-zx=-x(y+z)+yz\\ &=x(x-m)+\frac{m^3}{2x}=\left(x-\frac{m}{2}\right)^2+\frac{m^3}{2x}-\frac{m^2}{4} \end{aligned} \tag{8}$$

求导得

$$f'(x)=2x-m-\frac{m^3}{2x^2}$$

$$f''(x)=2+\left(\frac{m}{2}\right)^3>0$$

即函数在区间 $[2m,+\infty)$ 内有最小值,观察式(8)知,在这个区间内,显然 $f(x)$ 是增函数. 因为

$$f'(x)\geqslant f'(2m)=\frac{23}{8}m>0$$

$$f(x)\geqslant f(2m)=\left(2m-\frac{m}{2}\right)^2+\frac{m^3}{4m}-\frac{m^2}{4}=\frac{9}{2}m^2$$

当 $x=2m,y=z=-\frac{m}{2}$时,取到最小值.

顺便指出,(1)如果仅从表象上观察,应用平均值不等式有

$$f(x)=x^2+\frac{m^3}{2x}-mx=\frac{x^2}{2}+\frac{x^2}{2}+\frac{m^3}{2x}-mx$$

$$\geqslant 3\sqrt[3]{\frac{x^2}{2}\cdot\frac{x^2}{2}\cdot\frac{m^3}{2x}}-mx=\frac{3}{2}mx-mx=\frac{m}{2}x$$

等号成立仅当

$$\frac{x^2}{2}=\frac{x^2}{2}=\frac{m^3}{2x}\Rightarrow x=m<2m$$

矛盾.

题 19　已知 x,y,z 为正数,且满足 $xyz(x+y+z)=1$,求表达式

$$f=(x+y)(y+z)$$

的最小值.

分析　本题是 1989 年全苏数学奥林匹克试题,也曾被改编为 2002 年上海市初中数学竞赛试题.

对于本题,从表面上观察,似乎已知条件太少,表达式 f 的结构简单又特别,好像无从下手,但只要我们进行巧妙代换或适当变形,是可以轻松解答的.

解法 1(代换法)　作代换,构造

$$\begin{cases}a=x+y\\b=y+z\\c=z+x\end{cases}\Rightarrow\begin{cases}x+y+z=p=\frac{1}{2}(a+b+c)\\x=p-a>0\\y=p-b>0\\z=p-c>0\end{cases}$$

所以,以 a,b,c 为三边可以构成$\triangle ABC$,由海伦公式,得

$$S_{\triangle ABC}=\sqrt{p(p-a)(p-b)(p-c)}=\sqrt{xyz(x+y+z)}=1$$

于是

$$(x+y)(y+z)=ab=\frac{2S_{\triangle ABC}}{\sin C}\geqslant 2$$

$$\Rightarrow f_{\min}=2$$

即当 $f_{\min}=2$ 时,$\sin C=1$,即$\triangle ABC$ 为直角三角形,由勾股定理,得

$$a^2+b^2=c^2\Rightarrow(x+y)^2+(y+z)^2=(z+x)^2$$

$$\Rightarrow\left.\begin{matrix}y(x+y+z)=zx\\xyz(x+y+z)=1\end{matrix}\right\}\Rightarrow zx=1$$

解法2 我们记 $s=x+y+z$,则利用已知条件有

$$\begin{aligned}f&=(x+y)(y+z)=(s-z)(s-x)\\&=s^2-(x+z)s+xz\\&=s^2-(s-y)s+xz\\&=ys+xz\geqslant 2\sqrt{ys\cdot xz}=2\end{aligned}$$

$$\Rightarrow f_{\min}=2$$

等号成立仅当

$$\begin{cases}xyz(x+y+z)=1\\y(x+y+z)=xz\end{cases}$$

$$\Rightarrow xz=y(x+y+z)=1$$

$$\Rightarrow y(x+y+\frac{1}{x})=1$$

$$\Rightarrow 1\geqslant(y+2)y\Rightarrow y^2+2y-1\leqslant 0$$

$$\Rightarrow 0<y\leqslant\sqrt{2}-1$$

又由

$$y(x+\frac{1}{x}+y)=1$$

$$\Rightarrow yx^2+(y^2-1)x+y=0$$

$$\Rightarrow \Delta_x=(y^2-1)^2-(2y)^2\geqslant 0$$

$$\Rightarrow (y^2+1)(3y^2-1)\leqslant 0$$

$$\Rightarrow\left.\begin{array}{l}0<y\leqslant\dfrac{\sqrt{3}}{3}\\0<y\leqslant\sqrt{2}-1\end{array}\right\}\Rightarrow 0<y\leqslant\sqrt{2}-1$$

题20 证明:对任意三角形,一定存在两条边,它们的长 μ,υ 满足

$$1\leqslant\frac{\mu}{\upsilon}<\frac{1+\sqrt{5}}{2}$$

分析 与前一道题一样,本题也是一道有几何背景的好题,我们可以对三边进行排序,展开证明,证明利用反证法,过程中引进参数,进行换元,表示差量.

证明 设任意 $\triangle ABC$ 的三边长为 a,b,c,若有相等的边,结论显然成立.

不妨设 $a>b>c$,若结论不成立,则必有

$$\frac{a}{b} \geqslant \frac{1+\sqrt{5}}{2} \tag{1}$$

及
$$\frac{b}{c} \geqslant \frac{1+\sqrt{5}}{2} \tag{2}$$

记 $b=c+s, a=b+t=c+s+t$，显然 $s,t>0$，代入式(1)得

$$\frac{c+s+t}{c+s} \geqslant \frac{1+\sqrt{5}}{2}$$

$$\Rightarrow \frac{1+\frac{s}{c}+\frac{t}{c}}{1+\frac{s}{c}} \geqslant \frac{1+\sqrt{5}}{2}$$

令 $x=\frac{s}{c}, y=\frac{t}{c}$，则

$$\frac{1+x+y}{1+x} \geqslant \frac{1+\sqrt{5}}{2} \tag{3}$$

由
$$a<b+c \Rightarrow c+s+t<c+s+c$$

$$\Rightarrow t<c< \Rightarrow y=\frac{t}{c}<1$$

由式(2)得

$$\frac{b}{c}=\frac{c+s}{c}=1+x \geqslant \frac{1+\sqrt{5}}{2} \tag{4}$$

由式(3)(4)得

$$y \geqslant \left(\frac{1+\sqrt{5}}{2}-1\right)(1+x) \geqslant \frac{\sqrt{5}-1}{2} \cdot \frac{\sqrt{5}+1}{2}=1$$

这与 $y<1$ 矛盾，从而命题得证.

题 21　已知抛物线 $y=x^2$ 与动直线 $y=(2t-1)x-c$ 有公共点 (x_1, y_1)，(x_2, y_2)，且 $x_1^2+x_2^2=t^2+2t-3$.

(1)求实数 t 的取值范围；

(2)当 t 为何值时，c 取到最小值，并求出 c 的最小值.

分析　虽然已知动直线的解析式里含有两个变量参数 t 与 c. 但注意到条件"$x_1^2+x_2^2$"我们可考虑利用韦达定理，再进行代数变换并结合判别式解答，才可简便.

解　(1)由联立方程组

$$\begin{cases} y = x^2 \\ y = (2t-1)x - c \end{cases}$$

$$\Rightarrow x^2 - (2t-1)x + c = 0 \tag{1}$$

设二次方程(1)的两实根为 x_1, x_2,由韦达定理得

$$\begin{cases} x_1 + x_2 = 2t - 1 \\ x_1 x_2 = c \end{cases}$$

$$\Rightarrow c = x_1 x_2 = \frac{1}{2}[(x_1+x_2)^2 - (x_1^2+x_2^2)] = \frac{1}{2}[(2t-1)^2 - (t^2+2t-3)] \tag{2}$$

$$= \frac{1}{2}(3t^2 - 6t + 4) \quad (\text{代入式}(1))$$

$$\Rightarrow 2x^2 - 2(2t-1)x + (3t^2 - 6t + 4) = 0 \tag{3}$$

$$\Rightarrow \Delta = 4[(2t-1)^2 - 2(3t^2-6t+4)] = -4(2t^2-8t+7) \geqslant 0$$

$$\Rightarrow 2t^2 - 8t + 7 \leqslant 0$$

$$\Rightarrow 2 - \frac{\sqrt{2}}{2} \leqslant t \leqslant 2 + \frac{\sqrt{2}}{2} \tag{4}$$

又

$$t^2 + 2t - 3 = x_1^2 + x_2^2 \geqslant 0$$

$$\Rightarrow t \leqslant -3 \text{ 或 } t \geqslant 1 \tag{5}$$

由(4)和(5)得 t 的取值范围是

$$2 - \frac{\sqrt{2}}{2} \leqslant t \leqslant 2 + \frac{\sqrt{2}}{2}$$

(2)由式(2)得

$$c = \frac{1}{2}(3t^2 - 6t + 4) = \frac{3}{2}(t-1)^2 + \frac{1}{2}$$

由于$\frac{3}{2}(t-1)^2 + \frac{1}{2}$在区间$[2 - \frac{\sqrt{2}}{2}, 2 + \frac{\sqrt{2}}{2}]$内是递增函数,因此,当 $t = 2 - \frac{\sqrt{2}}{2}$ 时,c 取最小值

$$c_{\min} = \frac{3}{2}(2 - \frac{\sqrt{2}}{2} - 1)^2 + \frac{1}{2} = \frac{11 - 6\sqrt{2}}{4}$$

题 22 已知方程 $x^2 + bx + c = 0$ 与 $x^2 + cx + b = 0$ 分别各有两个整数根 x_1, x_2 和 x_3, x_4,且 $x_1 x_2 > 0, x_3 x_4 > 0$.

(1)求证:$b - 1 \leqslant c \leqslant b + 1$;

(2)求 b, c 所有可能的值.

分析　细分起来,此题的已知条件有四点,解答时应充分利用这些条件,并结合韦达定理及整数的相关性质进行思考.

解　(1)由已知条件与韦达定理得

$$\begin{cases} c = x_1x_2 > 0 \\ b = x_3x_4 > 0 \end{cases} \Rightarrow \begin{cases} x_1 + x_2 = -b < 0 \\ x_3 + x_4 = -c < 0 \end{cases}$$

$$\Longrightarrow x_1, x_2, x_3, x_4 \text{ 均为负整数}$$

作代换,令$(y_1, y_2) = (-x_1, -x_2)$,那么$y_1, y_2$均为正整数,且$y_1 \geqslant 1, y_2 \geqslant 1$. 于是

$$\begin{cases} y_1 + y_2 = b \\ y_1y_2 = c \end{cases} \Rightarrow c - b = y_1y_2 - (y_1 + y_2)$$

$$= (y_1 - 1)(y_2 - 1) - 1 \geqslant -1$$

$$\Rightarrow c \geqslant b - 1 \tag{1}$$

同理:由$x_3 + x_4 = -c$及$x_3x_4 = b$可得

$$b \geqslant c - 1 \Rightarrow c \leqslant b + 1 \tag{2}$$

由(1)和(2)结合得

$$b - 1 \leqslant c \leqslant b + 1$$

(2)解法1:由于已知两二次方程均有负整数根,则判别式

$$\begin{cases} \Delta_1 = b^2 - 4c \geqslant 0 \\ \Delta_2 = c^2 - 4b \geqslant 0 \end{cases}$$

$$\Rightarrow \begin{cases} b^4 \geqslant 16c^2 \geqslant 64b \\ c^4 \geqslant 16b^2 \geqslant 64c \end{cases} \Rightarrow \begin{cases} b \geqslant 4 \\ c \geqslant 4 \end{cases}$$

即b, c均为不小于4的正整数.

(1°)当$b = c = 4$时,两已知二次方程化为一个二次方程

$$x^2 + 4x + 4 = 0 \Rightarrow x = -2$$

即$x_1 = x_2 = x_3 = x_4 = -2$.

(2°)当$b \neq c$时,要使x_1, x_2, x_3, x_4均为负整数,那么判别式Δ_1, Δ_2必须为完全平方数,不妨设

$$\begin{cases} \Delta_1 = b^2 - 4c = p^2 \\ \Delta_2 = c^2 - 4b = q^2 \end{cases}$$

$$\Rightarrow \begin{cases} (b - p)(b + p) = 4c \\ (c - q)(c + q) = 4b \end{cases} \tag{3}$$

注意到$b \geqslant 4, c \geqslant 4$,且$b \neq c$,则

$$b-p<b+p, c-q<c+q$$

由式(3)得

$$\begin{cases}b-p=1,2,4\\b+p=4c,2c,c\end{cases}$$

$$\Rightarrow b=\frac{4c+1}{2}, c+1, \frac{c+4}{2} \tag{4}$$

$$\begin{cases}c-q=1,2,4\\c+q=4b,2b,b\end{cases}$$

$$\Rightarrow c=\frac{4b+1}{2}, b+1, \frac{b+4}{2}$$

$$\Rightarrow b=\frac{4c-1}{4}, c-1, 2c-4 \tag{5}$$

现在,我们可将(4)与(5)两组搭配组合成9个关于 c 的一元一次方程,但只有如下两个方程

$$b=\frac{c+4}{2}=c-1\Rightarrow\begin{cases}b=5\\c=6\end{cases}$$

$$b=2c-4=c-1\Rightarrow\begin{cases}b=6\\c=5\end{cases}$$

才有 $b\geqslant 4, c\geqslant 4$ 的自然数解.

综合上述得,b, c 的所有可能值为

$$\begin{cases}b=4\\c=4\end{cases}\text{或}\begin{cases}b=5\\c=6\end{cases}\text{或}\begin{cases}b=6\\c=5\end{cases}$$

这时,两个原二次方程为

$$\begin{cases}x^2+5x+6=0\Rightarrow x_1=-2, x_2=-3\\x^2+6x+5=0\Rightarrow x_3=-1, x_4=-5\end{cases}\text{(也可以交换位置)}$$

解法2:我们设

$$\begin{cases}x_1=-m_1\\x_2=-m_2\end{cases}, \text{其中 } m_1\leqslant m_2, m_1, m_2\in\mathbf{N}^*$$

$$\begin{cases}x_3=-n_1\\x_4=-n_2\end{cases}, \text{其中 } n_1\leqslant n_2, n_1, n_2\in\mathbf{N}^*$$

则

$$\begin{cases}b=m_1m_2=n_1+n_2\in\mathbf{N}^*\\c=n_1n_2=m_1+m_2\in\mathbf{N}^*\end{cases} \tag{6}$$

即两个已知二次方程为

$$\begin{cases} x^2+(m_1+m_2)x+m_1m_2=0 \\ x^2+(n_1+n_2)x+n_1n_2=0 \end{cases} \tag{7}$$

由式(6)有

$$m_1m_2-m_1-m_2=n_1+n_2-n_1n_2$$

$$\Rightarrow (m_1-1)(m_2-1)+(n_1-1)(n_2-1)=2 \tag{8}$$

因$(m_1-1)(m_2-1)$与$(n_1-1)(n_2-1)$均为非负整数,那么有

$$\begin{cases} (m_1-1)(m_2-1)=0,1,2 \\ (n_1-1)(n_2-1)=2,1,1 \end{cases}$$

$$\Rightarrow \begin{cases} m_1=1,2,2 \\ m_2=5,2,3 \\ n_1=2,2,1 \\ n_2=3,2,5 \end{cases}$$

$$\Rightarrow \begin{cases} b=5,4,6 \\ c=6,4,5 \end{cases}$$

$$\Rightarrow \begin{cases} x^2+5x+6=0 \Rightarrow x_1=-2, x_2=-3 \\ x^2+6x+5=0 \Rightarrow x_3=-1, x_4=-5 \end{cases}$$

题23　k 为实数,函数

$$f(x)=\frac{x^4+kx^2+1}{x^4+x^2+1}$$

对任意三个实数 a,b,c,存在以 $f(a),f(b),f(c)$ 为边的三角形,求 k 的取值范围.

分析　由 a,b,c 的任意性知,只要 x^4+kx^2+1 恒正且 $f(x)$ 的最大值小于其最小值的2倍即可,即

$$f_{\max}(x)<2f_{\min}(x)$$

解　由于 $x^4+x^2+1>0$,因此欲使对任意 $x\in\mathbf{R}$ 有 $f(x)>0$ 必须 $x^4+kx^2+1>0$. 观察知,当 $k\geqslant 0 \Rightarrow x^4+kx^2+1>0$ 或 $\begin{cases} k<0 \\ \Delta=k^2-4<0 \end{cases} \Rightarrow 0>k>-2$.

下面我们分类讨论:

(1°)当 $k=1$ 时,$f(x)\equiv 1$,满足条件;

(2°)当 $k>1$ 时,注意到

$$(x^2-1)^2\geqslant 0\Rightarrow x^4+x^2+1\geqslant 3x^2$$

等号成立仅当$|x|=1$时

$$f(x)=1+\frac{(k-1)x^2}{x^4+x^2+1}\leqslant 1+\frac{(k-1)x^2}{3x^2}$$

$$\Rightarrow f_{\max}(x)\leqslant\frac{k+2}{3}(x\neq 0,x=1\text{ 时取等号})$$

而显然$f(x)\geqslant 1$且当$x=0$时等号成立. 因而只需

$$\frac{k+2}{3}<2\Rightarrow k<4$$

可满足条件.

(3°)当$k\leqslant 1$时,由

$$f(x)=1+\frac{(k-1)x^2}{x^4+x^2+1}\leqslant 1$$

$$\Rightarrow f_{\min}(x)=1$$

且

$$f(x)=1+\frac{(k-1)x^2}{x^4+x^2+1}\geqslant 1+\frac{(k-1)x^2}{3x^2}$$

$$\Rightarrow f_{\min}(x)=\frac{k+2}{3}$$

因而只需$2(\frac{k+2}{3})>1\Rightarrow k>-\frac{1}{2}$可满足条件.

综上可知:只需$-\frac{1}{2}<k<4$即可满足条件.

题 24 二次函数$f(x)=ax^2+bx+c(a>0)$,如果方程$f(x)=x$的两根x_1,x_2满足$0<x_1<x_2<\frac{1}{a}$,且$f(x)$关于$x=x_0$对称,证明:当$0<x<x_1$时,$x<f(x)<x_1$.

证明 利用二次函数的增减性,由已知

$$x_0=-\frac{b}{2a}$$

和$f(x)-x=ax^2+(b-1)x+c=0$的两根为x_1,x_2,由韦达定理知

$$x_1+x_2=\frac{1-b}{a}$$

$$\Rightarrow x_0=\frac{1}{2}(x_1+x_2-\frac{1}{a})=\frac{1}{2}x_1+\frac{1}{2}(x_2-\frac{1}{a})<\frac{1}{2}x_1$$

$$\Rightarrow x_0<\frac{1}{2}x_1$$

因为函数$f(x)$关于直线$x=x_0$对称$\Leftrightarrow f(x)=f(2x_0-x)$，这是函数的一般性结论（不仅仅对二次函数成立），我们记

$$g(x)=f(x)-x=ax^2+(b-1)x+c \quad (a>0)$$

由于$0<x<x_1$时

$$g(x)>g(x_1)=0\Rightarrow f(x)>x$$

又因为$2x_0<x_1$，$x=x_0$为$f(x)$的对称轴．于是$f(0)=f(2x_0)$．

若$x_0>0$，则$f(x)$在$0<x\leqslant x_0$上递减，在$x_0<x<x_1$上递增．

所以当$0<x\leqslant x_0$时，有

$$f(x)<f(0)=f(2x_0)<f(x_1)=x_1$$

当$x_0<x<x_1$时，有

$$f(x)<f(x_1)=x_1$$

若$x_0<0$，则$f(x)$在$0<x<x_1$上递增，显然有

$$f(x)<f(x_1)=x_1$$

综合上述，对任意$0<x<x_1$，均有$x<f(x)<x_1$成立．

题 25　设$a,b\in\mathbf{Z}$，二次函数$f(x)=x^2+ax+b$，证明：若对所有$x\in\mathbf{Z}$，都有$f(x)>0$，则对于所有$x\in\mathbf{R}$，有$f(x)\geqslant 0$．

分析　以上各题均反映了二次函数$f(x)=ax^2+bx+c$的一个性质，倍显优美，趣味，奇妙，对于本题，欲证对所有实数x，$f(x)\geqslant 0$，只需证$\Delta=a^2-4b\leqslant 0$，但直接证明$\Delta\leqslant 0$好像无从入手，因此，我们用反证法证明：若$a^2-4b>0$，由于a^2-4b是整数，所以$a^2-4b\geqslant 1$，进而可得出矛盾．

证明　用反证法，若$\Delta=a^2-4b>0$，则由$a^2-4b\in\mathbf{N}^*\Rightarrow a^2-4b\geqslant 1$．

设方程$x^2+ax+b=0$的两实根为x_1,x_2，则

$$|x_1-x_2|=\sqrt{(x_1+x_2)^2-4x_1x_2}=\sqrt{a^2-4b}\geqslant 1$$

从而在x_1与x_2之间一定存在一个整数x_0，对于这个整数x_0，有$f(x_0)\leqslant 0$，这与题设矛盾．所以$\Delta\leqslant 0\Leftrightarrow f(x)\geqslant 0$，即对一切实数$x$，都有$f(x)\geqslant 0$，从而命题得证．

题 26　二次函数$y=x^2+(2k-1)x+k^2$的图像与x轴的两个交点是否都在直线$x=1$的右侧？

解　不一定．例如，当$k=0$时，函数$y=x^2-x$的图像与x轴的两个交点为$(0,0)$和$(1,0)$，不都在直线$x=1$的右侧．

如图 2.9 所示，设函数与x轴的两个交点的横坐标为x_1,x_2，则

$$\begin{cases}x_1+x_2=-(2k-1)\\x_1x_2=k^2\end{cases}$$

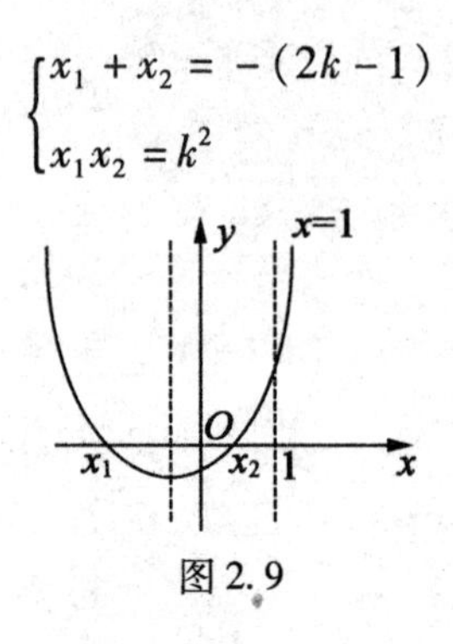

图 2.9

当且仅当满足如下条件

$$\begin{cases}\Delta=(2k-1)^2-4k^2\geqslant 0\\(x_1-1)+(x_2-1)>0\\(x_1-1)(x_2-1)>0\end{cases}$$

$$\Rightarrow\begin{cases}(2k-1)^2-4k^2\geqslant 0\\-2k-1>0\\k^2+(2k-1)+1>0\end{cases}$$

$$\Rightarrow\begin{cases}k\leqslant\dfrac{1}{4}\\k<-\dfrac{1}{2}\\k<-2\text{ 或 }k>0\end{cases}$$

$$\Rightarrow k<-2$$

时,抛物线与 x 轴的两个交点都在直线 $x=1$ 的右侧.

评注 这是一道实质较强的好题目,比如已知抛物线 $y=x^2+kx+2$ 与直线 $y=x+1$ 在区间$[0,2]$内有相异的两交点,则 k 的取值范围是什么?

我们可以设$f(x)=x^2+kx+2$,则$f(0)=2>1$,即抛物线与 y 轴的交点的纵坐标为2,大于直线 $x=0$(y 轴)与直线 $y=x+1$ 交点的纵坐标. 于是满足了第一个条件.

从图 2.10 上可知,直线 $y=x+1$ 与 $x=2$ 交点的纵坐标为 3,从题意知,抛物线与直线 $x=2$ 的交点的纵坐标应不小于 3,且抛物线与直线 $y=x+1$ 有两个交点,所以

$$f(2)=2k+6\geqslant 3\Rightarrow k\geqslant-\frac{3}{2} \tag{1}$$

$$x^2+kx+2=x+1$$

$$\Rightarrow x^2+(k-1)x+1=0$$
$$\Rightarrow \Delta=(k-1)^2-4=(k-3)(k+1)>0$$
$$\Rightarrow k>3 \text{ 或 } k<-1 \qquad (2)$$

由(1)和(2)得 k 的取值范围是：$-\frac{3}{2}\leqslant k<-1$.

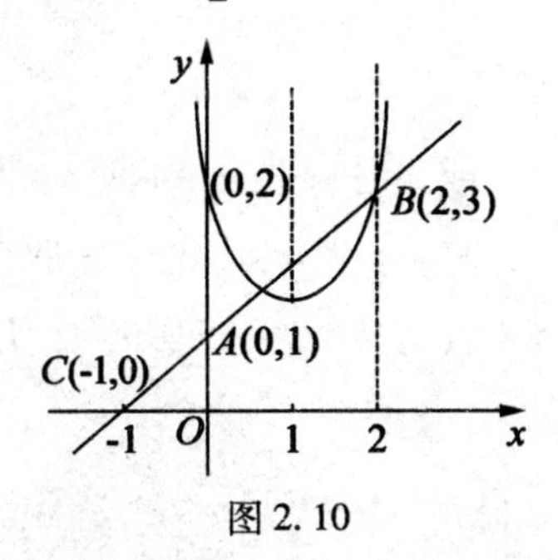

图 2.10

题 27　已知二次函数

$$f(x)=y=(a+2)x^2-2(a^2-1)x+1$$

其中自变量 $x\in\mathbf{N}^*$，参数 $a\in\mathbf{N}^*$，求 $f_{\min}(x)$.

解　将函数配方为

$$f(x)=(a+2)\left(x-\frac{a^2-1}{a+2}\right)^2+1-\frac{(a^2-1)}{a+2}$$

则其对称轴为

$$x=\frac{a^2-1}{a+2}=(a-2)+\frac{3}{a+2}$$

因为

$$a\in\mathbf{N}^*\Rightarrow 0<\frac{3}{a+2}\leqslant 1$$
$$\Rightarrow a-2<\frac{a^2-1}{a+2}\leqslant a-1$$

因此，当 $a=1$ 时，函数的最小值在 $x=1$ 时取到，当 $a>1$ 时，由于 $a-2$ 与 $a-1$ 为相邻两个自然数，但

$$a-2<\frac{a^2-1}{a+2}\leqslant a-1\Leftrightarrow x\in(a-2,a-1)\Rightarrow x\notin\mathbf{N}^*$$

故不能在 $x=\frac{a^2-1}{a+2}$ 时取到最小值，故函数的最小值只可能在 x 取边界值 $a-2$，$a-1$ 之一时取到.

当 $x=a-2$ 时

$$y_1=(a+2)(a-2)^2-2(a^2-1)(a-2)+1$$

当 $x=a-1$ 时

$$y_2=(a+2)(a-1)^2-2(a^2-1)(a-1)+1$$

考虑作差比较法

$$y_1-y_2=4-a$$

(1)当 $4-a>0$，即 $a=2$ 或 3 时，x 取 $a-1$ 使 y_2 为最小值;

(2)当 $4-a=0$，即 $a=4$ 时，有 $y_1=y_2$，此时，x 取 2 或 3;

(3)当 $4-a<0$，即 $a>4$ 且为整数时，x 取 $a-2$ 使 y_1 为最小值.

综合上述，当

$$x=\begin{cases}1 & (a=1)\\ a-1 & (a=2\text{ 或 }3)\\ 2\text{ 或 }3 & (a=4)\\ a-2 & (a>4\text{ 且 }a\in\mathbf{N}^*)\end{cases}$$

时，函数值最小.

注 上述优美的解答，重点体现了分类讨论的解题思想，让解答过程显得系统、严密、完备.

题 28 已知某二次函数 $y=f(x)$ 经过原点，且满足条件 $1\leqslant f(-2)\leqslant 2$，$3\leqslant f(1)\leqslant 4$，求 $f(2)$ 的最大值.

分析 一般关于二次函数的题目，都可结合图像观察分析，但本题却宜用代换法设函数，列方程求解.

解 因为二次函数经过原点，故可设

$$y=f(x)=ax^2+bx \quad (a\neq 0)$$

再设

$$\begin{cases}\mu=f(-2)=4a-2b\\ v=f(1)=a+b\end{cases}$$

$$\Rightarrow\begin{cases}a=\dfrac{\mu+2v}{6}\\ b=\dfrac{4\mu-v}{6}\end{cases}$$

$$\Rightarrow f(2)=4a+2b=4\left(\frac{\mu+2v}{6}\right)+2\left(\frac{4\mu-v}{6}\right)=\frac{\mu+8v}{3}$$

利用 $\begin{cases}1\leqslant\mu\leqslant 2\\3\leqslant v\leqslant 4\end{cases}\Rightarrow\dfrac{25}{3}\leqslant f(2)\leqslant\dfrac{34}{3}$

$$\Rightarrow\begin{cases}f_{\min}(2)=\dfrac{25}{3}\quad(\text{此时 }\mu=1,v=3)\\f_{\max}(2)=\dfrac{34}{3}\quad(\text{此时 }\mu=2,v=4)\end{cases}$$

又 $$f(x)=ax^2+bx=\frac{1}{6}(\mu+2v)x^2+\frac{1}{6}(4v-\mu)x$$

当 $f_{\max}(2)=\dfrac{34}{3}$ 时，$\mu=2,v=4$，有

$$f(x)=\frac{5}{3}x^2+\frac{7}{3}x$$

当 $f_{\min}(2)=\dfrac{25}{3}$ 时，$\mu=1,v=3$，有

$$f(x)=\frac{7}{6}x^2+\frac{11}{6}x$$

题 29　已知二次函数

$$f(x)=4x^2-4ax+(a^2-2a+2)$$

在 $0\leqslant x\leqslant 1$ 上的最小值为 2，求 a 的值.

解　因为二次函数

$$f(x)=4x^2-4ax+(a^2-2a+2)=4(x-\frac{a}{2})^2-2a+2$$

易知其图像的开口向上，且对称轴 $x=\dfrac{a}{2}$，于是可按其对称轴 $x=\dfrac{a}{2}$ 与闭区间 $[0,1]$ 的三种位置关系分类求解.

(1) 当 $\dfrac{a}{2}<0\Rightarrow a<0$ 时，由题意

$$f_{\min}(x)=f(0)=a^2-2a+2=2\Rightarrow a=0\text{ 或 }2$$

都与 $a<0$ 矛盾，所以，此时 a 不存在.

(2) 当 $0\leqslant\dfrac{a}{2}\leqslant 1$ 即 $0\leqslant a\leqslant 2$ 时，由题意

$$f_{\min}(x)=f(\frac{a}{2})=-2a+2=2\Rightarrow a=0$$

(3) 当 $\dfrac{a}{2}>1\Rightarrow a>2$ 时，由题意

$$f_{\min}(x)=f(1)=4-4a+a^2-2a+2=2$$

$$\Rightarrow \left.\begin{matrix} a=3\pm\sqrt{5} \\ a>2 \end{matrix}\right\} \Rightarrow a=3+\sqrt{5}$$

综上所述,$a=0$ 或 $3+\sqrt{5}$.

题30 已知 $a,b,c\in\mathbf{N}^*$,关于 x 的一元二次方程 $ax^2+bx+c=0$ 的两根的绝对值均小于$\frac{1}{3}$,求 $a+b+c$ 的最小值.

解析 注意到 $a,b,c\in\mathbf{N}^*$,设 x_1,x_2 是方程

$$ax^2+bx+c=0$$

的两根,由韦达定理有

$$\begin{cases} x_1+x_2=-\dfrac{b}{a}<0 \\ x_1x_2=\dfrac{c}{a}>0 \end{cases} \Rightarrow \begin{cases} x_1<0 \\ x_2<0 \end{cases}$$

由

$$x_1x_2=\frac{c}{a}<\frac{1}{9}\Rightarrow\frac{a}{c}>9$$

从而方程 $ax^2+bx+c=0$ 的两根

$$x_1\in(-\frac{1}{3},0),x_2\in(-\frac{1}{3},0)$$

如图2.11可知,我们可利用一元二次方程实数根分布的相关知识求解.

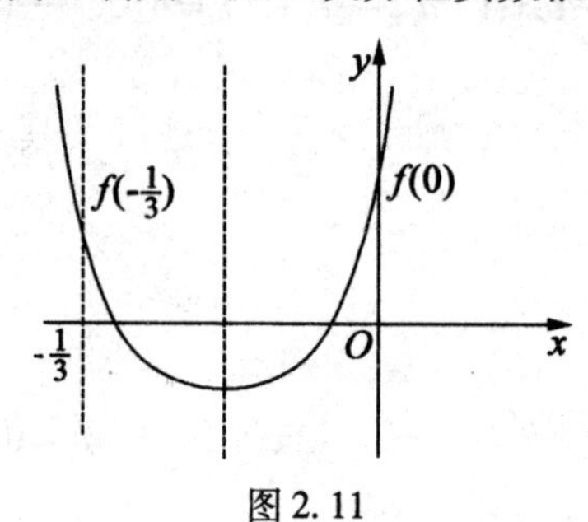

图2.11

设

$$f(x)=ax^2+bx+c$$

$$\begin{cases} f(0)=c>0 & ① \\ f(-\frac{1}{3})=\frac{1}{9}a-\frac{1}{3}b+c>0 & ② \\ -\frac{1}{3}<-\frac{b}{2a}<0 & ③ \\ \Delta=b^2-4ac\geqslant 0 & ④ \end{cases}$$

由式④得
$$b\geqslant 2\sqrt{ac}$$
由式②得
$$\frac{1}{9}a+c>\frac{1}{3}b\Rightarrow a+9c>3b$$
又由 a,b,c 是正整数知，$a+9c,3b$ 都是正整数，故

$$a+9c\geqslant 3b+1$$
$$\Rightarrow a+9c\geqslant 3b+1\geqslant 6\sqrt{ac}+1$$
$$\left.\begin{matrix}\Rightarrow(\sqrt{a}-3\sqrt{c})^2\geqslant 1 \\ a>9c\end{matrix}\right\}\Rightarrow\sqrt{a}-3\sqrt{c}\geqslant 1$$
$$\Rightarrow\sqrt{a}\geqslant 1+3\sqrt{c}\geqslant 1+3\times 1=4$$
$$\Rightarrow a\geqslant 16$$

当 $a=16$ 时，只有 $c=1$，此时
$$b\geqslant 2\sqrt{ac}=8$$
经验证
$$16x^2+8x+1=0$$
的两根
$$x_1=x_2=-\frac{1}{4}\Rightarrow|x_1|=|x_2|<\frac{1}{3}$$
满足题意.

评注　从上述解答可知，本题将二次函数、二次方程、初等数论知识和谐结合，完善统一，让人倍感清新.

如果我们取 $c=t^2(t\in\mathbf{N}^*)$，则
$$a\geqslant(3t+1)^2,b\geqslant 2t(3t+1)$$
再取
$$a=(3t+1)^2,b\geqslant 2t(3t+1)$$
那么，原二次方程化为
$$(3t+1)^2x^2+2t(3t+1)x+t^2=0$$
$$\Rightarrow[(3t+1)x+t]^2-0$$
$$\Rightarrow x_1=x_2=-\frac{t}{3t+1}$$
$$\Rightarrow|x_1|=|x_2|=\frac{t}{3t+1}<\frac{1}{3}$$

题 31 (2012 年成都市中考压轴题)如图 2.12 所示,在平面直角坐标系 xOy 中,一次函数 $y=\frac{5}{4}x+m$(m 为常数)的图像与 x 轴交于点 $A(-3,0)$,与 y 轴交于点 C,以直线 $x=1$ 为对称轴的抛物线 $y=ax^2+bx+c$(a,b,c 为常数,且 $a\neq0$)经过 A,C 两点,并与 x 轴的正半轴交于点 B.

(1)求 m 的值及抛物线的函数表达式;

(2)设 E 是 y 轴右侧抛物线上一点,经过点 E 作直线 AC 的平行线交 x 轴于点 F,是否存在这样的点 E,使得以 A,C,E,F 为顶点的四边形是平行四边形?若存在,求出点 E 的坐标及相应的平行四边形的面积;若不存在,请说明理由;

(3)若 P 是抛物线对称轴上使 $\triangle ACP$ 的周长取得最小值的点,过点 P 任意作一条与 y 轴不平行的直线交抛物线于 $M_1(x_1,y_1)$,$M_2(x_2,y_2)$ 两点,试探究 $\frac{M_1P\cdot M_2P}{M_1M_2}$ 是否为定值,并写出探究过程.

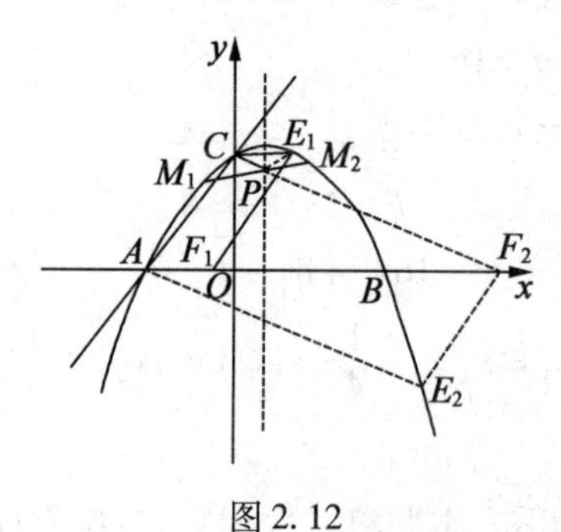

图 2.12

解法 1 (1)依题意知 $m=\frac{15}{4}$,则直线 AC 的解析式为

$$y=\frac{5}{4}x+\frac{15}{4} \tag{1}$$

令 $x=0$,得点 C 坐标为 $(0,\frac{15}{4})$. 于是

$$\begin{cases}-\frac{b}{2a}=1,c=\frac{15}{4}\\ a(-3)^2+b(-3)+c=0\end{cases}\Rightarrow\begin{cases}a=-\frac{1}{4}\\ b=\frac{1}{2}\\ c=\frac{15}{4}\end{cases}$$

所以抛物线的函数表达式为

$$y=-\frac{1}{4}x^2+\frac{1}{2}x+\frac{15}{4} \tag{2}$$

(2)存在两个点 E_1,E_2 满足题意.

作 $CE_1 /\!/ x$ 轴交抛物线于点 E_1,过 E_1 作 $E_1F_1 /\!/ AC$ 交 x 轴于点 F_1,则四边形 ACE_1F_1 为平行四边形,由对称性知,E_1 为 C 关于抛物线对称轴的对称点,故其坐标为 $E_1(2,\frac{15}{4})$,此时▱ACE_1F_1 的面积为

$$S_1=CE_1\times CO=2\times\frac{15}{4}=\frac{15}{2}$$

将 AC 向右平移至 E_2F_2,其中 E_2 在抛物线上,F_2 在 x 轴上,则 $E_2F_2=AC$,点 E_2 的纵坐标为 $-\frac{15}{4}$,设其横坐标为 x,则

$$-\frac{1}{4}x^2+\frac{1}{2}x+\frac{15}{4}=-\frac{15}{4}$$

$$\Rightarrow x=1+\sqrt{31}(取正)$$

即坐标 $E_2(1+\sqrt{31},-\frac{15}{4})$,$F_2(4+\sqrt{31},0)$.

(3)联结 AE_1 交抛物线对称轴于点 P,则 P 使△ACP 的周长最小.

设 AE_1 的解析式为

$$y=kx+b$$

$$\Rightarrow\begin{cases}-3k+b=0\\2k+b=\frac{15}{4}\end{cases}\Rightarrow\begin{cases}k=\frac{3}{4}\\b=\frac{9}{4}\end{cases}$$

$$\Rightarrow y=\frac{3}{4}(x+3)$$

令 $x=1\Rightarrow y=3$,所以坐标 $P(1,3)$.

设 M_1M_2 的斜率为 k,则方程为

$$y=k(x-1)+3 \tag{3}$$

代入抛物线解析式得(注意应用韦达定理)

$$k(x-1)+3=-\frac{1}{4}x^2+\frac{1}{2}x+\frac{15}{4}$$

$$\Rightarrow x^2+(4k-2)x-(4k+3)=0$$

$$\Rightarrow\begin{cases}x_1+x_2=2-4k\\ x_1x_2=-(4k+3)\end{cases}\tag{4}$$

又由式(3)得

$$\begin{cases}y_1=k(x_1-1)+3\\ y_2=k(x_2-1)+3\end{cases}$$

$$\Rightarrow y_1-y_2=k(x_1-x_2)\tag{5}$$

于是

$$\begin{aligned}M_1M_2^2&=(x_1-x_2)^2+(y_1-y_2)^2\\&=(k^2+1)(x_1-x_2)^2\\&=(k^2+1)[(x_1+x_2)^2-4x_1x_2]\\&=(k^2+1)[(2-4k)^2+4(4k+3)]\end{aligned}$$

$$\Rightarrow M_1M_2=4(k^2+1)$$

$$\begin{aligned}M_1P^2&=(x_1-1)^2+(y_1-3)^2\\&=(k^2+1)(x_1-1)^2\end{aligned}$$

$$\Rightarrow M_1P=\sqrt{k^2+1}\,|x_1-1|$$

同理可得

$$M_2P=\sqrt{k^2+1}\,|x_2-1|$$

所以

$$\begin{aligned}M_1P\cdot M_2P&=(k^2+1)|(x_1-1)(x_2-1)|\\&=(k^2+1)|x_1x_2-(x_1+x_2)+1|\\&=(k^2+1)|-(4k+3)+(4k-2)+1|\\&=4(k^2+1)\end{aligned}$$

所以 $$\frac{M_1P\cdot M_2P}{M_1M_2}=1(\text{定值})$$

解法2　如图2.13所示，记抛物线顶点 $Q(1,4)$，作直线 l' 平行于 x 轴，为 $y=5$. 作 $M_1N_1\perp l'$ 于点 N_1，$M_2N_2\perp l'$ 于点 N_2，并设坐标 $M_1(x_1,y_1)$，$M_2(x_2,y_2)$，$N_1(x_1,5)$，$N_2(x_2,5)$.

我们先证明 M_1N_2 与 M_2N_1 交于 $Q(1,4)$.

由解法1知 M_1M_2 的解析式为

$$y=kx+3-k$$

代入抛物线方程得

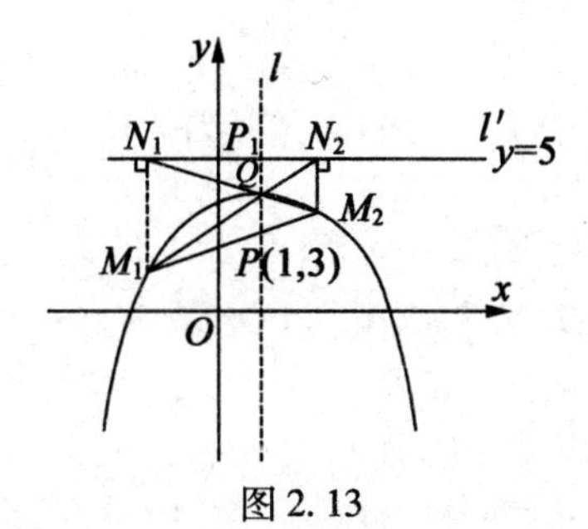

图 2.13

$$x^2+(4k-2)x-(4k+3)=0$$

$$\Rightarrow\begin{cases}x_2=1-2k+2\sqrt{k^2+1}\\x_1=1-2k-2\sqrt{k^2+1}\end{cases}\tag{6}$$

$$\Rightarrow\begin{cases}x_1+x_2=2-4k\\x_1x_2=-(4k+3)\end{cases}$$

如果 $Q(1,4)$ 在 M_2N_1 上,则

$$\frac{y-5}{y_2-5}=\frac{x-x_1}{x_2-x_1}$$

$$\Rightarrow\frac{4-5}{y_2-5}=\frac{1-x_1}{x_2-x_1}$$

$$\Rightarrow x_1-x_2=(1-x_1)(y_2-5)=(1-x_1)(kx_2-k-2)$$

$$\Rightarrow x_1-x_2=k(x_1+x_2)-kx_1x_2-k-2+2x_1$$

$$\Rightarrow -4\sqrt{k^2+1}=5k-5-2+2x_1$$

$$\Rightarrow x_1=1-2k-2\sqrt{k^2+1}\tag{7}$$

同理可得

$$x_2=1-2k+2\sqrt{k^2+1}$$

由式(7)(8)(9)知 M_1N_2 与 M_2N_1 交于点 Q,又

$$\begin{aligned}M_1P^2&=(x_1-1)^2+(y_1-3)^2\\&=(x_1-1)^2(1+k^2)\end{aligned}$$

$$M_1N_1^2=(5-y_1)^2=[5-(kx_1+3-k)]^2=(kx_1-k-2)^2$$

将式(7)代入得:$M_1P=M_1N_1$. 同理可得:$M_2P=M_2N_2$.

注意到 $M_1N_1/\!/PQ/\!/M_2N_2$ 得

$$\frac{PQ}{M_1N_1}=\frac{PM_2}{M_1M_2},\frac{PQ}{M_2N_2}=\frac{PM_1}{M_1M_2}$$

所以

$$\frac{PQ}{M_1N_1}+\frac{PQ}{M_2N_2}=\frac{PM_2+PM_1}{M_1M_2}=1$$

$$\Rightarrow\frac{M_1N_1+M_2N_2}{M_1N_1\cdot M_2N_2}=\frac{1}{PQ}=1$$

$$\Rightarrow\frac{M_1P+M_2P}{M_1P\cdot M_2P}=1$$

$$\Rightarrow\frac{M_1P\cdot M_2P}{M_1M_2}=1$$

解法3　如图2.14所示，设过$P(1,3)$的弦M_1M_2的倾角为$\theta(\theta\neq 90°)$，则M_1M_2的参数方程为

$$\begin{cases}x=t\cos\theta+1\\y=t\sin\theta+3\end{cases}\quad(t\text{ 为参数})\tag{8}$$

代入抛物线方程

$$y=\frac{1}{4}(-x^2+2x+15)$$

得

$$4(t\sin\theta+3)^2=-(t\cos\theta+1)^2+2(t\cos\theta+1)+15$$

$$\Rightarrow t^2\cos^2\theta+4t\sin\theta-4=0$$

$$\Rightarrow t_1+t_2=-\frac{4\sin\theta}{\cos^2\theta},t_1t_2=-\frac{4}{\cos^2\theta}$$

所以

$$\begin{aligned}M_1M_2^2&=(t_1-t_2)^2\\&=(t_1+t_2)^2-4t_1t_2\\&=16\left(\frac{\sin^2\theta}{\cos^4\theta}+\frac{1}{\cos^2\theta}\right)\\&=\left(\frac{4}{\cos^2\theta}\right)^2=|t_1t_2|^2=(M_1P\cdot M_2P)^2\end{aligned}$$

$$\Rightarrow\frac{M_1P\cdot M_2P}{M_1M_2}=1$$

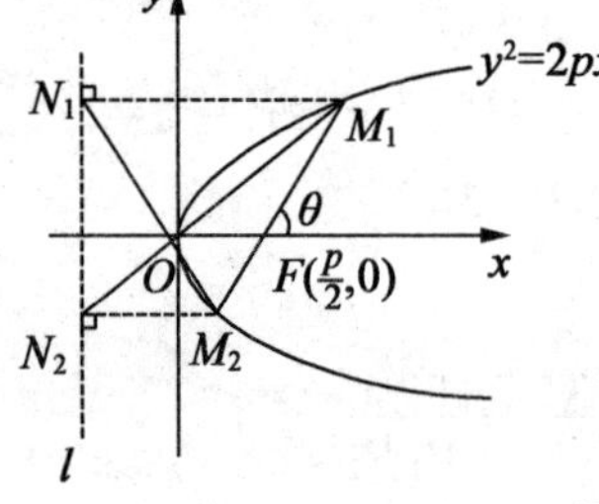

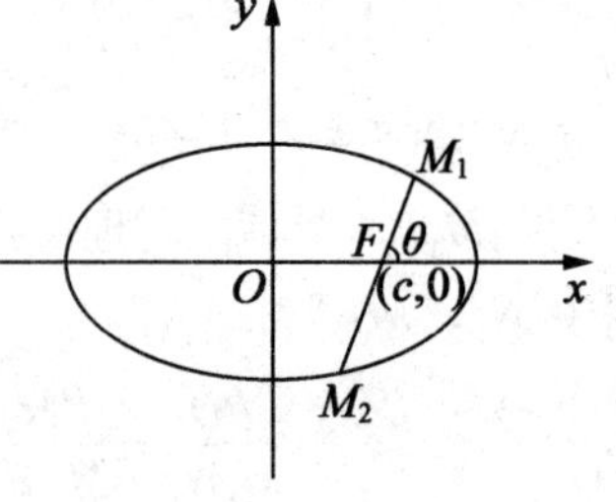

图2.14

解法4　将抛物线解析式

$$y=-\frac{1}{4}x^2+\frac{1}{2}x+\frac{15}{4}$$

配方为

$$-4(y-4)=(x-1)^2$$

因此可设坐标$M_1(2t_1+1,4-t_1^2)$，$M_2(2t_2+1,4-t_2^2)$，注意到M_1，$P(1,3)$，M_2三点共线有

$$\frac{(4-t_1^2)-3}{(2t_1+1)-1}=\frac{(4-t_2^2)-3}{(2t_2+1)-1}$$

$$\Rightarrow t_2(1-t_1^2)=t_1(1-t_2^2)$$

$$\Rightarrow(t_1-t_2)(1+t_1t_2)=0$$

因为M_1与M_2两点不重合，且M_1M_2与y轴不平行，所以

$$t_1\neq t_2\Rightarrow t_1t_2=-1 \tag{9}$$

所以

$$\begin{aligned}|M_1M_2|^2&=4(t_1-t_2)^2+(t_1^2-t_2^2)^2\\&=(t_1-t_2)^2[4+(t_1+t_2)^2]\\&=(t_1-t_2)^2(t_1^2+t_2^2-4t_1t_1+2t_1t_2)\\&=(t_1-t_2)^4\end{aligned}$$

$$\Rightarrow M_1M_2=(t_1-t_2)^2$$

$$\begin{aligned}(M_1P\cdot M_2P)^2&=[(2t_1+1-1)^2+(1-t_1^2)^2]\cdot[(2t_2+1-1)^2+(1-t_2^2)^2]\\&=(t_1^2+1)^2(t_2^2+1)^2\end{aligned}$$

$$\begin{aligned}\Rightarrow M_1P\cdot M_2P&=(t_1^2+1)(t_2^2+1)\\&=(t_1t_2)^2+t_1^2+t_2^2+1\\&=t_1^2+t_2^2+2\\&=t_1^2+t_2^2-2t_1t_2\end{aligned}$$

$$\Rightarrow M_1P\cdot M_2P=(t_1-t_2)^2$$

所以

$$\frac{M_1P\cdot M_2P}{M_1M_2}=1$$

评注　(1)对于初中生而言，这是一道关于二次函数的综合题，自然有一定难度，它的常规解法是解法1，其计算量较大，篇幅也较长，正确完满解答好的学生并不多见；解法2在最后虽然应用了平行线的几何性质，但计算量仍然较大，并不轻松；解法3灵活巧妙地应用了直线的参数方程，虽然初中学生不懂此法，但对于高中学生而言，倍感简洁漂亮.

(2)其实,本题是由普通抛物线演变而来,我们不妨设抛物线方程为

$$y^2=2px \quad (p\text{ 为正常数}) \tag{10}$$

过焦点 $F(\frac{p}{2},0)$ 的任一弦与抛物线交于 M_1,M_2 两点,那么比值

$$\lambda=\frac{|M_1F|\cdot|M_2F|}{|M_1M_2|}$$

是常数吗?

分析1 设 M_1M_2 的倾角为 θ,弦 M_1M_2 的直线参数方程为

$$\begin{cases}x=\frac{p}{2}+t\cos\theta\\ y=t\sin\theta\end{cases} \quad (t\text{ 为参数}) \tag{11}$$

将式(11)代入式(10)得

$$(t\sin\theta)^2=2p(\frac{p}{2}+t\cos\theta)$$

$$\Rightarrow t^2\sin^2\theta-2pt\cos\theta-p^2=0 \tag{12}$$

$$\Rightarrow t_1+t_2=\frac{2p\cos\theta}{\sin^2\theta},t_1t_2=-\frac{p^2}{\sin^2\theta}$$

于是

$$|M_1F|\cdot|M_2F|=|t_1t_2|=\frac{p^2}{\sin^2\theta}$$

$$\begin{aligned}|M_1M_2|^2&=(t_1-t_2)^2=(t_1+t_2)^2-4t_1t_2\\&=(\frac{2p\cos\theta}{\sin^2\theta})^2+\frac{4p^2}{\sin^2\theta}\\&=(\frac{2p}{\sin^2\theta})^2(\cos^2\theta+\sin^2\theta)\end{aligned}$$

$$\Rightarrow M_1M_2=\frac{2p}{\sin^2\theta}$$

$$\Rightarrow\frac{|M_1F|\cdot|M_2F|}{|M_1M_2|}=\frac{p}{2}(\text{常数})$$

分析2 设弦 M_1M_2 的斜率为 k,则方程为

$$y=k(x-\frac{p}{2}) \tag{13}$$

将式(13)代入式(10)得

$$[k(x-\frac{p}{2})]^2=2px$$

$$\Rightarrow 4k^2x^2-4p(k^2+2)x+p^2k^2=0 \tag{14}$$

设坐标 $M_1(x_1,y_1)$，$M_2(x_2,y_2)$，由韦达定理有

$$x_1+x_2=\frac{p(k^2+2)}{k^2},x_1x_2=\frac{p^2}{4}$$

又由式(13)有

$$\begin{cases}y_1=k(x_1-\frac{p}{2})\\ y_2=k(x_2-\frac{p}{2})\end{cases}\Rightarrow y_1-y_2=k(x_1-x_2)$$

于是

$$\begin{aligned}(|M_1F|\cdot|M_2F|)^2&=[(x_1-\frac{p}{2})^2+y_1^2][(x_2-\frac{p}{2})^2+y_2^2]\\&=(k^2+1)^2[(x_1-\frac{p}{2})(x_2-\frac{p}{2})]^2\end{aligned}$$

$$\begin{aligned}\Rightarrow|M_1F|\cdot|M_2F|&=(k^2+1)|(x_1-\frac{p}{2})(x_2-\frac{p}{2})|\\&=(k^2+1)|x_1x_2-\frac{p}{2}(x_1+x_2)+\frac{p^2}{4}|\\&=(k^2+1)|\frac{p^2}{4}-\frac{p}{2}\cdot\frac{p(k^2+2)}{k^2}+\frac{p^2}{4}|\\&=\frac{p^2(k^2+1)}{k^2}\end{aligned}$$

$$\begin{aligned}|M_1M_2|^2&=(x_1-x_2)^2+(y_1-y_2)^2\\&=(k^2+1)(x_1-x_2)^2\\&=(k^2+1)[(x_1+x_2)^2-4x_1x_2]\\&=(k^2+1)[\frac{p^2(k^2+2)^2}{k^4}-p^2]\\&=[\frac{2p(k^2+1)}{k^2}]^2\end{aligned}$$

$$\Rightarrow|M_1M_2|=\frac{2p(k^2+1)}{k^2}$$

所以
$$\frac{|M_1F|\cdot|M_2F|}{|M_1M_2|}=\frac{p}{2}(\text{定值常数})$$

分析3　设坐标 $M_1(2pt_1^2,2pt_1)$，$M_2(2pt_2^2,2pt_2)$ $(t_1\neq t_2)$，因为 M_1，F，M_2 三点共线，则

$$\frac{2pt_1}{2pt_1^2-\frac{p}{2}}=\frac{2pt_2}{2pt_2^2-\frac{p}{2}}$$

$$\Rightarrow(t_1-t_2)(4t_1t_2+1)=0$$

$$\Rightarrow t_1t_2=-\frac{1}{4}$$

于是

$$\begin{aligned}|M_1M_2|^2&=(2p)^2(t_1^2-t_2^2)^2+(2p)^2(t_1-t_2)^2\\&=(2p)^2(t_1-t_2)^2[(t_1+t_2)^2+1]\\&=(2p)^2(t_1-t_2)^2[(t_1+t_2)^2+4t_1t_2+1]\\&=(2p)^2(t_1-t_2)^2\cdot(t_1-t_2)^2\end{aligned}$$

$$\Rightarrow|M_1M_2|=2p(t_1-t_2)^2$$

又 $$\begin{aligned}(|M_1F|\cdot|M_2F|)^2&=[(2pt_1^2-\frac{p}{2})^2+(2pt_1)^2]\cdot\\&\quad[(2pt_2^2-\frac{p}{2})^2+(2pt_2)^2]\\&=p^4[(2t_1^2-\frac{1}{2})^2+4t_1^2][(2t_2^2-\frac{1}{2})^2+4t_2^2]\\&=p^4(2t_1^2+\frac{1}{2})^2(2t_2^2+\frac{1}{2})^2\end{aligned}$$

$$\Rightarrow|M_1F|\cdot|M_2F|=p^2(2t_1^2+\frac{1}{2})(2t_2^2+\frac{1}{2})$$

$$\Rightarrow p^4(4t_1^2t_2^2+\frac{1}{4}+t_1^2+t_2^2)$$

$$\begin{aligned}&p^4(\frac{1}{4}+\frac{1}{4}+t_1^2+t_2^2)\\&=p^4(t_1^2+t_2^2-2t_1t_2)\\&=p^2(t_1-t_2)^2\end{aligned}$$

所以 $$\lambda=\frac{|M_1F|\cdot|M_2F|}{|M_1M_1|}=\frac{p}{2}$$

分析4 设 O 为坐标原点,作 $M_1N_1/\!/x$ 轴交抛物线准线 $l:x=-\frac{p}{2}$ 于点 N_1,作 $M_2N_2/\!/x$ 轴交 l 于点 N_2,注意到 $t_1t_2=-\frac{1}{4}$,及 M_1O 的方程为

$$y=\frac{2pt_1}{2pt_1^2}x=\frac{x}{t_1}$$

令 $x=-\frac{p}{2}$,得 $y_{N_2}=-\frac{p}{2t_1}=2pt_2$.

M_2O 的方程为

$$y=\frac{2pt_2}{2pt_2^2}x=\frac{x}{t_2}$$

令 $x=-\frac{p}{2}$,得 $y_{N_1}=-\frac{p}{2t_2}=2pt_1$. 这表明 M_1N_2 与 M_2N_1 交于点 O.

注意到$|M_1F|=|M_1N_1|$,$|M_1F|=|M_2N_2|$利用几何结论

$$\frac{1}{|M_1N_1|}+\frac{1}{|M_2N_2|}=\frac{1}{|FO|}=\frac{2}{p}$$

$$\Rightarrow\frac{1}{|M_1F|}+\frac{1}{|M_2F|}=\frac{2}{p}$$

$$\Rightarrow\frac{|M_1F|+|M_2F|}{|M_1F|\cdot|M_2F|}=\frac{2}{p}$$

$$\Rightarrow\frac{|M_1M_2|}{|M_1F|\cdot|M_2F|}=\frac{2}{p}$$

$$\Rightarrow\lambda=\frac{|M_1F|\cdot|M_2F|}{|M_1N_1|}=\frac{p}{2}\text{(定值)}$$

(3)我们在前面考虑了抛物线的情况,试想:对于椭圆,结论还成立吗?

分析　设椭圆方程为

$$\frac{x^2}{a^2}+\frac{y^2}{b^2}=1$$

$$\Rightarrow b^2x^2+a^2y^2=a^2b^2 \tag{15}$$

其中 $a>b>0$,设椭圆右极点为 $F(c,0)$,其中焦距 $c=\sqrt{a^2-b^2}$.

再设过 F 的焦点弦 M_1M_2 的两端点坐标为 $M_1(a\cos\theta_1,b\sin\theta_1)$,$M_2(a\cos\theta_2,b\sin\theta_2)$.

于是

$$|M_1F|=\sqrt{(a\cos\theta_1-c)^2+(b\sin\theta_1)^2}$$

$$|M_2F|=\sqrt{(a\cos\theta_2-c)^2+(b\sin\theta_2)^2}$$

$$|M_1M_2|^2=a^2(\cos\theta_1-\cos\theta_2)^2+b^2(\sin\theta_1-\sin\theta_2)^2$$

可见,利用此种思路解答本题是困难的.

现在,我们更新思路,设弦 M_1M_2 的倾角为 θ,直线的参数方程为

$$\begin{cases}x=c+t\cos\theta\\y=t\sin\theta\end{cases}\quad(t\text{ 为参数}) \tag{16}$$

将式(16)代入式(15)得

$$b^2(c+t\cos\theta)^2+a^2t^2\sin^2\theta=a^2b^2$$

$$\Rightarrow mt^2+2b^2ct\cos\theta-b^4=0 \tag{17}$$

其中 $m=a^2\sin^2\theta+b^2\cos^2\theta$.

由韦达定理有

$$t_1+t_2=-\frac{2b^2c\cdot\cos\theta}{m},t_1t_2=-\frac{b^4}{m}$$

于是

$$|M_1F|\cdot|M_2F|=|t_1t_2|=\frac{b^4}{m}$$

$$\begin{aligned}|M_1M_2|^2&=(t_1-t_2)^2=(t_1+t_2)^2-4t_1t_2\\&=\frac{4b^4c^2\cdot\cos^2\theta}{m^2}+\frac{b^4}{m}\\&=\frac{4b^4}{m^2}(c^2\cdot\cos^2\theta+a^2\sin^2\theta+b^2\cos^2\theta)\\&=\frac{4b^4}{m^2}[(a^2-b^2)\cos^2\theta+a^2\sin^2\theta+b^2\cos^2\theta]\\&=\frac{4b^4}{m^2}a^2(\cos^2\theta+\sin^2\theta)\end{aligned}$$

$$\Rightarrow|M_1M_2|=\frac{2ab^2}{m}$$

所以

$$\lambda=\frac{|M_1F|\cdot|M_2F|}{|M_1M_2|}=\frac{b^4}{m}\times\frac{m}{2ab^2}$$

$$\Rightarrow\lambda=\frac{b^2}{2a} \tag{18}$$

特别地,当椭圆退化为圆时,$a=b=r$(r 为圆半径)

$$\lambda=\frac{|M_1F|\cdot|M_2F|}{|M_1M_2|}=\frac{r}{2}$$

其实,我们也可设弦 M_1M_2 的斜率为 k,则方程为

$$y=k(x-c) \tag{19}$$

式(19)代入式(15)得

$$b^2x^2+a^2k^2(x-c)^2=a^2b^2$$

$$\Rightarrow mx^2-2a^2ck^2x+a^2(k^2c-b^2)=0 \tag{20}$$

其中 $m=a^2k^2+b^2$.

设 $M_1(x_1,y_1)$,$M_2(x_2,y_2)$,则由韦达定理有

$$x_1+x_2=\frac{2a^2ck^2}{m},x_1x_2=\frac{a^2(k^2c^2-b^2)}{m}$$

由
$$\begin{cases}y_1=k(x_1-c)\\y_2=k(x_2-c)\end{cases}$$

$$\Rightarrow y_1-y_2=k(x_1-x_2)$$

于是
$$\begin{aligned}|M_1F|^2\cdot|M_2F|^2&=[(x_1-c)^2+y_1^2][(x_2-c)^2+y_2^2]\\&=(k^2+1)^2(x_1-c)^2(x_2-c)^2\end{aligned}$$

$$\begin{aligned}\Rightarrow|M_1F|\cdot|M_2F|&=(k^2+1)|(x_1-c)(x_2-c)|\\&=(k^2+1)|x_1x_2-c(x_1+x_2)+c^2|\\&=\frac{(k^2+1)}{m}|a^2(k^2c^2-b^2)-2a^2c^2k^2+mc^2|\\&=\frac{(k^2+1)}{m}b^2(a^2-c^2)=\frac{k^2+1}{m}b^4\end{aligned}$$

$$\Rightarrow|M_1F|\cdot|M_2F|=\frac{b^4(k^2+1)}{m}$$

又
$$\begin{aligned}M_1M_2^2&=(x_1-x_2)^2+(y_1-y_2)^2\\&=(k^2+1)^2(x_1-x_2)^2\\&=(k^2+1)^2[(x_1+x_2)^2-4x_1x_2]\\&=(k^2+1)^2[(\frac{2a^2ck^2}{m})^2-\frac{4a(k^2c^2-b^2)}{m}]\\&=(\frac{k^2+1}{m})^2[(2a^2ck^2)^2-4a^2(k^2c^2-b^2)\cdot(a^2k^2+b^2)]\end{aligned}$$

$$\Rightarrow|M_1M_2|=\frac{2ab^2}{m}(k^2+1)$$

所以
$$\lambda=\frac{|M_1F|\cdot|M_2F|}{|M_1M_2|}=\frac{b^2}{2a}$$

(4)最后,我们思考双曲线的情形(图2.15):

设双曲线方程为

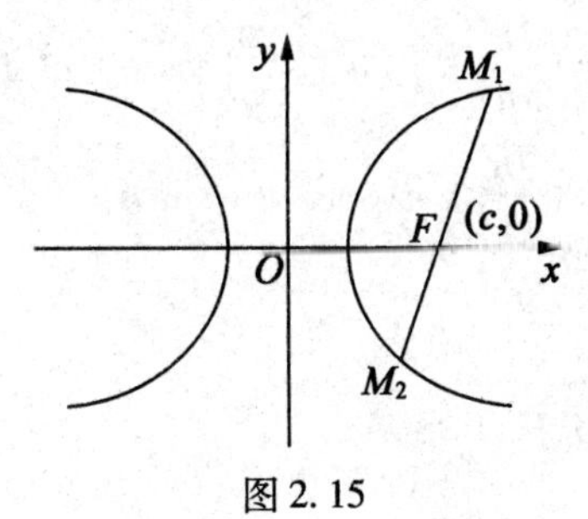

图2.15

$$\frac{x^2}{a^2}-\frac{y^2}{b^2}=1$$

$$\Rightarrow b^2x^2-a^2y^2=a^2b^2 \quad (a>0,b>0) \tag{21}$$

焦距 $c=\sqrt{a^2+b^2}$.

过焦点 $F(c,0)$ 的弦 M_1M_2 的倾角为 θ,其直线参数方程为

$$\begin{cases}x=c+t\cot\theta\\ y=t\sin\theta\end{cases} \quad (t\text{ 为参数}) \tag{22}$$

将式(22)代入式(21)得

$$b^2(c+t\cos\theta)^2-a^2(t\sin\theta)^2=a^2b^2$$

$$\Rightarrow nt^2-2b^2ct\cos\theta+(a^2-c^2)b^2=0$$

$$\Rightarrow nt^2-2b^2ct\cos\theta-b^4=0 \tag{23}$$

其中 $n=a^2\sin^2\theta-b^2\cos^2\theta$.

(1°)当 $n=0$ 时,$\tan\theta=\pm\frac{b}{a}$,$t=\frac{b^2}{2c}$,此时

$$|M_1F|=|M_2F|=|t|=\frac{b^2}{2c}$$

$$\lambda=\frac{|M_1F|\cdot|M_2F|}{|M_1M_2|}=\frac{t^2}{2t}=\frac{t}{2}=\frac{b^2}{4c}$$

(2°)当 $n\neq0$ 时,由韦达定理有

$$t_1+t_2=\frac{2b^2c\cos\theta}{n},t_1t_2=-\frac{b^4}{n}$$

所以

$$|M_1F|\cdot|M_2F|=|t_1t_2|=\frac{b^4}{n}$$

$$\begin{aligned}|M_1M_2|^2&=|t_1-t_2|^2=(t_1+t_2)^2-4t_1t_2\\&=(\frac{2b^2c\cos\theta}{n})^2+\frac{4b^4}{n}\\&=\frac{4b^4}{n^2}(c^2\cos^2\theta+n)\\&=(\frac{2b^2}{|n|})^2[(a^2+b^2)\cos^2\theta+a^2\sin^2\theta-b^2\cos^2\theta]\\&=(\frac{2b^2}{|n|})^2a^2(\cos^2\theta+\sin^2\theta)\end{aligned}$$

$$\Rightarrow|M_1M_2|=\frac{2b^2a}{|n|}$$

所以 $\lambda=\frac{|M_1F|\cdot|M_2F|}{|M_1M_2|}=\frac{b^2}{2a}$.

题32　已知 a 为正实数,抛物线 $y=-x^2+\frac{a^n}{2}$ 与 x 轴正半轴相交于点 A,设 $f(n)$ 为该抛物线在点 A 处的切线在 y 轴上的截距.

(1)用 a 和 n 表示 $f(n)$;

(2)求对所有 n 都有 $\frac{f(n)-1}{f(n)+1}\geqslant\frac{n^3}{n^3+1}$ 成立的 a 的最小值;

(3)当 $0<a<1$ 时,比较

$$\sum_{k=1}^{n}\frac{1}{f(k)-f(2k)}\text{ 与 }\frac{27}{4}\cdot\frac{f(1)-f(n)}{f(0)-f(1)}$$

的大小,并说明理由.

解　(1)由已知得,交点 A 的坐标为 $\left(\sqrt{\frac{a^n}{2}},0\right)$,对 $y=-x^2+\frac{1}{2}a^n$ 求导得 $y'=-2x$,则抛物线在点 A 处的切线方程为

$$y=-\sqrt{2a^n}\left(x-\sqrt{\frac{a^n}{2}}\right)$$

即

$$y=-\sqrt{2a^n}x+a^n$$

则

$$f(n)=a^n$$

(2)由(1)知 $f(n)=a^n$,则

$$\frac{f(n)-1}{f(n)+1}\geqslant\frac{n^3}{n^3+1}$$

成立的充要条件是

$$a^n\geqslant 2n^3+1$$

即知,$a^n\geqslant 2n^3+1$ 对所有 n 成立,特别地,取 $n=2$ 得到 $a\geqslant\sqrt{17}$.

当 $a=\sqrt{17}$,$n\geqslant 3$ 时

$$\begin{aligned}a^n&>4^n=(1+3)^n\\&=1+C_n^1\cdot 3+C_n^2\cdot 3^2+C_n^3\cdot 3^3+\cdots\\&\geqslant 1+C_n^1\cdot 3+C_n^3\cdot 3^2+C_n^3\cdot 3^3\\&=1+2n^3+\frac{1}{2}n[5(n-2)^2+(2n-5)]\\&>2n^3+1\end{aligned}$$

当 $n=0,1,2$ 时,显然 $(\sqrt{17})^n\geqslant 2n^3+1$,故 $a=\sqrt{17}$ 时

$$\frac{f(n)-1}{f(n)+1}\geqslant\frac{n^3}{n^3+1}$$

对所有自然数 n 都成立.

所以满足条件的 a 的最小值为 $\sqrt{17}$.

(3)由(1)知 $f(k)=a^k$,则

$$\sum_{k=1}^{n}\frac{1}{f(k)-f(2k)}=\sum_{k=1}^{n}\frac{1}{a^k-a^{2k}}$$

$$\frac{f(1)-f(n)}{f(0)-f(1)}=\frac{a-a^n}{1-a}$$

下面证明

$$\sum_{k=1}^{n}\frac{1}{f(k)-f(2k)}>\frac{27}{4}\cdot\frac{f(1)-f(n)}{f(0)-f(1)}$$

首先证明:当 $0<x<1$ 时

$$\frac{1}{x-x^2}\geqslant\frac{27}{4}x$$

设函数 $$g(x)=\frac{27}{4}x(x^2-x)+1\quad(0<x<1)$$

则求导得 $$g'(x)=\frac{81}{4}x(x-\frac{2}{3})$$

当 $0<x<\frac{2}{3}$ 时,$g'(x)<0$,当 $\frac{2}{3}<x<1$ 时,$g'(x)>0$.

故 $g(x)$ 在区间 $(0,1)$ 上的最小值为

$$g_{\min}(x)=g(\frac{2}{3})=0$$

所以,当 $0<x<1$ 时,$g(x)\geqslant 0$,即得

$$\frac{1}{x-x^2}\geqslant\frac{27}{4}x$$

由 $0<a<1$ 知 $0<a^k<1(k\in\mathbf{N}^*)$,因此

$$\frac{1}{a^k-a^{2k}}\geqslant\frac{27}{4}a^k$$

从而

$$\sum_{k=1}^{n}\frac{1}{f(k)-f(2k)}=\sum_{k=1}^{n}\frac{1}{a^k-a^{2k}}\geqslant\frac{27}{4}\sum_{k=1}^{n}a^k$$

$$=\frac{27}{4}\cdot\frac{a-a^{n+1}}{1-a}>\frac{27}{4}\cdot\frac{a-a^n}{1-a}=\frac{27}{4}\cdot\frac{f(1)-f(n)}{f(0)-f(1)}$$

评注 本题是 2012 年四川省理科高考试卷第 22 题(最后一题),满分 14 分,要求做对第(1)问得 3 分,做对第(2)问得 8 分,全部做对得满分 14 分.

本题主要考查导数的应用、不等式、数列等基础知识，考查学生的思维能力、运算能力、分析问题与解决问题的能力和创新意识，考查函数、强化与化归、特殊与一般等数学思想方法.

具体地讲，上述参考解法在(1)中用导数方法求得在点 A 处的切线方程，从而得到 $f(n)=a^n$，在(2)中利用二项式定理证明当 $n\geqslant 3$ 时，$(\sqrt{17})^n>2n^3+1$，在(3)中利用导数证明了构造的不等式 $\frac{1}{x-x^2}\geqslant\frac{27}{4}x$.

其实，我们也可用更初等的方法解答本题——用判别式方法求在点 A 处的切线方程，再用数学归纳法证明当 $n\geqslant 3$ 时，$(\sqrt{17})^n\geqslant 2n^3+1$. 用分解因式的方法证明构造的不等式

$$\frac{1}{x-x^2}\geqslant\frac{27}{4}x$$

另解：(1)由已知得，交点 A 的坐标为 $\left(\sqrt{\frac{a^n}{2}},0\right)$，设在点 A 处的抛物线的切线斜率为 k，则切线方程为

$$y=k\left(x-\sqrt{\frac{a^n}{2}}\right) \tag{1}$$

代入抛物线方程

$$y=-x^2+\frac{1}{2}a^2 \tag{2}$$

得

$$k\left(x-\sqrt{\frac{a^n}{2}}\right)=-x^2+\frac{1}{2}a^2$$

整理得

$$x^2+kx-\left(\frac{a^2}{2}+k\cdot\sqrt{\frac{a^n}{2}}\right)=0 \tag{3}$$

因式(1)与式(2)相切，则式(3)的判别式为0，即

$$\Delta=k^2+4\left(\frac{a^2}{2}+k\cdot\sqrt{\frac{a^n}{2}}\right)=(k+\sqrt{2a^n})^2=0$$

即 $k=-\sqrt{2a^n}$，代入式(1)得

$$y=-\sqrt{2a^n}x+a^n$$

则 $f(n)=a^n$.

(2)由(1)知$f(n)=a^n$,则

$$\frac{f(n)-1}{f(n)+1}\geqslant\frac{n^3}{n^3+1} \tag{4}$$

成立的充要条件是

$$a^n\geqslant 2n^3+1 \tag{5}$$

即知,$a^n\geqslant 2n^3+1$对所有n成立,特别地,取$n=2$得到$a\geqslant\sqrt{17}$.

当$n=0,1,2$时,式(5)成立.

假设当$n=k\geqslant 3(k\in\mathbf{N}^*)$时,式(5)成立,即$a^k\geqslant 2k^3+1$.

那么,当$n=k+1(k\geqslant 3)$时

$$a^{k+1}=a\cdot a^k\geqslant 4(2k^3+1)$$

且

$$\begin{aligned}&4(2k^3+1)-[2(k+1)^3+1]\\=&6k[k(k-1)-1]+1\\\geqslant&6\times 3(3\times 2-1)+1>0\end{aligned}$$

所以

$$a^{k+1}>4(2k^3+1)>2(k+1)^3+1$$

即当$n=k+1$时,式(5)也成立.

所以当$a\geqslant\sqrt{17}$时,对一切自然数n,式(5)成立,即式(4)成立,从而a的最小值为$\sqrt{17}$.

(3)由(1)知$f(k)=a^k$,则

$$\sum_{k=1}^{n}\frac{1}{f(k)-f(2k)}=\sum_{k=1}^{n}\frac{1}{a^k-a^{2k}},\frac{f(1)-f(n)}{f(0)-f(1)}=\frac{a-a^n}{1-a}$$

下面证明

$$\sum_{k=1}^{n}\frac{1}{f(k)-f(2k)}\geqslant\frac{27}{4}\cdot\frac{f(1)-f(n)}{f(0)-f(1)}$$

首先证明:当$0<x<1$时

$$\frac{1}{x-x_2}\geqslant\frac{27}{4}x$$

$$\Leftrightarrow t^3-3t^2+4\geqslant 0,\text{其中 } t=3x>0$$

但

$$\begin{aligned}t^3-3t^2+4&=(t^3-8)-3(t^2-4)\\&=(t-2)[t^2+2t+4-3(t+2)]\\&=(t-2)(t-2)(t+1)\\&=(t-2)^2(t+1)\geqslant 0\end{aligned}$$

即式(6)成立.

由 $\quad 0<a<1 \Rightarrow 0<a^{k}<1 \quad (k \in \mathbf{N}^{*})$

$$\Rightarrow \frac{1}{a^{k}-a^{2k}} \geqslant \frac{27}{4}a^{k}$$

$$\Rightarrow \sum_{k=1}^{n} \frac{1}{f(k)-f(2k)}=\sum_{k=1}^{n} \frac{1}{a^{k}-a^{2k}} \geqslant \frac{27}{4} \sum_{k=1}^{n} a^{k}$$

$$>\frac{27}{4} \sum_{k=1}^{n-1} a^{k}=\frac{27}{4} \cdot \frac{a-a^{n}}{1-a}$$

$$=\frac{27}{4} \cdot \frac{f(1)-f(n)}{f(0)-f(1)}$$

最后,顺便指出:多项式

$$g(t)=t^{3}-3t^{2}+4$$

的因式分解还有其他的分解法,如

$$f(t)=(t+1)(t-2)^{2}$$

题目:已知关于 x 的二次函数

$$f(x)=ax^{2}-2(a-3)x+a-2$$

与 x 轴的两个交点坐标为 $M_1(x_1,0)$,$M_2(x_2,0)$. 那么:(ⅰ)当 a 为何整数时,x_1,x_2 中至少有一个为整数?(ⅱ)当 a 为何整数时,x_1,x_2 均为整数?

解法 1:令 $f(x)=0$ 得

$$ax^{2}-2(a-3)x+a-2=0 \tag{6}$$

$$\Rightarrow a(x^{2}-2x+1)=-6x+2$$

$$\Rightarrow a(x-1)^{2}=-6x+2$$

当 $x=1$ 时,a 无解;故 $x \neq 1$,此时

$$a=\frac{-6x+2}{(x-1)^{2}}=\frac{-6}{x-1}-\frac{4}{(x-1)^{2}}$$

因为 a 为整数,所以 $(x-1)\mid 6$,$(x-1)^{2}\mid 4$,即 $x-1=\pm 1,\pm 2$,得 $a=-10,-4$,2 时,x_1,x_2 中至少有一个是整数.

经验证知,当 $a=2$ 时,式(6)化为

$$2x^{2}+2x=0$$

解得 $x_1=0$,$x_2=-1$ 均为整数.

解法 2:由于 a 为整数,由题意知方程

$$ax^{2}-2(a-3)x+a-2=0 \tag{7}$$

有实数根,故判别式

$$\Delta=[-2(a-3)]^{2}-4a(a-2)=4(9-4a)$$

为完全平方数,不妨设 $\Delta=4t^2$,则

$$a=\frac{9-t^2}{4}=\frac{(3-t)(3+t)}{4} \tag{8}$$

从而方程(7)的两根为

$$x_1=\frac{2(a-3)+2t}{2a}=\frac{t^2-4t+3}{t^2-9}$$

$$x_2=\frac{2(a-3)-2t}{2a}=\frac{t^2+4t+3}{t^2-9}$$

显然 $t\neq\pm3$,否则 $a=0$ 时原方程无整数根,从而

$$x_1=\frac{t-1}{t+3}=1-\frac{4}{t+3}$$

$$x_2=\frac{t+1}{t-3}=1+\frac{4}{t-3}$$

若 x_1 为整数,则 $(t+3)\mid4$,得 $t+3=\pm1,\pm2,\pm4$.

若 x_2 为整数,则 $(t-3)\mid4$,得 $t-3=\pm1,\pm2,\pm4$.

两种情况联合得

$$t=\pm1,\pm2,\pm4,\pm5,\pm7$$

代入式(8)得整数

$$a=-10,-4,2$$

所以,当 $a=-10,-4,2$ 时,x_1,x_2 中至少有一个是整数.

将 $a=-10,-4,2$ 代入方程(7)只有当 $a=2$ 时,两根 $x_1=0,x_2=-1$ 均为整数.

题33 设 p 是大于 2 的质数,k 为正整数,若函数

$$y=x^2+px+(k+1)p-4$$

的图像与 x 轴的两个交点的横坐标至少有一个为整数,求 k 的值.

解法1 由题意知方程

$$x^2+px+(k+1)p-4=0 \tag{1}$$

的两根 x_1,x_2 中至少有一个为整数,由韦达定理知

$$x_1+x_2=-p,x_1x_2=(k+1)p-4$$

由 $x_1+x_2=-p$ 知,若一根为整数,则另一根也为整数,于是

$$2(x_1+x_2)+x_1x_2=-2p+(k+1)p-4$$

$$\Rightarrow(x_1+2)(x_2+2)=(k-1)p \tag{2}$$

若 $k=1$,则方程为

$$x^2+px+2(p-2)=0$$
$$\Rightarrow(x+2)(x+p-2)=0$$
$$\Rightarrow x_1=-2,x_2=2-p$$

均为整数.

若 $k>1\Rightarrow k-1>0$,则 $p\mid(x_1+2)$ 或 $p\mid(x_2+2)$,不妨设 $p\mid(x_1+2)$,$x_1+2=pm(m\in\mathbf{Z},m\neq0)$,从而

$$x_2+2=\frac{k-1}{m}\Rightarrow -p+4=x_1+x_2+4=mp+\frac{k-1}{m}$$
$$\Rightarrow(m+1)p+\frac{k-1}{m}=4 \tag{3}$$

若 $m\in\mathbf{N}^*$,则 $$\frac{k-1}{m}>0$$

$$(m+1)p\geqslant(1+1)\times3=6$$

从而 $$(m+1)p+\frac{k-1}{m}>6>4$$

与式(3)矛盾.

若 m 为负整数,则 $(m+1)p\leqslant0$,$\frac{k-1}{m}<0$,从而 $(m+1)p+\frac{k-1}{m}<0$ 与式(1)矛盾,即 $k>1$ 时,方程(1)无整数根.

综合上述,可知 $k=1$.

解法2　由于方程

$$x^2+px+(k+1)p-4=0$$

有整数根,则判别式

$$\Delta=p^2+16-4(k+1)p$$

为平方数,设为 t^2(t 为非负整数),即

$$p^2+16-4(k+1)p=t^2$$
$$\Rightarrow p(p-4k-4)=(t-4)(t+4) \tag{4}$$

当 $t=0$ 时,$p(p-4k-4)=-16$,$p=2$,$k=\frac{3}{2}$(不合题意).

当 $t=1$ 时,$p(p-4k-4)=-15$,$p=3$ 或 5,$k=1$.

当 $t=2$ 时,$p(p-4k-4)=-12$,$p=2$,$k=1$ 或 $p=3$,$k=\frac{3}{4}$(不合题意).

当 $t=3$ 时,$p(p-4k-4)=-7$,$p=7$,$k=1$.

当 $t\geqslant 4$ 时，由式(4)知，$p\mid(t-4)$ 或 $p\mid(t+4)$.

若 $p\mid(t-4)$，设 $t-4=mp$（m 为非负整数），$t+4>mp$，则

$$2p^2>p^2>p^2-4(k+1)p=(t-4)(t+4)>m^2p^2$$

$$m_2<2, m=0 \text{ 或 } 1$$

当 $m=0$ 时，$t=4$，$p=0$ 或 $p=4(k+1)$ 均不合题意.

当 $m=1$ 时，$\begin{cases}p=t-4\\p-4k-4=t+4\end{cases}\Rightarrow k=-3$ 不合题意.

若 $p\mid(t+4)$，设 $t+4=mp$，则 $t-4=mp-8$，由于 $t\geqslant 0$，$m\in\mathbf{N}^*$，当 $p=2$ 时，方程

$$x^2+2x+2k-2=0$$

两整数根 x_1,x_2 满足

$$x_1+x_2=-2, x_1x_2=2k-2\geqslant 0$$

不妨设 $x_1\geqslant x_2$，故

$$\begin{cases}x_1=0\\x_2=-2\end{cases} \text{或} \begin{cases}x_1=-1\\x_2=-1\end{cases}$$

则 $k=1$ 或 $k=\dfrac{3}{2}$（舍去）.

当 $p=3$ 时，方程为

$$x^2+3x+3k-1=0$$

$$x_1+x_2=-3, x_1x_2=3k-1\geqslant 2$$

不妨设 $x_1\geqslant x_2$，故 $\begin{cases}x_1=-1\\x_2=-2\end{cases}\Rightarrow k=1$.

当 $p=5$ 时，方程为

$$x^2+5x+5k+1=0$$

$$x_1+x_2=-5, x_1x_2=5k+1\geqslant 6$$

设 $x_1\geqslant x_2$，故 $\begin{cases}x_1=-2\\x_2=-3\end{cases}\Rightarrow k=1$.

当 $p=7$ 时，方程为

$$x^2+7x+7k+3=0$$

$$x_1+x_2=-7, x_1x_2=7k+3\geqslant 10$$

设 $x_1\geqslant x_2$，故

$$\begin{cases}x_1=-2\\x_2=-5\end{cases}\Rightarrow k=1 \text{ 或 } \begin{cases}x_1=-3\\x_2=-4\end{cases}\Rightarrow k=\frac{9}{7}\text{（舍去）}$$

当 $p>8$ 时

$$t-4=mp-8>(m-1)p$$

$$\Rightarrow 2p^2>p(p-4k-4)=(t-4)(t+4)>m(m-1)p^2$$

$$\Rightarrow m(m-1)<2\Rightarrow m=1$$

$$\Rightarrow\begin{cases}t+4=p\\ t-4=p-4k-4\end{cases}\Rightarrow k=1$$

综合上述 $k=1$.

题 34　已知 a,b,c 为正整数，二次函数 $y=ax^2+bx+c$，当 $-2\leqslant x\leqslant 1$ 时，$y_{\max}=7$，$y_{\min}=-1$，求 a,b,c.

解　由题意知二次函数的图像开口向上与 y 轴的交点在 y 轴的正半轴上，对称轴 $x=-\dfrac{b}{2a}<0$. 位于第二、三象限.

设 $y=f(x)=ax^2+bx+c$.

(1) 如图 2.16(a)，当 $-\dfrac{b}{2a}\leqslant -2$ 时，有

$$\begin{cases}f(-2)=4a-2b+c=-1 & (1)\\ f(1)=a+b+c=7 & (2)\end{cases}$$

$$\Rightarrow f(-2)-f(1)=3(a-b)=-8$$

$$\Rightarrow a-b=-\frac{8}{3}\notin\mathbf{Z}$$

矛盾.

(2) 当 $-2<-\dfrac{b}{2a}\leqslant -\dfrac{1}{2}$ 时，如图 2.16(b) 有

$$\begin{cases}f\left(-\dfrac{b}{2a}\right)=\dfrac{4ac-b^2}{4a}=-1 & (3)\\ f(1)=a+b+c=7 & (4)\end{cases}$$

因 $a,b\in\mathbf{N}^*$，所以由式(3)得

$$\frac{b^2}{4a}-1=c\geqslant 1\Rightarrow b^2\geqslant 8a$$

且 b 为偶数；

由式(4)得

$$b=7-a-c\leqslant 5$$

故 $b=4$，$a=2$，$c=1$. 经检验满足条件.

(3)如图2.16(c),当$-\frac{1}{2}<-\frac{b}{2a}<0$时,有$b<a$,且

$$\begin{cases}f(-\frac{b}{2a})=\frac{4ac-b^2}{4a}=-1 & (5)\\ f(-2)=4a-2b+c=7 & (6)\end{cases}$$

由式(5)得

$$\frac{b^2}{4a}-1=c\geqslant 1\Rightarrow 8a\leqslant b^2<a^2$$

$$\Rightarrow a>8$$

由式(6)得

$$7=4a-2b+c>2a+c>17$$

矛盾.

综合上述(1)(2)(3)得

$$a=2,b=4,c=1$$

且二次函数的解析式为

$$y=f(x)=2x^2+4x+1$$

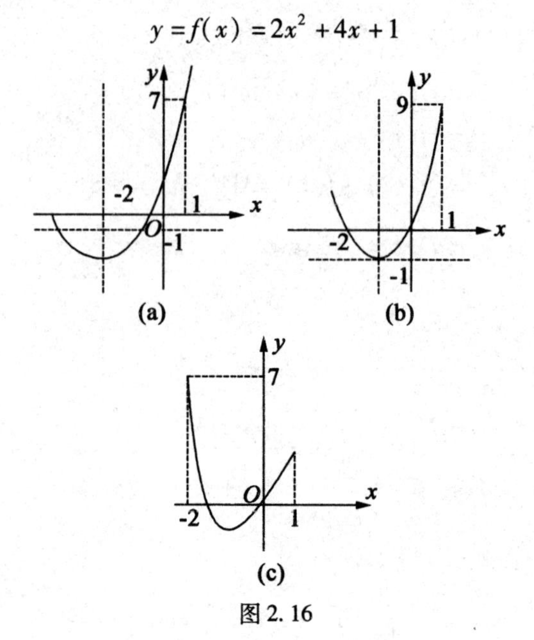

图2.16

题35 求一切实数p,使得三次方程

$$5x^3-5(p+1)x^2+(71p-1)x+1-66p=0 \quad (1)$$

的三个根均为自然数.

解法1　首先降幂,由

$$5-5(p+1)+71p-1+1-66p=0$$

知 $x=1$ 是方程的一个根,于是方程降为二次,利用综合除法,得

$$\begin{array}{r|rrrr} 1 & 5 & -5(p+1) & (71p-1) & (1-66p) \\ & & 5 & -5p & 66p-1 \\ \hline & 5 & -5p & 66p-1 & 0 \end{array}$$

$$5x^2-5px+66p-1=0 \tag{2}$$

设此二次方程有自然数根 μ 和 v,且 $\mu \leqslant v$,则

$$\begin{cases} \mu+v=p \\ \mu v=\frac{1}{5}(66p-1) \end{cases}$$

$$\Rightarrow 5\mu v=66(\mu+v)-1 \tag{3}$$

$$\Rightarrow 5\times 5\mu v-5\times 66v-5\times 66\mu-5=0$$

$$\Rightarrow (5v-66)(5\mu-66)=66^2-5 \Rightarrow 4\ 351=19\times 229 \tag{4}$$

注意到 $5v-66 \geqslant 5\mu-66>0$(因由 $v(5\mu-66)=66\mu-1>0 \Rightarrow 5\mu-66>0 \Rightarrow 5v-66 \geqslant 5\mu-66>0$). 由于19与229均为素数,则由式(4)有

$$\begin{cases} 5\mu-66=19 \\ 5v-66=229 \end{cases} \Rightarrow \begin{cases} \mu=17 \\ v=59 \end{cases}$$

$$\Rightarrow p=\mu+v=17+59=76$$

或

$$\begin{cases} 5\mu-66=1 \\ 5v-66=4\ 351 \end{cases} \text{(无整数解,舍去)}$$

故当且仅当 $p=76$ 时,原方程有三个整数根:1,17,59.

解法2　令 $\mu=x-y, v=x+y$ 代入式(3)得

$$5x^2-5y^2=132x-1$$

$$\Rightarrow (5x-66)^2-25y^2=4\ 351$$

$$\Rightarrow (5x-5y-66)(5x+5y-66)=4\ 351$$

$$\Rightarrow (5\mu-66)(5v-66)=19\times 229$$

同上解得

$$\begin{cases} \mu=17 \\ v=59 \end{cases} \Rightarrow p=\mu+v=17+59=76$$

仅当 $p=76$ 时,原方程有三个整数根:1,17,59.

解法3　利用式(3)

$$5\mu v=66(\mu+v)-1$$
$$\Rightarrow v(5\mu-66)=66\mu-1$$
$$\Rightarrow 5v=\frac{5(66\mu-1)}{5\mu-66}=66+\frac{19\times 229}{5\mu-66}$$

则 $5\mu-66$ 是 4 351 的约数

$$5\mu-66=19 \text{ 或 } 5\mu-66=229$$

解得
$$\mu=17, v=59$$
所以
$$p=\mu+v=17+59=76$$

故当 $p=76$ 时,原方程有三个根:1,17,59.

解法 4　方程(2)

$$5x^2-5px+66p-1=0$$

的判别式为

$$\Delta=(-5p)^2-4\times 5(66p-1)=(5p-132)^2-17\ 404$$

方程(2)的解为

$$x=\frac{5p\pm\sqrt{\Delta}}{10}$$

因此,要使 $x\in\mathbf{N}$,必须
$$\Delta=(5t)^2$$

$$x=\frac{p\pm t}{2}\quad (t\in\mathbf{N}^*) \tag{5}$$

即
$$\Delta=(5p-132)^2-17\ 404=(5t)^2$$
$$\Rightarrow (5p+5t-132)(5p-5t-132)=2^2\times 19\times 229$$

注意到 19,229 均是质数,则只可能

$$(5p-5t-132, 5p+5t-132)$$
$$=(1,17\ 404),(t,8\ 702),(4,4\ 351),(19,916),(38,458),(76,229)$$

经计算知,只有当 $p=76, t=42$ 时

$$x_1=\frac{76-42}{2}=17$$

$$x_2=\frac{76+42}{2}=59$$

所以,当 $p=76$ 时,原方程有三个整数根 1,17,59.

注　上述四种解法中,解法 1 叫分解法,解法 2 叫代换法,解法 3 叫约数法,解法 4 叫判别式法.

其实,我们可将方程(2)两边同除以 5 变为

$$x^2-px+13p+\frac{p-1}{5}=0 \qquad (6)$$

因为 $x,p\in\mathbf{N}^*$，则 $5\mid(p-1)$ 可设 $p=5t+1(t\in\mathbf{N})$，将式(6)化为

$$x^2-(5t+1)x+13(5t+1)+t=0$$

即

$$x^2-(5t+1)x+66t+13=0$$

$$\begin{aligned}\Rightarrow 5t&=\frac{5(x^2-x+13)}{5x-66}\\&=x+\frac{61x+65}{5x-66}\\&=x+12+\frac{x+857}{5x-66}\\\Rightarrow 25t&=5(x+2)+\frac{5(x+857)}{5x-66}\\&=5(x+12)+1+\frac{4351}{5x-66}\end{aligned} \qquad (7)$$

这样，$5x-66$ 必须取 4 351 的约数，才可能使 $t\in\mathbf{N}^*$，最终求得 $x=17,59$.

题 36　已知 $n\in\mathbf{N}^*$，关于 n 的函数

$$f(n)=1+n+\frac{n(n-1)}{2}+\frac{n(n-1)(n-2)}{6}=2^k \quad (k\in\mathbf{N}^*)$$

求所有可能的 n 值的总和.

解　因为

$$f(n)=1+n+\frac{n(n-1)}{2}+\frac{n(n-1)(n-2)}{6}=\frac{(n+1)(n^2-n+6)}{6}=2^k$$

$$\Rightarrow (n+1)(n^2-n+6)=2^{k+1}\times 3 \qquad (1)$$

所以 $n+1$ 为 2 的方幂或 2 的方幂的 3 倍.

(1)若 $n+1=2^m(m\in\mathbf{N}^*)$，则

$$n^2-n+6=2^{2m}-3\times 2^m+8$$

是 2 的方幂的 3 倍.

当 $m>3$ 时

$$3<2^{2m-2}<4\times 2^{2m-2}-3\times 2^{2m}<2^{2m}-3\times 2^{2m}+8<2^{2m}=4\times 2^{2m-2}$$

所以，n^2-n+6 不是 2 的方幂的 3 倍.

因此，$m\leqslant 3$，从而，只需验证 $n=1,3$ 及 7 的情形，它们都符合题意.

(2)若 $n+1=3\times 2^m(m\in\mathbf{N})$，则

$$n^2-n+6=9\times 2^{2m}-9\times 2^m+8$$

是2的方幂.

当 $m>3$ 时,有

$$2^{2m+3}=8\times 2^{2m}<9\times 2^{2m}-9\times 2^m<9\times 2^{2m}-9\times 2^{2m}+8<9\times 2^m<2^{2m+4}$$

所以,n^2-n+6 不是2的方幂.

因此,$m\leqslant 3$,从而,只需验证 $n=2,5,11$ 及23的情形,经验证,$n=2$ 及23符合题意,故所有可能的 n 值的总和为

$$1+2+3+7+23=36$$

题37 给定绝对值都不大于10的整数 a,b,c,三次多项式

$$f(x)=x^3+ax^2+bx+c$$

满足条件

$$|f(2+\sqrt{3})|<10^{-4}$$

问:$2+\sqrt{3}$是否一定是这个多项式的根.

解 因为$|a|,|b|,|c|\leqslant 10$,且 $a,b,c\in\mathbf{Z}$,设

$$\begin{cases}m=7a+2b+c+26\\n=4a+b+15\end{cases}$$

$$\Rightarrow\begin{cases}|m|\leqslant 126<130\\|n|\leqslant 65\end{cases}$$

$$\Rightarrow|m-\sqrt{3}n|\leqslant|m|+|\sqrt{3}n|<260$$

$$\Rightarrow f(2+\sqrt{3})=(2+\sqrt{3})^3+a(2+\sqrt{3})^2+b(2+\sqrt{3})+c=m+n\sqrt{3}$$

如果$f(2+\sqrt{3})\neq 0\Rightarrow m+n\sqrt{3}\neq 0$,由于 $m,n\in\mathbf{Z},\sqrt{3}\notin\mathbf{Q}$,则 m,n 不同时为零,由此得

$$\begin{cases}m-n\sqrt{3}\neq 0\\m+n\sqrt{3}\neq 0\end{cases}\Rightarrow m^2-3n^2\neq 0$$

$$\Rightarrow|m^2-3n^2|\geqslant 1$$

$$\Rightarrow|f(2+\sqrt{3})|=|m+n\sqrt{3}|=\left|\frac{(m+\sqrt{3}n)(m-\sqrt{3}n)}{m-\sqrt{3}n}\right|$$

$$=\left|\frac{m^2-3n^2}{m-\sqrt{3}n}\right|\geqslant\frac{1}{|m-\sqrt{3}n|}>\frac{1}{260}>\frac{1}{10\ 000}$$

这与已知条件矛盾.

所以 $2+\sqrt{3}$ 一定是多项式 $f(x)$ 的根.

注　由于 $f(2+\sqrt{3})=0$，那么 $m=n=0$，即

$$\begin{cases}7a+2b+c+26=0\\4a+b+15=0\end{cases}\Rightarrow\begin{cases}a=c-4\\b=1-4c\end{cases}$$

因为 $|a|,|b|,|c|\leqslant 10$，所以

$$\begin{cases}-10\leqslant c-4\leqslant 10\\-10\leqslant 1-4c\leqslant 10\end{cases}\Rightarrow\begin{cases}-6\leqslant c\leqslant 10\\-2\leqslant c\leqslant 2\end{cases}\Rightarrow -2\leqslant c\leqslant 2$$

因此，本题中的整数 a,b,c 有五组数值

$$(a,b,c)=(-6,9,-2),(-5,5,-1),(-4,1,0)$$
$$(-3,-3,1),(-2,-7,2)$$

在军事战场上，如果从正面进攻不利，则可考虑从侧面或背面偷袭敌方，可能出奇制胜；而在解答数学问题时，也有相似的情况，若从正向解答失利，则可考虑用反证法解答（有时“正难则反易”），往往能起到事半功倍的效果.

题 38　设 $x,y\in\mathbf{R}^*$ 满足 $xy=1$，求函数

$$f(x,y)=\frac{x+y}{[x][y]+[x]+[y]+1}$$

的取值范围.

分析　由 x,y 的对称性，不妨设 $x\geqslant y$，则有 $x^2\geqslant 1$，必须分 $x=1$ 与 $x>1$ 两种情况讨论.

解　不妨设 $x\geqslant y\Rightarrow x^2\geqslant xy=1\Rightarrow x\geqslant 1$.

(1) 当 $x=1$ 时，$y=1$，$f(x,y)=\dfrac{1}{2}$.

(2) 当 $x>1$ 时，设 $[x]=n$，$\{x\}=\alpha$，则

$$x=n+\alpha\quad(0\leqslant\alpha<1)$$

$$y=\frac{1}{n+\alpha}<1\Rightarrow[y]=0$$

$$f(x,y)=\frac{n+\alpha+\dfrac{1}{n+\alpha}}{n+1}$$

由于当 $x\geqslant 1$ 时，函数 $g(x)=x+\dfrac{1}{x}$ 是递增函数，且 $0\leqslant\alpha<1$ 得

$$g(n) \leqslant g(n+\alpha) < g(n+1)$$

$$\Rightarrow n+\frac{1}{n} \leqslant n+\alpha+\frac{1}{n+\alpha} < n+1+\frac{1}{n+1}$$

$$\Rightarrow a_n \leqslant f(x,y) < b_n$$

其中
$$\begin{cases} a_n = 1-\dfrac{n-1}{n^2+n} \\ b_n = 1+\dfrac{1}{(n+1)^2} \end{cases}$$

显然 $b_1 > b_2 > \cdots > b_n > \cdots a_1 > a_2 = a_3 < a_4 < \cdots < a_n < \cdots$

因为 $a_{n+1}-a_n = \dfrac{n-2}{n(n+1)(n+2)}$，于是当 $x>1$ 时

$$f(x,y) \in [a_2,b_1) = [\frac{5}{6},\frac{5}{4})$$

综合上述，得 $f(x,y)$ 的值域为

$$f(x,y) \in \{\frac{1}{2}\} \cup [\frac{5}{6},\frac{5}{4})$$

注 本题表面上为二元分式函数，通过转化 $y=\dfrac{1}{x}$ 后成为关于一元 x 的分式函数，然后再巧妙结合函数的增减性，求出了函数 $f(x,y)$ 的值域，从而求得了 $f(x,y)$ 的取值范围.

题 39 α,β 是关于 x 的一元二次方程 $2x^2-tx-2=0$ 的两个根，且 $\alpha<\beta$，已知函数 $f(x)=\dfrac{4x-t}{x^2+1}$ 及正权系数 $p_i, p_i \in (0,1)$，且 $p_1+p_2=1$，求证：对任意 $x_1,x_2 \in \mathbf{R}^*$. 有

$$|f(p_1\alpha+p_2\beta)-f(p_1\beta+p_2\alpha)| < 2|\alpha-\beta|$$

分析 利用韦达定理有 $\alpha+\beta=\dfrac{t}{2}, \alpha\beta=-1$，可表示出 $f(\alpha), f(\beta)$ 并求出 $f(x)$ 的一阶导数，可知 $f(x)$ 的单调区间，往下走就一路畅通了.

证明 根据韦达定理有

$$\alpha+\beta=\frac{t}{2}, \alpha\beta=-1$$

$$\begin{cases}f(\alpha)=\dfrac{4\alpha-t}{\alpha^2+1}=\dfrac{4\alpha-2(\alpha+\beta)}{\alpha^2-\alpha\beta}=\dfrac{2}{\alpha}=-2\beta\\ f(\beta)=\dfrac{4\beta-t}{\beta^2+1}=\dfrac{4\beta-2(\alpha+\beta)}{\beta^2-\alpha\beta}=\dfrac{2}{\beta}=-2\alpha\end{cases}$$

$$\Rightarrow\frac{f(\alpha)+f(\beta)}{\alpha-\beta}=\frac{-2\beta-2\alpha}{\alpha-\beta}=2$$

对已知函数$f(x)=\dfrac{4x-t}{x^2+1}$求导得

$$\begin{aligned}f'(x)&=\frac{-2(2x^2-tx-2)}{(x^2+1)^2}\\&=\frac{-2[2x^2-2(\alpha+\beta)x+2\alpha\beta]}{(x^2+1)^2}\\&=-\frac{4(x-\alpha)(x-\beta)}{(x^2+1)^2}\end{aligned}$$

所以,当$x\in[\alpha,\beta]$时,$f'(x)\geqslant 0$,则函数$f(x)$在$[\alpha,\beta]$上是增函数.

注意到对于任意$x_1,x_2\in\mathbf{R}^*$,有

$$\begin{cases}p_1\alpha+p_2\beta-\alpha=p_2(\beta-\alpha)>0\\ p_1\alpha+p_2\beta-\beta=p_1(\alpha-\beta)<0\end{cases}$$

$$\Rightarrow\alpha<p_1\alpha+p_2\beta<\beta$$

$$\Rightarrow f(\alpha)<f(p_1\alpha+p_2\beta)<f(\beta)$$

同理

$$f(\alpha)<f(p_1\beta+p_2\alpha)<f(\beta)$$

$$\left.\begin{aligned}&\Rightarrow -f(\beta)<-f(p_1\beta+p_2\alpha)<-f(\alpha)\\&f(\alpha)<f(p_1\alpha+p_2\beta)<f(\beta)\end{aligned}\right\}$$

$$\Rightarrow -(f(\beta)-f(\alpha))<f(p_1\alpha+p_2\beta)-f(p_1\beta+p_2\alpha)<f(\beta)-f(\alpha)$$

$$\Rightarrow|f(p_1\alpha+p_2\beta)-f(p_1\beta+p_2\alpha)|<f(\beta)-f(\alpha)=2(\beta-\alpha)=2|\alpha-\beta|$$

题 40　土匪盘踞在山顶 B 处据险顽抗,已知山高为 h m,山的倾斜角度为 θ,我军在距山脚 A 有 m m 的水平地面 P 处架大炮,设炮弹的初速度为 v m/s,那么炮筒的仰角为多大时,炮弹才能命中目标?

解　如图 2.17 所示,以点 P 为坐标原点,PD(水平线)为 x 轴建立直角坐标系,设炮筒的仰角为 α,则炮弹在水平方向的分速度为

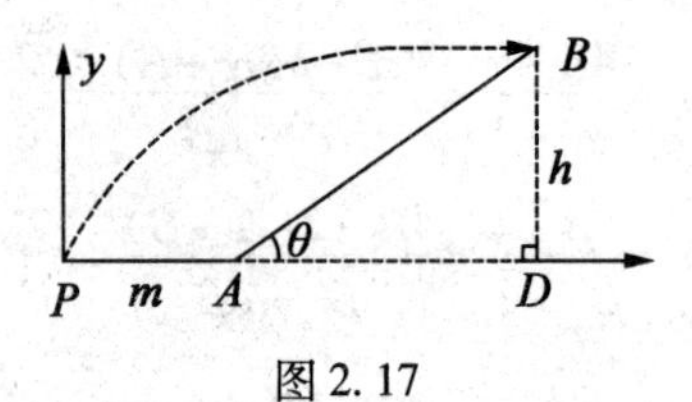

图 2.17

$$v_x = v\cos\alpha$$

在竖直方向的分速度为

$$v_y = v\sin\alpha$$

那么,经过 t s 后炮弹在水平方向运动的距离为

$$x = v_x t = vt\cos\alpha \tag{1}$$

在竖直方向上升的高度为

$$y = v_y t - \frac{1}{2}gt^2 = vt\sin\alpha - \frac{1}{2}gt^2 \tag{2}$$

由式(1)得
$$t = \frac{x}{v\cos\alpha}$$

代入式(2)得

$$y = -\left(\frac{g}{2v^2\cos^2\alpha}\right)x^2 + x\tan\alpha \tag{3}$$

记 $x_0 = m + h\cot\theta$,则点 B 坐标为 (x_0, h),当炮弹命中山顶时,$B(x_0, h)$ 的坐标满足式(3). 即

$$-\left(\frac{g}{2v^2\cos^2\alpha}\right)x_0^2 + x_0\tan\alpha = h$$

$$\Rightarrow \frac{gx_0^2}{2v^2}(1 + \tan^2\alpha) - x_0\tan\alpha + h = 0$$

$$\Rightarrow p\tan^2\alpha - x_0\tan\alpha + (p + h) = 0 \tag{4}$$

其中 $p = \frac{gx_0^2}{2v^2}$.

式(4)为关于 $\tan\alpha$ 的二次方程,其判别式为

$$\Delta = x_0^2 - 4p(p + h) < x_0^2 \tag{5}$$

两根为

$$\tan\alpha = \frac{x_0 \pm \sqrt{\Delta}}{2p} > 0$$

$$\Rightarrow \alpha = \arctan\left(\frac{x_0 \pm \sqrt{\Delta}}{2p}\right) \tag{6}$$

注　本题是利用函数思想解决军事上的物理问题,众所周知,数学、物理、化学、生物统称自然科学,而自然科学又是推动人类文明进程的主要动力,以后我们还要精选一些利用函数思想来求解的物理题.

在本题中,当炮弹在水平线上落地时,$y=0,x>0$,由式(3)解得

$$x=v^2\tan\alpha\cos^2\alpha=\frac{1}{2}v^2\sin 2\alpha$$

可知当 $\alpha=45°$时

$$x_{\max}=\frac{1}{2}v^2$$

即当大炮筒的仰角为45°时,炮弹的水平射程最远,这也是物理学中众所周知的定理.

题41　(越南数学奥林匹克试题)设 $f:\mathbf{R}\to\mathbf{R}$ 满足 $f(\cot x)=\cos 2x+\sin 2x$ 对所有 $x\in(0,\pi)$ 成立,又对 $x\in[-1,1]$ 定义函数 $g(x)=f(x)f(1-x)$,求 $g(x)$ 的取值范围.

分析　题意中的 f 是复合三角函数,应先将它进行三角变换,转化为普通代数函数,这样,复合函数 $g(x)$ 就成为代数函数,为了目标明朗,运算方便,再利用代换法将其简化,最后利用函数的单调性方可求出 $g(x)$ 的取值范围.

解　注意到 $x\in(0,\pi)$ 与 $x\in[-1,1]$,作代换,令 $t=\cot x$,有

$$\begin{aligned}f(\cot x)&=\frac{1-\tan^2x+2\tan x}{1+\tan^2x}\\&=\frac{\cot^2x+2\cot x-1}{\cot^2x+1}\end{aligned}$$

$$\begin{aligned}&\Rightarrow f(t)=\frac{t^2+2t-1}{t^2+1}\Rightarrow f(x)=\frac{x^2+2x-1}{x^2+1}\\&\Rightarrow g(x)=f(x)f(1-x)\\&\qquad=\frac{x^2+2x-1}{x^2+1}\cdot\frac{(1-x)^2+2(1-x)-1}{(1-x)^2+1}\\&\qquad=\frac{(x^2-x)^2-8(x^2-x)-2}{(x^2-x)^2+2(x^2-x)+2}\end{aligned}$$

为了运算方便,再作代换,令

$$\begin{cases}\mu=x^2-x\\x\in[-1,1]\end{cases}\Rightarrow\mu\in[-\frac{1}{4},2]$$

$$\Rightarrow g(\mu)=\frac{\mu^2-8\mu-2}{\mu^2+2\mu+2}=1-2(\frac{5\mu+2}{\mu^2+2\mu+2})$$

又令 $$5\mu+2=S\Rightarrow S\in[\frac{3}{4},12]$$

$$\Rightarrow\mu=\frac{S-2}{5}$$

$$\Rightarrow\mu^2+2\mu+2=\frac{1}{25}(S^2+6S+34)$$

$$\Rightarrow\frac{5\mu+2}{\mu^2+2\mu+2}=\frac{25S}{S^2+6S+34}$$

$$\Rightarrow g(x)=g(\mu)=g(S)=1-2T(S)$$

其中 $$T(S)=\frac{25}{M(S)+6}$$

$$M(S)=S+\frac{34}{S}=(\sqrt{S}-\sqrt{\frac{34}{S}})^2+2\sqrt{34}$$

显然,当 $S=\sqrt{34}\in[\frac{3}{4},12]$时

$$M_{\min}(S)=2\sqrt{34}$$

当 $S\in[\frac{3}{4},\sqrt{34}]$时,$M(S)$为单调递减函数

$$M_{\max}(S)=M(\frac{3}{4})=\frac{553}{12}$$

即$\frac{553}{12}\geqslant M(S)\geqslant 2\frac{3}{4}$,所以

$$g_{\min}(x)=1-\frac{2\times 25}{2\sqrt{34}+6}=4-\sqrt{34}$$

$$g_{\max}(x)=1-\frac{2\times 25}{\frac{553}{12}+6}=\frac{1}{25}$$

即 $4-\sqrt{34}\leqslant g(x)\leqslant\frac{1}{25}$.

注 为了运算方便,上述解答连续应用了从

$$x\to\mu\to S\to T(S)\to M(S)$$

的五次代换,可见,代换思想是数学解题中的常用思想!

从意义上讲,数学世界的绝大多数内容都属于函数范畴,可以说函数思想一统天下,但解答与函数相关的题目,不仅需要灵活机动的函数,还需要某些特殊的技巧,并诞生绝妙的优美新题:

新题:设 $a_1,a_2,\cdots,a_n(n\geqslant 2)$均为正数,证明

$$\left(\frac{a_1}{a_2}\right)^{\frac{n-1}{2}}+\left(\frac{a_2}{a_3}\right)^{\frac{n-1}{2}}+\cdots+\left(\frac{a_n}{a_1}\right)^{\frac{n-1}{2}}\geqslant\frac{a_1+a_2+\cdots+a_n}{\sqrt[n]{a_1a_2\cdots a_n}} \tag{A}$$

一看便知,利用平均值不等式有

$$\left(\frac{a_1}{a_2}\right)^{\frac{n-1}{2}}+\left(\frac{a_2}{a_3}\right)^{\frac{n-1}{2}}+\cdots+\left(\frac{a_n}{a_1}\right)^{\frac{n-1}{2}}\geqslant n \tag{B}$$

因此式(A)是式(B)的加强.

其实,当 $n\geqslant 3$ 时,$\frac{n-1}{2}\geqslant 1$,利用幂平均不等式有(约定 $a_{n+1}=a_1$).

$$\frac{1}{n}\sum_{i=1}^{n}\left(\frac{a_i}{a_{i+1}}\right)^{\frac{n-1}{2}}\geqslant\left(\frac{1}{n}\sum_{i=1}^{n}\frac{a_i}{a_{i+1}}\right)^{\frac{n-1}{2}}\geqslant 1 \tag{C}$$

可见式(C)也是式(A)的加强.

更有趣的是,对于 $n(n\geqslant 2)$ 个正数 $x_1,x_2,\cdots,x_n$,利用 n 元对称不等式有

$$\left(\frac{\sum_{i=1}^{n}x_i}{n}\right)^{n-1}\geqslant\frac{1}{n}\left(\prod_{i=1}^{n}x_i\right)\left(\sum_{i=1}^{n}\frac{1}{x_i}\right)$$

$$\left(\frac{1}{n}\sum_{i=1}^{n}\frac{a_i}{a_{i+1}}\right)^{n-1}\geqslant\frac{1}{n}\left(\sum_{i=1}^{n}\frac{a_{i+1}}{a_i}\right) \tag{D}$$

$$\left(\frac{1}{n}\sum_{i=1}^{n}\frac{a_{i+1}}{a_i}\right)^{n-1}\geqslant\frac{1}{n}\left(\sum_{i=1}^{n}\frac{a_i}{a_{i+1}}\right) \tag{E}$$

再巧妙利用式(D)与式(E),将它们有机地结合,和谐统一成一条长龙

$$\begin{aligned}\left(\frac{1}{n}\sum_{i=1}^{n}\frac{a_i}{a_{i+1}}\right)^{(n-1)^k}&\geqslant\left(\frac{1}{n}\sum_{i=1}^{n}\frac{a_{i+1}}{a_i}\right)^{(n-1)^{k-1}}\geqslant\left(\frac{1}{n}\sum_{i=1}^{n}\frac{a_i}{a_{i+1}}\right)^{(n-1)^{k-2}}\\&\geqslant\left(\frac{1}{n}\sum_{i=1}^{n}\frac{a_{i+1}}{a_i}\right)^{(n-1)^{k-3}}\geqslant\cdots\geqslant\left(\frac{1}{n}\sum_{i=1}^{n}\frac{a_i}{a_{i+1}}\right)^{n-1}\\&\geqslant\frac{1}{n}\sum_{i=1}^{n}\frac{a_{i+1}}{a_i}\end{aligned} \tag{F}$$

进一步地,当 $n\geqslant 4$ 时,注意到

$$0<\frac{2}{n-1}<1,0<\frac{n-3}{n-1}<1,\text{且}\frac{2}{n-1}+\frac{n-3}{n-1}=1$$

设系数 $\lambda_i>0(i=1,2,\cdots,n)$,利用赫尔德不等式有

$$\left[\sum_{i=1}^{n}\lambda_i\left(\frac{a_i}{a_{i+1}}\right)^{\frac{n-1}{2}}\right]^{\frac{2}{n-1}}\cdot\left[\sum_{i=1}^{n}\left(\frac{1}{\lambda_i}\right)^{\frac{2}{n-3}}\right]^{\frac{n-3}{n-1}}\geqslant\sum_{i=1}^{n}\frac{a_i}{a_{i+1}}$$

$$\Rightarrow\sum_{i=1}^{n}\lambda_i\left(\frac{a_i}{a_{i+1}}\right)^{\frac{n-1}{2}}\geqslant\left[\sum_{i=1}^{n}\left(\frac{1}{\lambda_i}\right)^{\frac{2}{n-3}}\right]^{\frac{3-n}{2}}\cdot\left(\sum_{i=1}^{n}\frac{a_i}{a_{i+1}}\right)^{\frac{n-1}{2}} \tag{G}$$

现在我们证明式(A).

证明:当 $n=2$ 时,由于

$$\sqrt{\frac{a_1}{a_2}}+\sqrt{\frac{a_2}{a_1}}=\frac{a_1+a_2}{\sqrt{a_1a_2}}$$

所以式(A) 成立;

当 $n\geqslant 3$ 时,设 $x_1,x_2,\cdots,x_n$ 均为正数,记

$$S=1+2+\cdots+(n-1)=\frac{1}{2}n(n+1)\Rightarrow\frac{n}{S}=\frac{2}{n-1}$$

令

$$y_1=(n-1)\frac{x_1}{x_2}+(n-2)\frac{x_2}{x_3}+\cdots+2\frac{x_{n-2}}{x_{n-1}}+\frac{x_{n-1}}{x_n}$$

$$y_2=(n-1)\frac{x_2}{x_3}+(n-2)\frac{x_3}{x_4}+\cdots+2\frac{x_{n-1}}{x_n}+\frac{x_n}{x_1}$$

$$\vdots$$

$$y_{n-1}=(n-1)\frac{x_{n-1}}{x_n}+(n-2)\frac{x_n}{x_1}+(n-3)\frac{x_1}{x_2}+\cdots+2\frac{x_{n-4}}{x_{n-3}}+\frac{x_{n-3}}{x_{n-2}}$$

$$y_n=(n-1)\frac{x_n}{x_1}+(n-2)\frac{x_1}{x_2}+\cdots+2\frac{x_{n-3}}{x_{n-2}}+\frac{x_{n-2}}{x_{n-1}}$$

利用加权不等式有

$$y_1\geqslant S\left[\left(\frac{x_1}{x_2}\right)^{n-1}\cdot\left(\frac{x_2}{x_3}\right)^{n-2}\cdot\cdots\cdot\left(\frac{x_{n-2}}{x_{n-1}}\right)^2\cdot\left(\frac{x_{n-1}}{x_n}\right)\right]^{\frac{1}{S}}=S\left(\frac{x_1^n}{x_1x_2\cdots x_n}\right)^{\frac{1}{S}}$$

记 $G=\sqrt[n]{x_1x_2\cdots x_n}$,上式化为

$$y_1\geqslant S\left(\frac{x_1}{G}\right)^{\frac{2}{n-1}}$$

同理可得

$$y_2\geqslant S\left(\frac{x_2}{G}\right)^{\frac{2}{n-1}},\cdots,y_n\geqslant S\left(\frac{x_2}{G}\right)^{\frac{2}{n-1}}$$

等号成立仅当

$$\begin{cases}\frac{x_1}{x_2}=\frac{x_2}{x_3}=\cdots=\frac{x_{n-1}}{x_n}\\ \frac{x_2}{x_3}=\frac{x_3}{x_4}=\cdots=\frac{x_n}{x_1}\\ \vdots\\ \frac{x_n}{x_1}=\frac{x_1}{x_2}=\cdots=\frac{x_{n-2}}{x_{n-1}}\end{cases}$$

$$\Rightarrow \frac{x_1}{x_2} = \frac{x_2}{x_3} = \cdots = \frac{x_n}{x_1}$$

$$\Rightarrow x_1 = x_2 = \cdots = x_n$$

将上面的 n 个不等式相加,得

$$y_1 + y_2 + \cdots + y_n \geqslant \frac{S}{G^{\frac{2}{n-1}}} \sum_{i=1}^{n} x_i^{\frac{2}{n-1}}$$

$$\Rightarrow S \sum_{i=1}^{n} \frac{x_i}{x_{i+1}} \geqslant \frac{S}{G^{\frac{2}{n-1}}} \sum_{i=1}^{n} x_i^{\frac{2}{n-1}}$$

作代换,令

$$x_i = a_i^{\frac{2}{n-1}} \quad (i = 1, 2, \cdots, n)$$

得

$$\sum_{i=1}^{n} \left(\frac{a_i}{a_{i+1}} \right)^{\frac{2}{n-1}} \geqslant \frac{\sum_{i=1}^{n} a_i}{\left(\prod_{i=1}^{n} a_i \right)^{\frac{1}{n}}}$$

即式(A) 成立,等号成立仅当

$$a_1 = a_2 = \cdots = a_n$$

第三章 求最值

在许多初等数学问题中,常常遇到求最值的情况,有的是代数求最值问题,有的是几何求最值问题,还有的是三角函数求最值的问题.

题1 n 个整数 $a_1,a_2,\cdots,a_n$ 满足

$$\sum_{i=1}^{n} a_i = \prod_{i=1}^{n} a_i = 2\,007 \quad (n>1) \tag{1}$$

求 n 的最小值.

解 由 $a_1a_2\cdots a_n=2\,007$ 知 $a_1,a_2,\cdots,a_n$ 都是奇数,又 $a_1+a_2+\cdots+a_n=2\,007$ 为奇数,则 n 为奇数.

若 $n=3$,即

$$a_1+a_2+a_3=a_1a_2a_3=2\,007$$

不妨设 $a_1\geqslant a_2\geqslant a_3$,则

$$a_1\geqslant\frac{a_1+a_2+a_3}{3}=669$$

$$a_2a_3=\frac{2\,007}{a_1}\leqslant 3$$

若 $a_1=669$,则 $a_2a_3=3$,从而

$$a_2+a_3\leqslant 4\Rightarrow a_1+a_2+a_3\leqslant 673<2\,007$$

不可能.

若 $a_1>669$,则只能 $a_1=2\,007$,$a_2a_3=1$,且 $a_2+a_3=0$,这也不可能.

通过上述讨论知 $n\geqslant 5$,又 $2\,007+1+1+(-1)+(-1)=2\,007\times1\times1\times(-1)\times(-1)=2\,007$,所以 n 的最小值为5.

注 (1)此题有一定趣味性,从上述解法可知($n=4k+1$,

$k\in\mathbf{N}^*$,这是 n 的有解通式),本题可推广为:

设 $m>2$ 为奇数,$n(n>1)$ 个整数 $a_1,a_2,\cdots,a_n$ 满足

$$a_1+a_2+\cdots+a_n=a_1a_2\cdots a_n=3m \tag{2}$$

求 n 的最小值(答案仍然是 $n_{\min}=5$).

(2)上述推广中的常数 $3m\geqslant9$ 为奇数,如果将 $m\geqslant3$ 为奇数改变为 $m\geqslant2$ 为偶数,那么情况将比较复杂,如对于整数 $a_1,a_2,\cdots,a_n$ 满足

$$a_1+a_2+\cdots+a_n=a_1a_2\cdots a_n=14 \tag{3}$$

当 $n=2$ 时,有

$$a_1+a_2=a_1a_2=14$$

知 a_1,a_2 为方程

$$t^2-14t+14=0 \tag{4}$$

的两根,但该方程的判别式

$$\Delta_t=(-14)^2-4\times14=140$$

不为完全平方数,即方程(3)没有整数根.

当 $n=3$ 时,设

$$a_1\geqslant a_2\geqslant a_3\Rightarrow a_1\geqslant\frac{a_1+a_2+a_3}{3}=\frac{14}{3}$$

$$\left.\begin{matrix}\Rightarrow a_1\geqslant5\\ a_1|14\end{matrix}\right\}\Rightarrow a_1\geqslant7$$

若

$$a_1=7\Rightarrow\begin{cases}a_2+a_3=7\\ a_2a_3=2\end{cases}$$

于是 a_2,a_3 为方程

$$x^2-7x+2=0 \tag{5}$$

的两根,其判别式

$$\Delta_x=(-7)^2-4\times2=41$$

不为完全平方数,则方程(5)设有整数根,若 $a_1>7$,由于 $a_1|14$,故只能 $a_1=14$,此时 $a_1+a_2=0,a_1a_2=1$,不可能.

当 $n=4$ 时,仍设

$$a_1\geqslant a_2\geqslant a_3\geqslant a_4\Rightarrow a_1\geqslant\frac{a_1+a_2+a_3+a_4}{4}=\frac{7}{2}$$

$$\left.\begin{matrix}\Rightarrow a_1\geqslant4\\ a_1|14\end{matrix}\right\}\Rightarrow a_1\geqslant7\Rightarrow a_1=7\text{ 或 }14$$

当 $a_1=7$ 时，$a_2+a_3+a_4=7, a_2a_3a_4=2$，只有 $(a_2,a_3,a_4)=(2,1,1)$ 或 $(2,-1,-1)$ 或 $(1,-1,-2)$，矛盾.

当 $a_1=14$ 时，$a_2+a_3+a_4=0, a_2a_3a_4=1$ 矛盾.

当 $n=5$ 时，同理，只能 $a_1=7$ 或 $a_1=14$. 当 $a_1=14$ 时

$$\begin{cases}a_2+a_3+a_4+a_5=0\\ a_2a_3a_4a_5=1\end{cases}$$

仍设 $a_1 \geqslant a_2 \geqslant a_3 \geqslant a_4 \geqslant a_5$，那么

$$(a_1,a_2,a_3,a_4,a_5)=(14,1,1,-1,-1)$$

当 $a_1=7$ 时

$$\begin{cases}a_2+a_3+a_4+a_5=7\\ a_2a_3a_4a_5=2\end{cases}$$

只能 $(a_2,a_3,a_4,a_5)=(2,1,1,1)$ 或 $(2,1,-1,-1)$ 或 $(-1,-1,-1,-2)$ 或 $(1,1,-1,-2)$，矛盾.

所以，对于本问题，$n_{\min}=5$.

总之，对于 $m \in \mathbf{N}^*$，及满足

$$a_1+a_2+\cdots+a_n=a_1a_2\cdots a_n=2m \tag{6}$$

时的 $a_1,a_2,\cdots,a_n \in \mathbf{Z}$，欲求出 $n_{\min}$ 是复杂的.

题 2 设有 $n(2 \leqslant n \in \mathbf{N}^*)$ 个用电器，它们中的电阻值最小为 $a\ \Omega$，最大为 $b\ \Omega(a<b)$，将它们全部串联后的总电阻值为 $R_{串}$，全部并联后的总电阻值为 $R_{并}\ \Omega$，记 $f(R)=\dfrac{R_{串}}{R_{并}}$. 试建立 $f_{\max}(R)$ 及 $f_{\min}(R)$ 的计算公式.

解 (1)我们设 n 个用电器的电阻值依次为 $R_1,R_2,\cdots,R_n(n \geqslant 2)$，依题意有

$$a \leqslant R_i \leqslant b \Leftrightarrow R_i \in [a,b] \quad (i=1,2,\cdots,n)$$

由电学基础知识知

$$\begin{cases}R_{串}=R_1+R_2+\cdots+R_n=\sum\limits_{i=1}^{n} R_i\\ \dfrac{1}{R_{并}}=\dfrac{1}{R_1}+\dfrac{1}{R_2}+\cdots+\dfrac{1}{R_n}=\sum\limits_{i=1}^{n}\dfrac{1}{R_i}\end{cases}$$

$$\Rightarrow f(R)=\left(\sum_{i=1}^{n} R_i\right)\left(\sum_{i=1}^{n}\frac{1}{R_i}\right) \tag{1}$$

设
$$\begin{cases}A=\frac{1}{R_2}+\cdots+\frac{1}{R_n}\in\left[\frac{n-1}{b},\frac{n-1}{a}\right]\\ B=R_2+\cdots+R_n\in[(n-1)a,(n-1)b]\end{cases}$$
$$R_1=x\in[a,b],f(x)=f(R)$$

即
$$f(x)=f(R)=(x+B)\left(\frac{1}{x}+A\right)$$
$$=Ax+\frac{B}{x}+AB+1$$
$$=\left(\sqrt{Ax}-\sqrt{\frac{B}{x}}\right)^2+(\sqrt{AB}+1)^2 \tag{2}$$

由于当 $\sqrt{Ax}=\sqrt{\frac{B}{x}}\Rightarrow x=\sqrt{\frac{B}{A}}\in[a,b]$ 时，从式(2)知，当 $x=\sqrt{\frac{B}{x}}\in(a,b)$ 时，函数 $f(x)$ 只有最小值 $(\sqrt{AB}+1)^2$，只有当自变量 x 取边界值 a 或 b 时，$f(\mathbf{R})=f(x)$ 才能取到最大值.

同理，只有当 $a_2,\cdots,a_n$ 取边界值 a 或 b 时，$f(R)$ 才能取到最大值.

综上知，只有所有 $R_1,R_2,\cdots,R_n$ 均取边界值 a 或 b 时，$f(R)$ 才能取到最大值.

(2)但由柯西不等式知
$$f(R)=\left(\sum_{i=1}^{n}R_i\right)\left(\sum_{i=1}^{n}\frac{1}{R_i}\right)\geqslant n^2 \tag{3}$$
$$\Rightarrow f_{\min}(R)=n^2 \tag{4}$$

等号成立仅当
$$R_1=R_2=\cdots=R_n$$

但实际情况是：$R_1,R_2,\cdots,R_n$ 中至少有一个取 a，至少有一个取 b 时，$f(R)$ 可取最小值，并且，集合 $\{R_1,R_2,\cdots,R_n\}$ 中取相同值的个数应尽可能多.

于是，我们设 $R_1,R_2,\cdots,R_n$ 中一个取 a，一个取 b，而其余 $n-2$ 个取 x，这时
$$f(R)=\left(\sum_{i=1}^{n}R_i\right)\left(\sum_{i=1}^{n}\frac{1}{R_i}\right)$$
$$=[(n-2)x+(a+b)]\left[\frac{n-2}{x}+\left(\frac{1}{a}+\frac{1}{b}\right)\right]$$
$$\geqslant\left[n-2+\sqrt{(a+b)\left(\frac{1}{a}+\frac{1}{b}\right)}\right]^2$$
$$\Rightarrow f_{\min}(R)=\left[n-2+\sqrt{(a+b)\left(\frac{1}{a}+\frac{1}{b}\right)}\right]^2 \tag{5}$$

等号成立仅当

$$\frac{(n-2)x}{\frac{n-2}{x}}=\frac{a+b}{\frac{1}{a}+\frac{1}{b}}\Rightarrow x=\sqrt{ab}$$

(3)由于 $R_1,R_2,\cdots,R_n$ 不能同时取 a 或取 b,故我们可以设它们中有 t 个取 a,有 $n-t(1\leqslant t\leqslant n-1)$ 个取 b 时,$f(R)$ 能取到最大值,于是

$$\begin{aligned}f(R)&=\left(\sum_{i=1}^{n}R_i\right)\left(\sum_{i=1}^{n}\frac{1}{R_i}\right)\\&=[at+(n-t)b]\left(\frac{t}{a}+\frac{n-t}{b}\right)\\&=t^2+(n-t)^2+\left(\frac{a}{b}+\frac{b}{a}\right)(n-t)t\\&=n^2+\left(\frac{a}{b}-2+\frac{b}{a}\right)(n-t)t\\&=n^2+\left(\sqrt{\frac{a}{b}}-\sqrt{\frac{b}{a}}\right)^2(n-t)t\end{aligned}$$

$$\Rightarrow f(R)=n^2+\left(\sqrt{\frac{b}{a}}-\sqrt{\frac{a}{b}}\right)^2S(t)\tag{6}$$

其中 $S(t)=(n-t)t,t\in\mathbf{N}^*$ 且 $1\leqslant t\leqslant n-1$,当 $S(t)$ 取到最大值时,$f(R)$ 随之取到最大值.

(4)当 n 为偶数时,显然由均值不等式有

$$S(t)=(n-t)t\leqslant\left[\frac{(n-t)+t}{2}\right]^2=\left(\frac{n}{2}\right)^2$$

等号成立仅当

$$n-t=t\Rightarrow t=\frac{n}{2}\in\mathbf{N}^*$$

但当 $t\geqslant 3$ 为奇数时,由

$$S(t)=(n-t)t=\frac{n^2}{4}-(t-\frac{n}{2})^2$$

知,只有当 $|t-\frac{n}{2}|$ 最小时,$S(t)$ 才能取到最大值,即只有当 $t=\frac{n\pm1}{2}$ 时

$$S_{\max}(t)=\frac{n^2}{4}-\left(\frac{n\pm1}{2}-\frac{n}{2}\right)^2=\frac{n^2}{4}-\frac{1}{4}$$

综上可得

$$f_{\max}(R)=n^2+\left(\sqrt{\frac{b}{a}}-\sqrt{\frac{a}{b}}\right)^2 S_{\max}(t) \tag{7}$$

其中
$$S_{\max}(t)=\begin{cases}\dfrac{n^2}{4} & (n\text{ 为偶数})\\ \dfrac{n^2-1}{4} & (n\text{ 为奇数})\end{cases}$$

$$\Rightarrow S_{\max}(t)=\frac{n^2}{4}-\frac{1-(-1)^n}{8}\quad (2\leqslant n\in\mathbf{N}^*)$$

评注 (1)本题将物理电学知识与数学巧妙结合,和谐相处,真是巧趣无穷,优美无限.

其实,当我们得到函数关系式

$$f(x)=Ax+\frac{B}{x}+AB+1$$

时,求导可得

$$f'(x)=A-\frac{B}{x^2}$$

$$f''(x)=\frac{2B}{x^3}>0$$

设 x_0 为函数 $f(x)$ 之驻点,即为方程

$$f'(x_0)=A-\frac{B}{x_0^2}=0\Rightarrow x_0=\sqrt{\frac{B}{A}}$$

之正根,由于 $x_0=\sqrt{\frac{B}{A}}\in(a,b)$,因此 $f(x)$ 在区间 (a,b) 内只有最小值 $f(x_0)$,即

$$\begin{aligned}f_{\min}(x)&=f(x_0)=f\left(\sqrt{\frac{B}{A}}\right)\\&=A\left(\sqrt{\frac{B}{A}}\right)+B\left(\sqrt{\frac{A}{B}}\right)+AB+1\\&=(\sqrt{AB}+1)^2\end{aligned} \tag{8}$$

所以依此类推,只有当 $R_1,R_2,\cdots,R_n$ 均取边界值 a 或 b 时,$f(x)$ 才能取到最大值.

(2)我们在前面,设 $R_1,R_2,\cdots,R_n$ 中 1 个取最小值 a,1 个取最大值 b,其余 $n-2$ 个取 $\sqrt{ab}$ 时求得

$$f_{\min}(R)=f_{\min}(x)=\left[n-2+\sqrt{(a+b)\left(\frac{1}{a}+\frac{1}{b}\right)}\right]^2$$

$$=M=\left[n+\frac{(\sqrt{a}-\sqrt{b})^2}{\sqrt{ab}}\right]^2 \tag{9}$$

至此,也许有人会问:“为什么是在这种假设条件下取得最小值 M 呢? 理由何在呢?”

其实,根据对称性,我们可以设 $R_1,R_2,\cdots,R_n$ 中有 m 个取 a,k 个取 b,记

$$t=n-m-k\in\mathbf{N}^*,m\geqslant 1,k\geqslant 1,0\leqslant t\leqslant n-2$$

这样可设 $a_{t+1},\cdots,a_n$ 中有 m 个取 a,k 个取 b,有

$$\begin{cases}p=R_1+\cdots+R_t\\ q=\dfrac{1}{R_1}+\cdots+\dfrac{1}{R_t}\end{cases}$$

$$\Rightarrow pq=(R_1+\cdots+R_t)\left(\frac{1}{R_1}+\cdots+\frac{1}{R_t}\right)\geqslant t^2$$

$$\begin{aligned}\Rightarrow f(R)&=\left(\sum_{i=1}^{n}R_i\right)\left(\sum_{i=1}^{n}\frac{1}{R_i}\right)\\&=[(ma+kb)+p]\cdot\left[\left(\frac{m}{a}+\frac{k}{b}\right)+q\right]\\&\geqslant\left[\sqrt{(ma+kb)\left(\frac{m}{a}+\frac{k}{b}\right)}+\sqrt{pq}\right]^2\\&\geqslant\left[\sqrt{(ma+kb)\left(\frac{m}{a}+\frac{k}{b}\right)}+t\right]^2\end{aligned} \tag{10}$$

式(10)表明,当 m,k 固定时,只有当

$$R_1=\cdots=R_t=x\in[a,b]$$

时,$f(R)$ 才能取到最小值.

现设 $R_1,R_2,\cdots,R_n$ 中有 m 个取 a,k 个取 b($m\geqslant 1,k\geqslant 1$,且 $0\leqslant n-m-k\leqslant n-2$),其余取 $x\in[a,b]$,则有

$$\begin{aligned}f(R)&=\left(\sum_{i=1}^{n}R_i\right)\left(\sum_{i=1}^{n}\frac{1}{R_i}\right)\\&=(ma+kb+tx)\left(\frac{m}{a}+\frac{k}{b}+\frac{t}{x}\right)\end{aligned} \tag{11}$$

其中 $t=n-m-k\in[0,n-2]$.

(1°)当 $m=k$ 时

$$\begin{aligned}f(R)&=[k(a+b)+(n-2k)x]\cdot\left[k\left(\frac{1}{a}+\frac{1}{b}\right)+\frac{n-2k}{x}\right]\\&\geqslant\left[k\sqrt{(a+b)\left(\frac{1}{a}+\frac{1}{b}\right)}+n-2k\right]\end{aligned}$$

$$=\left[k\left(\frac{a+b}{\sqrt{ab}}\right)+(n-2k)\right]^2$$

$$=\left[k\cdot\frac{(\sqrt{a}-\sqrt{b})}{\sqrt{ab}}+n\right]^2$$

$$\geqslant\left[n+\frac{(\sqrt{a}-\sqrt{b})^2}{\sqrt{ab}}\right]^2=M$$

$\Rightarrow f_{\min}(R)=M$

(2°)当 $m>k\geqslant 1$ 时

$$f(R)=[k(a+b)+(m-k)a+tx]\cdot\left[k\left(\frac{1}{a}+\frac{1}{b}\right)+\frac{m-k}{a}+\frac{t}{x}\right]$$

$$\geqslant\left[k\sqrt{(a+b)\left(\frac{1}{a}+\frac{1}{b}\right)}+(m-k)+t\right]^2$$

$$=\left[k\left(\frac{a+b}{\sqrt{ab}}\right)+(n-2k)\right]^2=M$$

$\Rightarrow f_{\min}(R)=M$

(3°)当 $k>m=1$ 时,同理可得

$$f_{\min}(R)=M$$

通过上述讨论知,只有当 $R_1,R_2,\cdots,R_n$ 中 1 个取 a,1 个取 b,其余 $n-2$ 个取 $x\in[a,b]$时,$f(R)$才能取到最小值,此时

$$f(R)\geqslant f(x)=[(a+b)+(n-2)x]\cdot\left[\left(\frac{1}{a}+\frac{1}{b}\right)+\frac{n-2}{x}\right]$$

$$\geqslant\left[\sqrt{(a+b)\left(\frac{1}{a}+\frac{1}{b}\right)}+(n-2)\right]^2=M$$

$$\Rightarrow f_{\min}(R)=M=\left[n+\frac{(\sqrt{a}-\sqrt{b})^2}{\sqrt{ab}}\right]^2$$

等号成立仅当

$$\frac{a+b}{\frac{1}{a}+\frac{1}{b}}=\frac{(n-2)x}{\frac{n-2}{x}}\Rightarrow x=\sqrt{ab}$$

行进至此,我们的所有疑惑均被春风吹得烟消云散,现出山清水秀,柳暗花明.

题 3　设 $a_1,a_2,\cdots,a_n(2\leqslant n\in\mathbf{N}^*)$均为正实数,试求表达式

$$f(a)=\frac{a_1a_2+a_2a_3+\cdots+a_{n-1}a_n}{a_1^2+a_2^2+\cdots+a_n^2} \tag{1}$$

的最大值.

分析 观察式(1)知,当 $n=2$ 时

$$f(a)=\frac{a_1a_2}{a_1^2+a_2^2}\leqslant\frac{1}{2}\Rightarrow f_{\max}(a)=\frac{1}{2}$$

等号成立仅当 $a_1=a_2$

当 $n\geqslant3$ 时,联想到

$$(a_1-a_2)^2+(a_2-a_3)^2+\cdots+(a_n-a_1)^2\geqslant0$$

$$\Rightarrow a_1^2+a_2^2+\cdots+a_n^2\geqslant a_1a_2+a_2a_3+\cdots+a_{n-1}a_n+a_na_1$$

$$\Rightarrow f'=\frac{a_1a_2+a_2a_3+\cdots+a_{n-1}a_n+a_na_1}{a_1^2+a_2^2+\cdots+a_n^2}\leqslant1$$

等号成立仅当 $a_1=a_2=\cdots=a_n$.

但 $f'>f\Rightarrow f<1$,因此这样的 f 取不到最大值,真是有点奇怪了.

为了寻求解题思路,我们不妨取 $n=3$,从最简单的情况入手,以投石问路. 设

$$T=\frac{a_1a_2+a_2a_3}{a_1^2+a_2^2+a_3^2}$$

且 λ,μ 为待定正参数,应用平均值不等式有

$$\begin{aligned}a_1a_2+a_2a_3&=(\lambda a_1)\cdot\left(\frac{a_2}{\lambda}\right)+(\mu a_2)\cdot\left(\frac{a_3}{\mu}\right)\\&\leqslant\frac{1}{2}\left(\lambda^2a_1^2+\frac{a_2^2}{\lambda^2}+\mu^2a_2^2+\frac{a_3^2}{\mu^2}\right)\\&=\frac{1}{2}\left[\lambda^2a_1^2+\left(\frac{1}{\lambda^2}+\mu^2\right)a_2^2+\frac{1}{\mu^2}a_3^2\right]\end{aligned}$$

为了求出 T 的最大值,必须且只需令

$$\lambda^2=\frac{1}{\lambda^2}+\mu^2=\frac{1}{\mu^2}$$

$$\Rightarrow\lambda^2=\frac{1}{\lambda^2}+\frac{1}{\lambda^2}\Rightarrow\begin{cases}\lambda^2=\sqrt{2}\\\mu^2=\frac{\sqrt{2}}{2}\end{cases}$$

$$\Rightarrow T\leqslant\frac{1}{2}\lambda^2=\frac{\sqrt{2}}{2}\Rightarrow T_{\max}=\frac{\sqrt{2}}{2}$$

等号成立仅当

$$\begin{cases}\lambda a_1=\dfrac{a_2}{\lambda}\\ \mu a_2=\dfrac{a_3}{\mu}\end{cases}\Rightarrow\begin{cases}a_2=\lambda^2 a_1=\sqrt{2}a_1\\ a_3=\mu^2 a_2=(\lambda\mu)^2 a_1=a_1\end{cases}$$

$$\Rightarrow a_1:a_2:a_3=1:\sqrt{2}:1$$

现在,我们仿照上述思想来解答本题.

解　设 $\lambda_1,\lambda_2,\cdots,\lambda_n$ 为正参数,有

$$\begin{aligned}&a_1a_2+a_2a_3+\cdots+a_{n-1}a_n\\ &=(\lambda_1a_1)\cdot\left(\frac{a_2}{\lambda_1}\right)+(\lambda_2a_2)\cdot\left(\frac{a_3}{\lambda_2}\right)+\cdots+(\lambda_{n-1}a_{n-1})\cdot\left(\frac{a_n}{\lambda_{n-1}}\right)\\ &\leqslant\frac{1}{2}\left[\lambda_1^2a_1^2+\frac{a_2^2}{\lambda_1^2}+\lambda_2^2a_2^2+\frac{a_3^2}{\lambda_2^2}+\cdots+\lambda_{n-1}^2a_{n-1}^2+\frac{a_n^2}{\lambda_{n-1}^2}\right]\\ &=\frac{1}{2}\left[\lambda_1^2a_1^2+\left(\frac{1}{\lambda_1^2}+\lambda_2^2\right)a_2^2+\cdots+\left(\frac{1}{\lambda_{n-2}^2}+\lambda_{n-1}^2\right)a_{n-1}^2+\frac{1}{\lambda_{n-2}^2}a_n^2\right]\end{aligned}$$

因求最大值,故必须有

$$\lambda_1a_1=\frac{a_2}{\lambda_1},\lambda_2a_2=\frac{a_3}{\lambda_2},\cdots,\lambda_{n-1}a_{n-1}=\frac{a_n}{\lambda_{n-1}}$$

也就是
$$\lambda_1^2=\frac{a_2}{a_1},\lambda_2^2=\frac{a_3}{a_2},\cdots,\lambda_{n-1}^2=\frac{a_n}{a_{n-1}}$$

将上式代入式(1)得

$$\frac{a_2}{a_1}=\frac{a_1+a_3}{a_2}=\cdots=\frac{a_{n-2}+a_n}{a_{n-1}}=\frac{a_{n-1}}{a_n}\tag{2}$$

令 $\lambda_1^2=r$,则

$$a_2=ra_1,a_1+a_3=ra_2,\cdots,a_{n-2}+a_n=ra_{n-1},a_{n-1}=ra_n$$

观察式(2)的形式,考虑作代换

$$r=q+\frac{1}{q}\quad(q\in\mathbf{C},r\in\mathbf{R}^*)$$

因为
$$a_{k-2}+a_k=ra_{k-1}=(q+\frac{1}{q})a_{k-1}$$

$$\Rightarrow a_k-qa_{k-1}=\frac{1}{q}(a_{k-1}-qa_{k-2})\quad(3\leqslant k\leqslant n)$$

故数列$\{a_k-qa_{k-1}\}$是公比为$\frac{1}{q}$的等比数列.所以,有

$$\begin{aligned}a_k-qa_{k-1}&=\frac{1}{q^{k-2}}(a_2-qa_1)\\ &=\frac{1}{q^{k-2}}\left[(q+\frac{1}{q})a_1-qa_1\right]=\frac{a_1}{q^{k-1}}\end{aligned}$$

$$\Rightarrow q^{k-1}a_k - q^k a_{k-1} = a_1 \tag{3}$$

再令 $b_k = q^{k-1}a_k$，则式(3)化为(注意 $b_1 = a_1$)

$$b_k = q^2 b_{k-1} + b_1$$

$$\Rightarrow b_k - \frac{b_1}{1-q^2} = q^2\left(b_{k-1} - \frac{b_1}{1-q^2}\right)$$

这样，就得到一个公比为 q^2 的等比数列$\left\{b_k - \frac{b_1}{1-q^2}\right\}$，所以

$$b_k - \frac{b_1}{1-q^2} = \left(b_1 - \frac{b_1}{1-q^2}\right)q^{2(k-1)}$$

$$\Rightarrow b_k = \left(\frac{1-q^{2k}}{1-q^2}\right)b_1 = \left(\frac{1-q^{2k}}{1-q^2}\right)a_1$$

$$\Rightarrow a_k = \frac{b_k}{q^{k-1}} = \frac{(1-q^{2k})a_1}{q^{k-1}(1-q^2)}$$

$$\Rightarrow a_{n-1} = \frac{(1-q^{2n-2})a_1}{q^{n-2}(1-q^2)}$$

$$\Rightarrow a_n = \frac{1-q^{2n}}{q^{n-1}(1-q^2)}$$

而
$$a_{n-1} = ra_n = \left(1+\frac{1}{q}\right)a_n$$

故有

$$\frac{(1-q^{2n-2})}{q^{n-2}(1-q^2)} = \left(q+\frac{1}{q}\right)\frac{(1-q^{2n})a_1}{q^{n-1}(1-q^2)}$$

$$\Rightarrow q^2(1-q^{2n-2}) = (1-q^{2n})(q^2+1)$$

$$\Rightarrow q^{2n+2} = 1 = \cos 2m\pi + \mathrm{i}\sin 2m\pi \quad (m\in\mathbf{Z}, 0\leqslant m\leqslant 2n+1)$$

$$\Rightarrow q = \cos\frac{m\pi}{n+1} + \mathrm{i}\sin\frac{m\pi}{n+1}$$

因为$f_{\max}$唯一，所以我们应能求出 m 的一个确定的值，对于这个 m 的值，我们有

$$f_{\max} = \frac{1}{2}r = \frac{1}{2}\left(q+\frac{1}{q}\right) = \frac{1}{2}(q+\bar{q}) = \cos\frac{m\pi}{n+1}$$

因为
$$f<\frac{1}{2}\Rightarrow f_{\max}<1\text{(见分析)}$$

又因为式(1)和式(2)是f取到最大值的充要条件，由式(1)和式(2)我们又推得

$$a_k = \frac{(1-q^{2k})a_1}{q^{k-1}(1-q^2)} \tag{4}$$

将 $q=\cos\frac{m\pi}{n+1}+\mathrm{i}\sin\frac{m\pi}{n+1}$ 代入式(4)化简得

$$a_k=\left(\frac{\sin\frac{km\pi}{n+1}}{\sin\frac{m\pi}{n+1}}\right)a_1$$

因为对任意 $1\leqslant k\leqslant n,k\in\mathbf{Z}$,都有 $a_k>0$,所以应取 $m=1$,至此,已得

$$f_{\max}(a)=f_{\max}=\cos\left(\frac{\pi}{n+1}\right)$$

特别地,当 $n=2$ 时,$\cos\frac{\pi}{3}=\frac{1}{2}$,当 $n=3$ 时,$\cos\frac{\pi}{3}=\frac{\sqrt{2}}{2}$,这即为分析中得到的结果.

题 4　设 $a\in\mathbf{R}$,函数

$$f(x)=a\sqrt{1-x^2}+\sqrt{1+x}+\sqrt{1-x}$$

的最大值为 $g(a)$.

(1)设 $t=\sqrt{1+x}+\sqrt{1-x}$,求 t 的取值范围并把 $f(x)$ 表示为 t 的函数 $m(t)$;

(2)求 $g(a)$;

(3)试求满足 $g(a)=g(\frac{1}{a})$ 的所有实数 a;

解　(1)解法 1(代数法):要使 t 有意义,必须

$$\begin{cases}1+x\geqslant 0\\1-x\geqslant 0\end{cases}\Rightarrow -1\leqslant x\leqslant 1$$

又由

$$t=\sqrt{1+x}+\sqrt{1-x}\geqslant 0$$
$$\Rightarrow t^2=2+2\sqrt{1-x^2}\in[2,4] \tag{1}$$
$$\Rightarrow t\in[\sqrt{2},2]$$

由式(1)得

$$\sqrt{1-x^2}=\frac{1}{2}t^2-1$$

$$\Rightarrow m(t)=a(\frac{1}{2}t^2-1)+t=\frac{1}{2}at^2+t-a,t\in[\sqrt{2},2]$$

解法2(三角换元法):令

$$x=\sin 2\theta \quad (\theta\in[-\frac{\pi}{4},\frac{\pi}{4}])$$

$$\begin{aligned}\Rightarrow t&=\sqrt{1+x}+\sqrt{1-x}\\&=\sqrt{1+\sin 2\theta}+\sqrt{1-\sin 2\theta}\\&=|\sin\theta+\cos\theta|+|\sin\theta-\cos\theta|\\&=(\sin\theta+\cos\theta)-(\sin\theta-\cos\theta)\\&=2\cos\theta\end{aligned}$$

由于

$$\theta\in[-\frac{\pi}{4},\frac{\pi}{4}]\Rightarrow\cos\theta\in[\frac{\sqrt{2}}{2},1]$$

$$\Rightarrow t\in[\sqrt{2},2]$$

$$\Rightarrow f(x)=a\cos 2\theta+t$$

又

$$\cos 2\theta=2\cos^2\theta-1=\frac{1}{2}t^2-1$$

$$\begin{aligned}\Rightarrow m(t)&=a(\frac{1}{2}t^2-1)+t\\&=\frac{1}{2}at^2+t-a,t\in[\sqrt{2},2]\end{aligned}$$

解法3(数形结合法):令

$$\begin{cases}\sqrt{1+x}=m>0\\\sqrt{1-x}=n>0\end{cases}\Rightarrow\begin{cases}t=m+n\\m^2+n^2=2\end{cases}$$

$$\Rightarrow t=\sqrt{m^2+n^2+2mn}=\sqrt{2+2mn}$$

$$\Rightarrow t\in[\sqrt{2},2]$$

(2)由题意知$g(a)$即为函数

$$m(t)=\frac{1}{2}at^2+t-a,t\in[\sqrt{2},2]$$

的最大值.

注意到直线$t=-\frac{1}{a}$是抛物线$y=m(t)$的对称轴,故分以下几种情况讨论.

(1°)当$a>0$时,函数$y=m(t),t\in[\sqrt{2},2]$的图像是开口向上的一段抛物线,由$t=-\frac{1}{a}<0$,知$m(t)$在$[\sqrt{2},2]$上单调递增,所以$f_{\max}(x)=g(a)=m(2)=a+2$.

(2°)当 $a=0$ 时,$m(t)=t,t\in[\sqrt{2},2]$,$f_{\max}(x)=g(a)=2$.

(3°)当 $a<0$ 时,函数 $y=m(t),t\in[\sqrt{2},2]$ 的图像是开口向下的一段抛物线.

若 $t=-\frac{1}{a}\in[\sqrt{2},2]\Rightarrow a\leqslant-\frac{\sqrt{2}}{2}\Rightarrow g(a)=m(\sqrt{2})=\sqrt{2}$

若 $t=-\frac{1}{a}\in(\sqrt{2},2]\Rightarrow-\frac{\sqrt{2}}{2}<a\leqslant-\frac{1}{2}$

$$\Rightarrow g(a)=m(-\frac{1}{a})=-a-\frac{1}{2a}$$

若 $t=-\frac{1}{a}\in(2,+\infty)\Rightarrow-\frac{1}{2}<a<0\Rightarrow g(a)=m(2)=a+2$

综合上述,得

$$g(a)=\begin{cases}a+2 & (a>-\frac{1}{2})\\ -a-\frac{1}{2a} & (-\frac{\sqrt{2}}{2}<a\leqslant-\frac{1}{2})\\ \sqrt{2} & (a\leqslant-\frac{\sqrt{2}}{2})\end{cases}$$

(3)情形1:当

$$a<-2\Rightarrow\frac{1}{a}>\frac{1}{2}$$

$$\left.\begin{array}{r}\Rightarrow g(a)=\sqrt{2}\\ g(\frac{1}{a})=\frac{1}{a}+2\end{array}\right\}\Rightarrow 2+\frac{1}{a}=\sqrt{2}$$

$$\Rightarrow a=-1-\frac{\sqrt{2}}{2}\geqslant-2$$

矛盾.

情形2:当

$$-2\leqslant a<-\sqrt{2}$$

$$\Rightarrow-\frac{\sqrt{2}}{2}<\frac{1}{a}\leqslant-\frac{1}{2}$$

$$\left.\begin{array}{l}\Rightarrow g(a)=\sqrt{2}\\ \quad g(\frac{1}{a})-\frac{1}{a}-\frac{a}{2}\end{array}\right\}$$

$$\Rightarrow\sqrt{2}=-\frac{1}{a}-\frac{a}{2}\Rightarrow a=-\sqrt{2}\geqslant-\sqrt{2}$$

矛盾.

情形3:当

$$-\sqrt{2}\leqslant a<-\frac{\sqrt{2}}{2}$$

$$\Rightarrow-\sqrt{2}\leqslant\frac{1}{a}\leqslant-\frac{\sqrt{2}}{2}$$

$$\Rightarrow g(a)=\sqrt{2}=g(\frac{1}{a})$$

$$\Rightarrow-\sqrt{2}\leqslant a\leqslant-\frac{\sqrt{2}}{2}$$

情形4:当 $-\frac{\sqrt{2}}{2}<a\leqslant-\frac{1}{2}\Rightarrow-2\leqslant\frac{1}{a}<-\sqrt{2}$

$$\left.\begin{aligned}&\Rightarrow g(a)=-a-\frac{1}{2a}\\&g(\frac{1}{a})=\sqrt{2}-a-\frac{1}{2a}=\sqrt{2}\end{aligned}\right\}$$

$$\Rightarrow a=-\frac{\sqrt{2}}{2}\leqslant-\frac{\sqrt{2}}{2}$$

矛盾.

情形5:当

$$-\frac{1}{2}<a<0\Rightarrow\frac{1}{a}<-2$$

$$\Rightarrow g(a)=a+2=g(\frac{1}{a})=\sqrt{2}$$

$$\Rightarrow a=\sqrt{2}-2\leqslant-\frac{1}{2}$$

矛盾.

情形6:当 $a>0$ 时

$$\frac{1}{a}>0\Rightarrow g(a)=a+2g(\frac{1}{a})=\frac{1}{a}+2$$

$$\left.\begin{aligned}&\Rightarrow a=\pm1\\&a>0\end{aligned}\right\}$$

$$\Rightarrow a=1$$

综合上述知,满足 $g(a)=g(\frac{1}{a})$ 的所有实数为 $-\sqrt{2}\leqslant a\leqslant-\frac{\sqrt{2}}{2}$ 或 $a=1$.

评注 (1)本题主要考查函数,方程等基础知识,考查分类讨论的数学思想和综合运用数学知识分析问题、解决问题的能力.

(2)本题是一道递进型的综合题,难度上循序渐进,由浅入深,而正确求解则需要有扎实的数学基本功及良好的自信心,特别是第(1)问,解法灵活,方法多变,第(3)问要求分类全面,细致认真,是一道细微处体现数学功力,展现数学才华的好问题!

题 5 已知等腰梯形的底和边界,应该怎样选择底角,才能使所得梯形的面积最大?

解 如图 3.1 所示,设等腰梯形为 $ABCD$,底边 $AB=a$,周长 $=AB+BC+CD+DA=l$,底角 $\angle A=\alpha$.

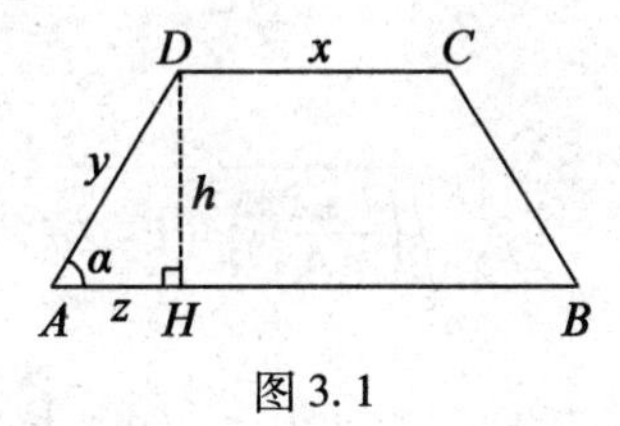

图 3.1

令 $CD=x,AD=y,AH=z,DH=h$,得

$$y=\frac{1}{2}(l-a-x),z=\frac{1}{2}(a-x)$$

$$h=\sqrt{y^2-z^2}=\frac{1}{2}\sqrt{(l-a-x)^2-(a-x)^2}=\frac{1}{2}\sqrt{(l-2x)(l-2a)}$$

于是,梯形面积

$$S=\frac{1}{2}(a+x)h=\frac{1}{2}(a+x)\sqrt{(l-2x)(l-2a)}$$

$$\Rightarrow S^2=\frac{1}{4}(a+x)^2(l-2x)(l-2a)$$

$$\leqslant\frac{1}{4}\left[\frac{(a+x)+(a+x)+(l-2x)}{3}\right]^3(l-2a)=\frac{1}{4}\left(\frac{l+2a}{3}\right)^3(l-2a)$$

$$\Rightarrow S_{\max}=\frac{1}{2}\sqrt{\left(\frac{l+2a}{3}\right)^3(l-2a)} \tag{1}$$

等号成立仅当

$$a+x=l-2x \Rightarrow x=\frac{l-a}{3}$$

$$\Rightarrow y=\frac{1}{2}(l-a-x)=\frac{1}{3}(l-a)$$

及

$$z=\frac{1}{2}(a-x)=\frac{1}{6}(4a-l)$$

于是

$$\cos\alpha=\frac{z}{y}=\frac{4a-l}{2(l-a)}$$

$$\Rightarrow \alpha=\arccos\left(\frac{4a-l}{2l-2a}\right) \qquad (2)$$

显然,在式(2)中,当 $4a-l>0$ 时,α 是锐角;当 $4a-l=0$ 时,α 是直角;当 $4a-l<0$ 时,α 是钝角.

总之,当等腰梯形 $ABCD$ 的底角

$$\alpha=\arccos\left(\frac{4a-l}{2l-2a}\right)$$

时,其面积最大,为

$$S_{\max}=\frac{1}{2}\sqrt{\left(\frac{l+2a}{3}\right)^3(l-2a)}$$

题6 二次函数 $f(x)=x^2+ax+b(x\in\mathbf{R})$,求证:对一切实常数 a, b, $|f(1)|$, $|f(2)|$, $|f(3)|$ 中至少有一个不小于 $\frac{1}{2}$.

分析1 由于

$$\begin{cases}|f(1)|=|a+b+1| \\ |f(2)|=|2a+b+4| \\ |f(3)|=|3a+b+9|\end{cases}$$

要证对 $a,b\in\mathbf{R}$ 而言,$|f(1)|$, $|f(2)|$, $|f(3)|$ 至少有一个值不小于 $\frac{1}{2}$,即证不存在实数 a, b,使

$$\begin{cases}|a+b+1|<\frac{1}{2} \\ |2a+b+4|<\frac{1}{2} \\ |3a+b+9|<\frac{1}{2}\end{cases}$$

现考虑坐标平面 xOy 内的区域

$$\begin{cases} -\frac{3}{2}<a+b<-\frac{1}{2} & (1) \\ -\frac{9}{2}<2a+b<-\frac{7}{2} & (2) \\ -\frac{19}{2}<3a+b<-\frac{17}{2} & (3) \end{cases}$$

并且从图 3.2 中可明显看出(1)(2)(3)无公共点.

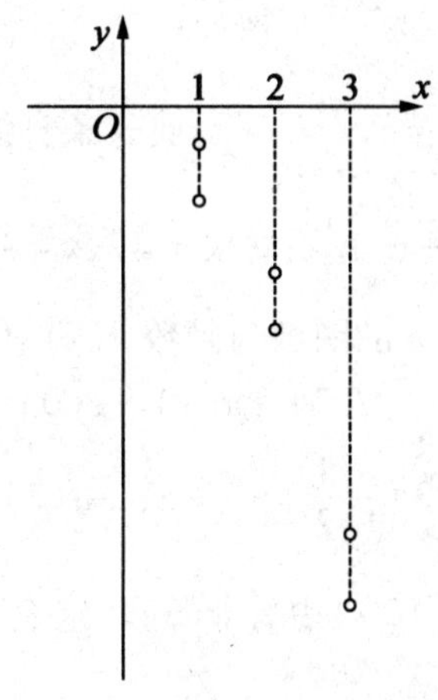

图 3.2

分析 2　把 $f(x)=x^2+ax+b$ 看成 $y_1=x^2, y_2=ax+b$ 之和. 假设 $|f(1)|<\frac{1}{2}|f(2)|<\frac{1}{2}|f(3)|<\frac{1}{2}$ 同时成立.

在 xOy 平面内做出 $y_1=x^2$ 与 $y_2=ax+b$ 的图像, 因为 $1^2=1, 2^2=4, 3^2=9$. 所以 $a+b\in(-\frac{3}{2},-\frac{1}{2}), 2a+b\in(-\frac{9}{2},-\frac{7}{2}), 3a+b\in(-\frac{19}{2},-\frac{17}{2})$.

即 $y_2=ax+b$ 的图像必经过点 $(1,-\frac{3}{2})(1,-\frac{1}{2})$ 间的不含端点的线段, 又过点 $(2,-\frac{9}{2}),(2,-\frac{7}{2})$ 间的不含端点的线段, 还要过点 $(3,-\frac{19}{2}),(3,-\frac{17}{2})$ 间的不含端点的线段.

函数 $y_2=ax+b$ 的图像是直线, 而过上述 3 个线段各自取 1 点的任何 3 点都不共线, 因此 $|f(1)|<\frac{1}{2}, |f(2)|<\frac{1}{2}, |f(3)|<\frac{1}{2}$ 不可能同时成立.

分析 3　如图 3.3 所示, 函数 $f(x)=x^2+ax+b$ 的图像与 $g(x)=x^2$ 的图像

形状相同,显然 $g(1)-g(0)=1$.

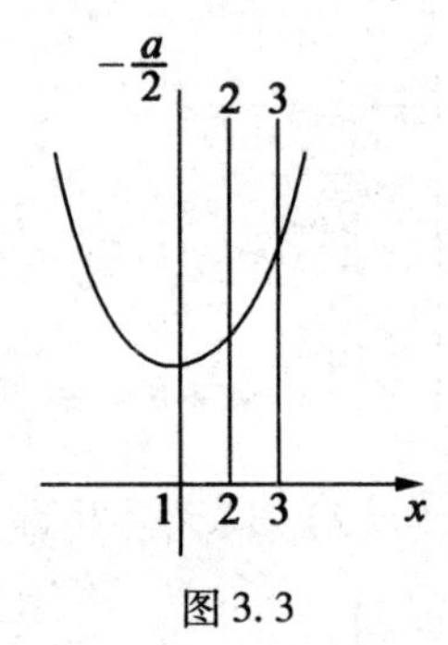

图 3.3

考虑直线 $x=1,x=2,x=3,x=-\frac{a}{2}$,前 3 条直线中至少有两条在直线 $x=-\frac{a}{2}$同侧(可以含直线 $x=-\frac{a}{2}$). 不妨设 $x=2,x=3$ 在直线 $x=-\frac{a}{2}$同侧.

把函数$f(x)=x^2+ax+b$ 的图像与函数 $g(x)=x^2$ 的图像比较,则有

$$f(3)-f(2)\geqslant g(1)-g(0)=1$$

$$\Rightarrow\left(f(3)-\frac{1}{2}\right)+\left(-\frac{1}{2}-f(2)\right)\geqslant 0$$

可见$\left(f(3)-\frac{1}{2}\right)$与$\left(-\frac{1}{2}-f(2)\right)$中有非负数,这表明$|f(3)|,|f(2)|$中总有一个不小于$\frac{1}{2}$.

分析 4　因为

$$f(1)-2f(2)+f(3)=(a+b+1)-2(2a+b+4)+(3a+b+9)=2$$

$$\Rightarrow|f(1)|+|f(2)|+|f(2)|+|f(3)|\geqslant|f(1)-f(2)-f(2)+f(3)|=2$$

可见$|f(1)|,|f(2)|,|f(3)|$中至少有一个不小于$\frac{1}{2}$.

评注　分析 1、分析 2 是反证法,分析 3、分析 4 是直接证明的方法,分析 1、2、3 运用了数形结合的思想,分析 4 则只用代数不等变形. 从繁简角度看问题,分析 4 较简单,从数学本质看问题,分析 3 优点更突出,本题虽然算不上难题,但是从多角度的分析中能表现出数学思想对创新思维、发散思维的价值.

(1)其实,上述分析 4 最简洁优美,我们设 p,q,r 为互不相等的实常数 $x\in\mathbf{R}$,则对任意 $a,b\in\mathbf{R}$ 及二次函数$f(x)=x^2+ax+b(x\in\mathbf{R})$有

$$\begin{cases}f(p)=ap+b+p^2\\f(q)=aq+b+q^2\\f(r)=ar+b+r^2\end{cases}$$

记 $$M=f(p)-mf(q)+kf(r)$$

其中 m,k 为待定正整数,则

$$\begin{aligned}M&=(ap^2+b+p^2)-m(aq+b+q^2)+k(ar+b+r^2)\\&=(p+kr-mq)a+(1+k-m)b+(p^2+kr^2-mq^2)\end{aligned}$$

为了消去 a,b,必须且只需令

$$\begin{cases}kr-mq+p\\k-m+1=0\end{cases}\Rightarrow\begin{cases}k=\dfrac{q-p}{r-q}\\m=\dfrac{r-p}{r-q}\end{cases}$$

为了使 $k\in\mathbf{N}^*,m\in\mathbf{N}^*$,必须 $(r-q)\mid(q-p)$.

如取 $p=t\in\mathbf{N}^*,q=nt\in\mathbf{N}^*,r=(n+1)t\in\mathbf{N}^*$(其中 $n\geqslant2,n\in\mathbf{N}^*$).则

$$m=n\in\mathbf{N}^*,k=n-1\in\mathbf{N}^*$$

$$\begin{aligned}M&=p^2+kr^2-mq^2\\&=t^2+(n-1)(n+1)^2t^2-n(nt)^2\\&=n(n-1)t^2\end{aligned}$$

$$\begin{aligned}&\Rightarrow|f(p)|+m|f(q)|+k|f(r)|\geqslant|f(p)-mf(q)+kf(r)|\\&\qquad=M=n(n-1)t^2\\&\Rightarrow\frac{|f(p)|+m|f(q)|+k|f(r)|}{1+m+k}\geqslant\frac{n(n-1)}{2n}t^2=(\frac{n-1}{2})t^2\end{aligned}$$

于是,我们得本题的第一个推广.

推广1　设 $n,t\in\mathbf{N}^*$,且 $n\geqslant2$ 为已知常数 $a,b,x\in\mathbf{R}$,那么对任意$a,b\in\mathbf{R}$,及任意形如$f(x)=x^2+ax+b$ 的二次函数,$|f(t)|,|f(nt)|,|f(n+1)t|$的值至少有一个不小于$(\frac{n-1}{2})t^2$.

特别地,当 $n=2,t=1$ 时,即得本题.

(2)我们刚才在(1)中取特殊值 p,q,r,使得 $m,k\in\mathbf{N}^*$,其实,只要常数 $p,q,r\in\mathbf{N}^*$,且 $p<q<r$,那么

$$k=\frac{q-p}{r-q}\in\mathbf{Q}^*,m=\frac{r-p}{r-q}\in\mathbf{Q}^*$$

注意到此时

$$f(p)-mf(q)+kf(r)=M=p^2+kr^2-mq^2\text{(常数)}$$

那么

$$|f(p)|+m|f(q)|+k|f(r)|\geqslant|f(p)-mf(q)+kf(r)|=|M|$$

$$\Rightarrow|f(p)|+\frac{q-p}{r-q}|f(q)|+\frac{r-p}{r-q}|f(r)|=(r-q)|f(p)|+(q-p)|f(q)|+$$

$$(r-p)|f(r)|$$

$$\geqslant (r-q)|M|$$

$$\Rightarrow \frac{(r-q)|f(p)|+(q-p)|f(q)|+(r-p)|f(r)|}{(r-q)+(q-p)+(r-p)} \geqslant \frac{(r-q)|M|}{2(r-p)} \tag{4}$$

不等式(4)表明：

推广2 设正整数 p,q,r 满足 $p<q<r,a,b$ 为任意实数,二次函数

$$f(x)=x^2+ax+b \quad (x\in \mathbf{R}^*)$$

那么 $|f(p)|,|f(q)|,|f(r)|$ 中至少有一个的值不小于 $\frac{(r-q)|M|}{2(r-p)}$.

(3)在推广2中,限制 $p<q<r$ 且 $p,q,r\in \mathbf{N}^*$,如果将限制条件放宽为 $p,q,r\in \mathbf{Q}^*(p<q<r)$ 时,其实也可以得到结论：

推广3 设正有理数 p,q,r 满足 $p<q<r$,二次函数 $f(x)=x^2+ax+b(x\in \mathbf{R})$ 对任意 $a,b\in \mathbf{R}$,存在一个有理数 δ,使得 $|f(p)|,|f(q)|,|f(r)|$ 中至少有一个值不小于 δ.

当然,这个问题具有一定的复杂性,我们举例说明其解题思想：

取 $(p,q,r)=(\frac{1}{2},\frac{2}{3},\frac{3}{2})$ 可得

$$\begin{cases} f(\frac{1}{2})=\frac{1}{4}+\frac{1}{2}a+b \\ f(\frac{2}{3})=\frac{4}{9}+\frac{2}{3}a+b \\ f(\frac{3}{2})=\frac{9}{4}+\frac{3}{2}a+b \end{cases}$$

设 λ,μ 为待定系数,且

$$\begin{aligned} &f(\frac{1}{2})-\lambda f(\frac{2}{3})+\mu f(\frac{3}{2}) \\ =&(\frac{1}{4}+\frac{1}{2}a+b)-\lambda(\frac{4}{9}+\frac{2}{3}a+b)+\mu(\frac{9}{4}+\frac{3}{2}a+b) \\ =&(\frac{1}{2}-\frac{2}{3}\lambda+\frac{3}{2}\mu)a+(1-\lambda+\mu)b+M \end{aligned} \tag{5}$$

其中

$$M=\frac{1}{4}-\frac{4}{9}\lambda+\frac{9}{4}\mu \tag{6}$$

为了消去式(5)右边的不定量 a,b,我们必须且只需令

$$\begin{cases}\frac{1}{2}-\frac{2}{3}\lambda+\frac{3}{2}\mu=0\\1-\lambda+\mu=0\end{cases}\Rightarrow\begin{cases}\lambda=\frac{6}{5}\\\mu=\frac{1}{5}\end{cases}$$

$$\Rightarrow M=\frac{1}{4}-\frac{4}{9}\times\frac{6}{5}+\frac{9}{4}\times\frac{1}{5}=\frac{1}{6}$$

$$\Rightarrow f(\frac{1}{2})-\frac{6}{5}f(\frac{2}{3})+\frac{1}{5}f(\frac{3}{2})=M=\frac{1}{6}$$

$$\Rightarrow 5f(\frac{1}{2})-6f(\frac{2}{3})+f(\frac{3}{2})=\frac{5}{6}$$

$$\Rightarrow\frac{5|f(\frac{1}{2})|+6|f(\frac{2}{3})+f(\frac{3}{2})|}{5+6+1}=\frac{5}{72}\tag{7}$$

所以 $f(\frac{1}{2}),f(\frac{2}{3}),f(\frac{3}{2})$ 中至少有一个不小于 $\frac{5}{72}$.

(4)根据上述解题思想,我们不难建立起一个关于多项式的定理.

定理 设 $a_1,a_2,\cdots,a_n(n\geqslant 2,n\in\mathbf{N}^*)$ 均为实数(不确定),关于 $x\in\mathbf{R}$ 的 n 次多项式为

$$f_n(x)=x^n+a_1x^{n-1}+a_2x^{n-2}+\cdots+a_{n-1}x+a_n$$

$\beta_1,\beta_2,\cdots,\beta_{n+1}$ 均为正有理常数,那么对于任意实数 $a_1,a_2,\cdots,a_n$, $|f_n(\beta_1)|$, $|f_n(\beta_2)|,\cdots,|f_n(\beta_{n+1})|$ 中至少有一个的值不小于 δ(存在的某一常数).

证明:设 $\lambda_1,\lambda_2,\cdots,\lambda_n$ 为待定系数

$$M_n=f_n(\beta_{n+1})+\sum_{i=1}^{n}\lambda_i f(\beta_i)=\sum_{i=1}^{n}A_i a_i+D\tag{8}$$

其中

$$D=(\lambda_1\beta_1^n+\lambda_2\beta_2^n+\cdots+\lambda_n\beta_n^n)+\beta_{n+1}^n\tag{9}$$

$$\begin{cases}A_1=\lambda_1\beta_1^{n-1}+\lambda_2\beta_2^{n-1}+\cdots+\lambda_n\beta_n^{n-1}+\beta_{n+1}^{n-1}\\A_2=\lambda_1\beta_1^{n-2}+\lambda_2\beta_2^{n-2}+\cdots+\lambda_n\beta_n^{n-2}+\beta_{n+1}^{n-2}\\\vdots\\A_{n-1}=\lambda_1\beta_1+\lambda_2\beta_2+\cdots+\lambda_n\beta_n+\beta_{n+1}\\A_n=\lambda_1+\lambda_2+\cdots+\lambda_n+1\end{cases}\tag{10}$$

为了消去变量 $a_1,a_2,\cdots,a_n$,必须令

$$A_1=A_2=\cdots=A_n=0\tag{11}$$

解出待定参数

$$\lambda_i = \frac{p_i}{q_i} \quad (i=1,2,\cdots,n) \tag{12}$$

其中 p_i, q_i 为非零整数，且 $(p_i, q_i) = 1 (i=1,2,\cdots,n)$，将式(12)代入式(9)得常数

$$D = \sum_{i=1}^{n} \left(\frac{p_i}{q_i} \beta_i^n \right) + \beta_{n+1}^n \tag{13}$$

将式(12)代入式(8)并将系数通分为

$$M_n = f_n(\beta_{n+1}) + \sum_{i=1}^{n} \frac{p_i}{q_i} f(\beta_i)$$

$$= \frac{1}{S} \sum_{i=1}^{n+1} t_i f(\beta_i) = D$$

$$\Rightarrow \sum_{i=1}^{n+1} t_i f(\beta_i) = DS \tag{14}$$

其中 $S>0$ 为正整数，记 $T_n = \sum_{i=1}^{n+1} |t_i|$，$t_i (i = 1,2,\cdots,n)$ 为非零整数. 于是

$$\frac{\sum_{i=1}^{n+1} |t_i f(\beta_i)|}{T_n} \geqslant \frac{\left|\sum_{i=1}^{n+1} t_i f(\beta_i)\right|}{T_n} = \frac{|DS|}{T_n} = \delta$$

即存在正常数

$$\delta = \frac{|DS|}{T_n}$$

使得对于任意实数 $a_1, a_2, \cdots, a_n (n \geqslant 2)$，及已知有理常数 $\beta_1, \beta_2, \cdots, \beta_n, \beta_{n+1}$，使得 $|f(\beta_1)|, |f(\beta_2)|, \cdots, |f(\beta_{n+1})|$ 中至少有一个值不小于 δ.

证毕.

(5)特别地，当取 $\beta_k = k(k=1,2,\cdots,n+1)$ 时，应用线性代数的知识，可求得 δ_n 为一个关于 n 的通式，下面我们再举当 $n=3$ 时的特例求 δ_3($\delta_2 = \frac{1}{2}$).

推广 4 设关于 x 的三次多项式为

$$f(x) = x^3 + ax^2 + bx + c \tag{15}$$

求证：对任意实数 a, b, c，存在常数 δ，使得 $|f(1)|, |f(2)|, |f(3)|, |f(4)|$ 中至少有一个的值不小于 δ.

证明：因为

$$\begin{cases} f(1) = 1 + a + b + c \\ f(2) = 8 + 4a + 2b + c \\ f(3) = 27 + 9a + 3b + c \\ f(4) = 64 + 16a + 4b + c \end{cases}$$

设 λ,μ,v 为待定参数

$$M=f(1)-\lambda f(2)+\mu f(3)+vf(4)=Aa+Bb+Cc+D \tag{16}$$

其中
$$\begin{cases}A=1-4\lambda+9\mu+16v\\B=1-2\lambda+3\mu+4v\\C=1-\lambda+\mu+v\\D=1-8\lambda+27\mu+64v\end{cases}$$

为了消去变量 a,b,c,必须令

$A=B=C=0$

$$\Rightarrow\begin{cases}\lambda=3\\\mu=3\\v=-1\end{cases}\Rightarrow D=-6$$

$$\Rightarrow\frac{|f(1)|+3|f(2)|+3|f(3)|+|f(4)|}{1+3+3+1}\geqslant\frac{|f(1)-3f(2)+3f(3)-f(4)|}{1+3+3+1}$$
$$=\frac{|D|}{8}=\frac{3}{4}$$

即对任意实数 a,b,c,存在常数 $\delta=\frac{3}{4}$,使得 $|f(1)|,|f(2)|,|f(3)|,|f(4)|$ 中至少有一个的值不小于 $\frac{3}{4}$.

(6)**推广5** 设关于 x 的多项式为

$$f(x)=x^4+ax^3+bx^2+cx+d\quad(x\in\mathbf{R})$$

求证:对任意实数 a,b,c,d,存在一个正常数 δ,使得 $|f(1)|,|f(2)|,|f(3)|,|f(4)|,|f(5)|$ 中至少有一个值不小于 δ.

证明:因为

$$\begin{cases}f(1)=1+a+b+c+d\\f(2)=16+8a+4b+2c+d\\f(3)=81+27a+9b+3c+d\\f(4)=256+64a+16b+4c+d\\f(5)=625+125a+25b+5c+d\end{cases}$$

设 λ,μ,v,t 为待定参数

$$M=f(1)+\lambda f(2)+\mu f(3)+vf(4)+tf(5)=Aa+Bb+Cc+Dd+E$$

其中

$$\begin{cases}A=1+8\lambda+27\mu+64v+125t\\B=1+4\lambda+9\mu+16v+25t\\C=1+2\lambda+3\mu+4v+5t\\D=1+\lambda+\mu+v+t\\E=1+16\lambda+81\mu+256v+625t\end{cases}$$

为了消去变量 a,b,c,d,令

$$A=B=C=D=0$$

$$\Rightarrow\begin{cases}\lambda=-4=(-1)^{4-1}\cdot \mathrm{C}_4^1\\\mu=6=(-1)^{4-2}\cdot \mathrm{C}_4^2\\v=-4=(-1)^{4-3}\cdot \mathrm{C}_4^3\\t=1=(-1)^{4-4}\cdot \mathrm{C}_4^4\end{cases}$$

$$\Rightarrow E=(-1)^{4-0}\cdot \mathrm{C}_4^0\cdot 1^4+(-1)^{4-1}\cdot \mathrm{C}_4^1\cdot 2^4+(-1)^{4-2}\cdot \mathrm{C}_4^2\cdot 3^4+(-1)^{4-3}\cdot \mathrm{C}_4^3\cdot 4^4+(-1)^{4-4}\cdot \mathrm{C}_4^4\cdot 5^4=24$$

$$=\frac{24}{16}=\frac{3}{2}$$

即所求正常数 $\delta=\frac{3}{2}$.

最后,从上述解答,我们猜测:

设关于 $x\in\mathbf{R}$ 的 n 次多项式为 $f(x)=x^n+a_1x^{n-1}+a_2x^{n-2}+\cdots+a_{n-1}x+a_n$ $(n\geqslant 2,n\in\mathbf{N}^*)$. 则对任意实数 $a_1,a_2,\cdots,a_n$, $|f(1)|,|f(2)|,\cdots,|f(n+1)|$ 中至少有一个值不小于 δ_n,其中

$$\delta_n=2^{-n}\sum_{k=0}^{n}[(-1)^{n-k}\mathrm{C}_n^k(1+k)^n]$$

显然,$\delta_2=\frac{1}{2}$,$\delta_3=\frac{3}{4}$,$\delta_4=\frac{3}{2}$是正确的.

题 7 设圆 O 的半径为 1,等腰梯形 $ABCD$ 的底边 BC 在半圆直径上,求该梯形周长与面积的最大值.

解法 1 如图 3.4 所示,联结 OA,作 $OM\perp AD$ 于点 M,$AH\perp BC$ 于点 H,则 $BC=2$,$OA=OB=1$,设 $AD=2x(0<x<1)$,则 $AM=OH=x$,$BH=1-x$,$AH^2=1-x^2$,$AB=\sqrt{AH^2+BH^2}$. 设梯形 $ABCD$ 的周长为 $L=2m$,面积为 S,则

$$AB=\sqrt{(1-x^2)+(1-x)^2}=\sqrt{2(1-x)}$$

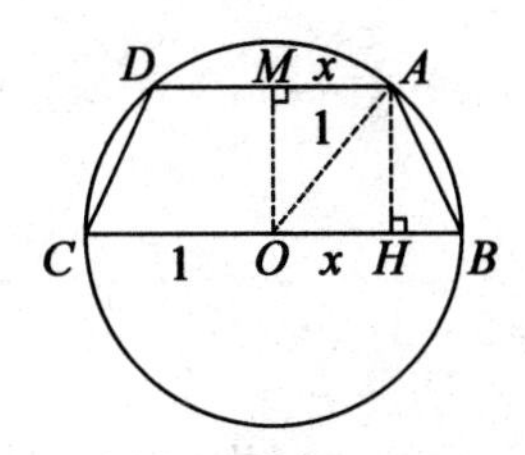

图 3.4

$$L=2m=2+2x+2\sqrt{2(1-x)} \tag{1}$$

$$\Rightarrow (m-x-1)^2=2(1-x) \tag{2}$$

令 $$x+1=t \Rightarrow 1-x=2-t \quad (1<t<2)$$

$$\Rightarrow (m-t)^2=2(2-t)$$

$$\Rightarrow t^2+2(1-m)t+(m^2-4)=0 \tag{3}$$

因 $1<t<2$ 为实数,则方程(2)有实数根 t,其判别式

$$\Delta_t=4(1-m)^2-4(m^2-4)\geqslant 0$$

$$\Rightarrow (1-m)^2\geqslant m^2-4$$

$$\Rightarrow m\leqslant \frac{5}{2}\Rightarrow L=2m\leqslant 5$$

$$\Rightarrow L_{\max}=5$$

此时

$$t=m-1=\frac{5}{2}-1=\frac{3}{2}$$

$$\Rightarrow 2x=2(t-1)=2\left(\frac{3}{2}-1\right)=1$$

$$\Rightarrow AB=CD=\sqrt{2(1-x)}=1$$

即此时 $$AB=CD=AD=1$$

又 $$S=\frac{1}{2}(AD+BC)\cdot AH$$

$$=\frac{1}{2}(2+2x)\sqrt{1-x^2} \tag{4}$$

$$\Rightarrow S^2=(1+x)^2(1-x^2)=(1+x)^3(1-x)$$

$$=\frac{1}{3}(1+x)(1+x)(1+x)(3-3x)$$

$$\leqslant \frac{1}{3}\left[\frac{(1+x)+(1+x)+(1+x)+(3-3x)}{4}\right]^4$$

$$=\left(\frac{3}{2}\right)^4$$

$$\Rightarrow S\leqslant\frac{3}{4}\sqrt{3}\Rightarrow S_{max}=\frac{3}{4}\sqrt{3}$$

等号成立仅当

$$1+x=3-3x\Rightarrow x=\frac{1}{2}$$

$$\Rightarrow AB=CD=AD=1$$

解法2 接解法1有

$$L=2+2x+2\sqrt{2(1-x)}\quad(0<x<1)$$

令 $\sqrt{1-x}=y\Rightarrow x=1-y^2\quad(0<x<1)$

$$\Rightarrow L=2+2(1-y^2)+2\sqrt{2}y=4-2y^2+2\sqrt{2}y$$

$$=5-2(y-\frac{\sqrt{2}}{2})^2\qquad(5)$$

所以当 $y=\frac{\sqrt{2}}{2}\in(0,1)$ 时，$x=1-y^2=\frac{1}{2}$，$L_{max}=5$，此时 $AD=2x=1$.

$$AB=CD=\sqrt{2(1-x)}=1$$

由于 $$S^2=(1+x)^2(1-x^2)$$

设 $$S^2=f(x)=(1+x)^2(1-x^2)=1+2x-2x^3-x^4$$

对 x 求导得

$$f'(x)=2-6x^2-4x^3=-4(x-\frac{1}{2})(x+1)^2$$

$$f''(x)=-12x(x+1)<0$$

令 $$f'(x)=-4(x-\frac{1}{2})(x+1)^2=0$$

$$\Rightarrow x=\frac{1}{2}\in(0,1)$$

$$\Rightarrow f_{max}(x)=f(\frac{1}{2})=(1+\frac{1}{2})^2[1-(\frac{1}{2})^2]=\frac{27}{16}$$

$$\Rightarrow S_{max}=\sqrt{\frac{27}{16}}=\frac{3}{4}\sqrt{3}$$

易知此时 $AB=CD=AD=1$.

解法3 如图3.5所示，设 $\angle AOB=\theta(0°<\theta<90°)$，则

$$AM=OH=\cos\theta,AH=\sin\theta,BH=1-\cos\theta$$

$$AB=\sqrt{\sin^2\theta+(1-\cos\theta)^2}=\sqrt{2(1-\cos\theta)}$$

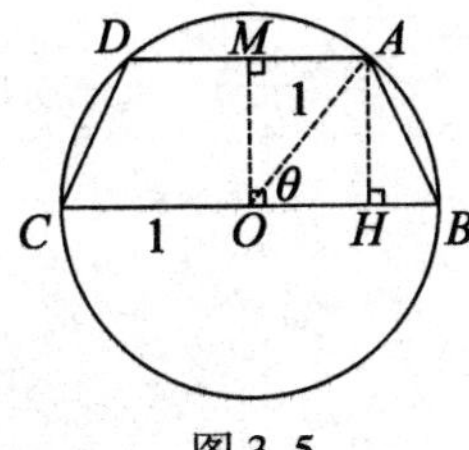

图 3.5

设等腰梯形 $ABCD$ 的周长为 L，面积为 S，则

$$
\begin{aligned}
L &= 2+2\cos\theta+2\sqrt{2(1-\cos\theta)} \\
&= 2+2\left(1-2\sin^2\frac{\theta}{2}\right)+4\sin\frac{\theta}{2} \\
&= 4\sin\frac{\theta}{2}-4\sin^2\frac{\theta}{2}+4 \\
&= 4\left(\sin\frac{\theta}{2}-\frac{1}{2}\right)^2+5
\end{aligned}
$$

因此，当 $\sin\frac{\theta}{2}=\frac{1}{2}$ 时，即 $\theta=60°$ 时，$L_{\max}=5$.

又

$$
\begin{aligned}
S &= \frac{1}{2}(2\cos\theta+2)\sin\theta \\
&= (1+\cos\theta)\sin\theta \\
&= 2\cos^2\frac{\theta}{2}\cdot 2\sin\frac{\theta}{2}\cos\frac{\theta}{2} \\
&= 4\sin\frac{\theta}{2}\cos^3\frac{\theta}{2}
\end{aligned}
$$

解法 4　如图 3.6 所示，作 $DH\perp BC$，联结 BD，设 $AB=CD=x$，由射影定理得

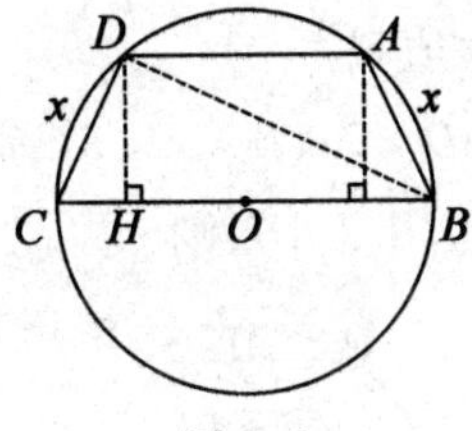

图 3.6

$$
CD^2=CH\cdot CB\Rightarrow x^2=CH\times 2
$$

$$
\Rightarrow CH=\frac{x^2}{2}\Rightarrow AD=2\left(1-\frac{x^2}{2}\right)=2-x^2
$$

所以

$$
L=(2-x^2)+2x+2=-(x-1)^2+5\leqslant 5
$$

$$
\Rightarrow L_{\max}=5(\text{当 } x=1 \text{ 时取到})
$$

又 $$DH=\sqrt{x^2-(\frac{x^2}{2})^2}=\frac{x}{2}\sqrt{4-x^2}$$

所以

$$\begin{aligned}S&=\frac{1}{2}[2+(2-x^2)]\frac{x}{2}\sqrt{4-x^2}\\&=\frac{1}{4}\sqrt{(4-x^2)^3x^2}\\&=\frac{1}{4}\sqrt{\frac{1}{3}(3x^2)(4-x^2)^3}\\&\leqslant\frac{1}{4}\times\frac{1}{\sqrt{3}}\times\left[\frac{3x^2+3(4-x^2)}{4}\right]=\frac{3}{4}\sqrt{3}\end{aligned}$$

$$\Rightarrow S^2=16\sin^2\frac{\theta}{4}\cdot(\cos^2\frac{\theta}{4})^3=\frac{16}{3}\cdot(3\sin^2\frac{\theta}{4})\cdot\cos^2\frac{\theta}{4}\cdot\cos^2\frac{\theta}{4}\cdot\cos^2\frac{\theta}{4}$$

$$\leqslant\frac{16}{3}\cdot\left(\frac{3\sin^2\frac{\theta}{4}+3\cos^2\frac{\theta}{4}}{4}\right)^4=\frac{16}{3}\times\left(\frac{3}{4}\right)^4=\frac{27}{16}$$

$$\Rightarrow S\leqslant\frac{3}{4}\sqrt{3}\Rightarrow S_{\max}=\frac{3}{4}\sqrt{3}$$

等号成立仅当

$$3\sin^2\frac{\theta}{2}=\cos^2\frac{\theta}{2}\Rightarrow\cot\frac{\theta}{2}=\sqrt{3}\Rightarrow\theta=60°$$

此时,$AB=CD=AD=1$.

评注 本题是一道趣味几何题,如果我们设等腰梯形 $ABCD$ 的下底 BC 不在圆 O 的直径上. 那么,我们可设 $BC=2a(0<a<1$ 为常数),这时还能求出梯形 $ABCD$ 的周长与面积的最大值吗?

分析:如图 3.7 所示,设 $AD=2x(0<x<1)$,联结 OA,OB,则 $OA=OB=1$,作$ON\perp BC,OM\perp AD,AH\perp BC,OE\perp AH$,则

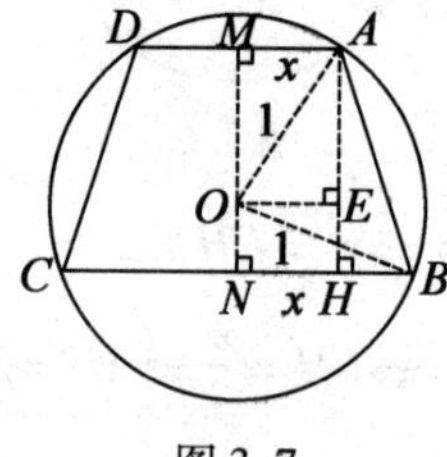

图 3.7

$$AM=OE=NH=x,AE=\sqrt{1-x^2},EH=ON=\sqrt{1-a^2}$$

$$AH=\sqrt{1-x^2}+\sqrt{1-a^2}$$

$$AB=\sqrt{AH^2+BH^2}=\sqrt{(\sqrt{1-x^2}+\sqrt{1-a^2})^2+(a-x)^2}$$

于是有

$$L=2a+2x+2\sqrt{(\sqrt{1-x^2}+\sqrt{1-a^2})^2+(a-x)^2}$$

$$S=\frac{1}{2}(2x+2a)\cdot AH=(x+a)(\sqrt{1-x^2}+\sqrt{1-a^2})$$

可见,周长 L 与面积 S 的表达式是比较复杂的.

(1)作代换,令 $x=\cos\theta(0<\theta<90°)$.有

$$L(\theta)=2a+2\cos\theta+2[(\sin\theta+\sqrt{1-a^2})^2+(a-\cos\theta)^2]^{\frac{1}{2}}$$

$$S(\theta)=(\cos\theta+a)(\sin\theta+\sqrt{1-a^2}) \tag{6}$$

显然,$S(\theta)$的解析式比 $L(\theta)$的解析式要简单一些,我们对式(6)进行分析.

对 $S(\theta)$展开并求导得

$$S(\theta)=\frac{1}{2}\sin 2\theta+\sqrt{1-a^2}\cos\theta+a\sin\theta+a\sqrt{1-a^2}$$

$$S'(\theta)=\cos 2\theta-\sqrt{1-a^2}\sin\theta+a\cos\theta$$

$$S''(\theta)=-2\sin 2\theta-\sqrt{1-a^2}\cos\theta-a\sin\theta<0$$

所以 $S(\theta)$有最大值.

令 $S'(\theta)=0$,得

$$\cos 2\theta-\sqrt{1-a^2}\sin\theta+a\cos\theta=0 \tag{7}$$

令 $t=\tan\frac{\theta}{2}>0$,则由万能公式有

$$\sin\theta=\frac{2t}{1+t^2},\cos\theta=\frac{1-t^2}{1+t^2}$$

$$\cos 2\theta=1-2\sin^2\theta=1-2\left(\frac{2t}{1+t^2}\right)^2$$

代入式(7)去分母得

$$(1+t^2)^2-4t^2-2\sqrt{1-a^2}t(1+t^2)+a(1-t^4)=0$$

$$\Rightarrow(1-a)t^4-2\sqrt{1-a^2}t^3-2t^2-2\sqrt{1-a^2}t+(a+1)=0 \tag{8}$$

观察式(8)的特点,设 p,q 为待定系数,我们希望将式(8)分解成

$$(\sqrt{1-a}t^2+pt-\sqrt{a+1})(\sqrt{1-a}t^2+qt-\sqrt{a+1})=0 \tag{9}$$

$$\Rightarrow(1-a)t^4+(p+q)\sqrt{1-a}\,t^3+pqt^2-(p+q)\sqrt{a+1}\,t+(a+1)=0 \quad (10)$$

比较式(8)与式(10)的系数得

$$(p+q)\sqrt{1-a}=-(p+q)\Rightarrow\sqrt{a+1}=-2\sqrt{1-a^2}\Rightarrow p+q=0\Rightarrow a=1$$

及 $pq=-2$,矛盾.

这说明不能将式(8)分解为式(9)的形式,因此我们只建立了 $t=\tan\dfrac{\theta}{2}$ $(x=\cos\theta)$的方程(8),这是一个四次方程,对于常数 $a(0<a<1)$,要用特殊方法才能求出其根.

(2)另设 $\lambda>0$ 为待定参数,利用柯西不等式有

$$\begin{aligned}\lambda S(\theta)&=(\lambda\cos\theta+\lambda a)(\sin\lambda+\sqrt{1-a^2})\\&\leqslant\frac{1}{4}[(\lambda\cos\theta+\lambda a)+(\sin\theta+\sqrt{1-a^2})]^2\\&=\frac{1}{4}[(\lambda\cos\theta+\sin\theta)+(\lambda a+\sqrt{1-a^2})]^2\\&\leqslant\frac{1}{4}[\sqrt{\lambda^2+1}\cdot\sqrt{\cos^2\theta+\sin^2\theta}+(\lambda a+\sqrt{1-a^2})]^2\end{aligned}$$

$$\Rightarrow S_{\max}(\theta)=\frac{(\sqrt{\lambda^2+1}+\lambda a+\sqrt{1-a^2})^2}{4\lambda}$$

等号成立仅当

$$\begin{cases}\lambda=\cot\theta\\ \lambda\cos\theta+\lambda a=\sin\theta+\sqrt{1-a^2}\end{cases}$$

由于 $\lambda=\cot\theta\Rightarrow\begin{cases}\cos\theta=\dfrac{\lambda}{\sqrt{1+\lambda^2}}\\ \sin\theta=\dfrac{1}{\sqrt{1+\lambda^2}}\end{cases}$

$$\Rightarrow\frac{\lambda^2}{\sqrt{1+\lambda^2}}+\lambda a=\frac{1}{\sqrt{1+\lambda^2}}+\sqrt{1-a^2}$$

$$\Rightarrow\lambda^2-1=\sqrt{\lambda^2+1}(\sqrt{1-a^2}-\lambda a)$$

$$\Rightarrow(\lambda^2-1)^2=(\sqrt{\lambda^2+1})^2(\sqrt{1-a^2}-\lambda a)^2$$

$$\Rightarrow(1-a^2)\lambda^4+2a\sqrt{1-a^2}\,\lambda^3-3\lambda^2+2a\sqrt{1-a^2}\,\lambda+a^2=0 \quad (11)$$

从表面上看,式(11)左边可分解为

$$(\sqrt{1-a^2}\,\lambda^2+p\lambda+a)(\sqrt{1-a^2}\,\lambda^2+q\lambda+a)=0$$

$$\Rightarrow(\sqrt{1-a^2})^2\lambda^4+(p+q)\sqrt{1-a^2}\lambda^3+(2a\sqrt{1-a^2}+pq)+(p+q)a\lambda+a^2=0 \tag{12}$$

式(12)与式(11)比较对应系数,得

$$\begin{cases}(p+q)\sqrt{1-a^2}=2a\sqrt{1-a^2}\\2a\sqrt{1-a^2}+pq=-3\\(p+q)a=2a\sqrt{1-a^2}\end{cases}$$

这样将导致 $a=\sqrt{1-a^2}\Rightarrow a=\frac{\sqrt{2}}{2}$,矛盾. 这说明式(11)不能分解为式(12)的形式.

(3)现在我们改变思路,如图 3.8 所示,设 $\angle AOB=2\theta(0<\theta<90°)$,$\angle BON=\beta$ $(0<\beta<90°$为常数$)$,则 $\sin\beta=a$(常数),$\cos\beta=\sqrt{1-a^2}$.

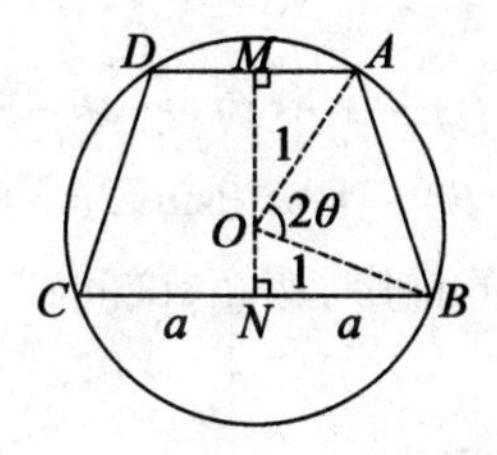

图 3.8

在$\triangle AOB$ 中,利用余弦定理有

$$AB=\sqrt{2-2\cos 2\theta}=2\sin\theta$$

$$\angle AOM=180°-(2\theta+\beta)$$

$$AM=\sin[180°-(2\theta+\beta)]=\sin(2\theta+\beta)$$

$$MN=MO+ON=-\cos(2\theta+\beta)+\cos\beta$$

所以

$$L=L(\theta)=2a+4\sin\theta+2\sin(2\theta+\beta)$$

$$S=S(\theta)=\frac{1}{2}(2\sin(2\theta+\beta)+2a)(\cos\beta-\cos(2\theta+\beta))$$

对 $L(\theta)$求导得

$$L'(\theta)=4[\cos\theta+\cos(2\theta+\beta)]=0$$

$$\Rightarrow\cos(2\theta+\beta)=\cos(\pi-\theta)$$

$$\Rightarrow 2\theta+\beta=\pi-\theta$$

$$\Rightarrow\theta=\frac{\pi-\beta}{3}$$

且 $$L''(\theta)=4[-\sin\theta-2\sin(2\theta+\beta)]<0$$

因此,$L(\theta)$有最大值

$$\begin{aligned}L_{\max}&=L(\frac{\pi-\beta}{3})\\&=2a+4\sin(\frac{\pi-\beta}{3})+2\sin(\frac{2\pi-2\beta}{3}+\beta)\\&=2a+4\sin(\frac{\pi-\beta}{3})+2\sin(\frac{2\pi+\beta}{3})\\&=2a+6\sin(\frac{\pi-\beta}{3})\end{aligned}$$

又因为

$$S(\theta)=a\cos\beta-a\cos(2\theta+\beta)+\cos\beta\sin(2\theta+\beta)-\frac{1}{2}\sin(4\theta+2\beta)$$

求导得

$$S'(\theta)=2a\sin(2\theta+\beta)+2\cos\beta\cos(2\theta+\beta)-2\cos(4\theta+2\beta)$$
$$S''(\theta)=4a\cos(2\theta+\beta)-4\cos\beta\sin(2\theta+\beta)+8\sin(4\theta+2\beta)$$

(4)我们知道,椭圆是圆的推广,那么,试问:“本题能将半圆推广到半椭圆吗?”

如图3.9所示,设椭圆方程为

$$\frac{x^2}{a^2}+\frac{y^2}{b^2}=1\quad(a>b>0)$$

$$B(a,0),A(a\cos\theta,b\sin\theta)\quad(0<\theta<90°)$$

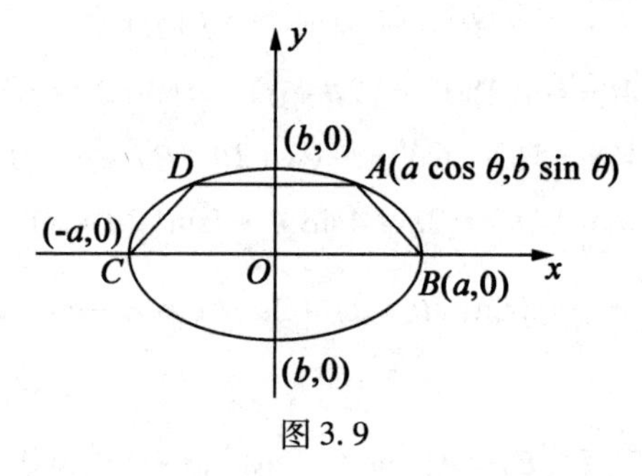

图3.9

则等腰梯形 $ABCD$ 的周长为

$$L=2m=2a+2a\cos\theta+2\sqrt{a^2(1-\cos\theta)^2+b^2\sin^2\theta}$$

面积为

$$S=\frac{1}{2}b\sin\theta\cdot(2a+2a\cos\theta)=ab(1+\cos\theta)\sin\theta$$

$$\Rightarrow S^2=(ab)^2(1+\cos\theta)^2(1-\cos^2\theta)$$

$$=\frac{1}{3}(ab)^2(1+\cos\theta)^3(3-3\cos\theta)$$

$$\leqslant\frac{1}{3}(ab)^2\left[\frac{3(1+\cos\theta)+(3-3\cos\theta)}{4}\right]^4=\frac{1}{3}(ab)^2\cdot\left(\frac{3}{2}\right)^4$$

$$\Rightarrow S\leqslant\frac{3}{4}\sqrt{3}ab\Rightarrow S_{\max}=\frac{3}{4}\sqrt{3}ab$$

等号成立仅当

$$1+\cos\theta=3-3\cos\theta$$

$$\Rightarrow\cos\theta=\frac{1}{2}\Rightarrow\theta=60^\circ$$

由于

$$m=a+a\cos\theta+\sqrt{a^2(1-\cos\theta)^2+b^2(1-\cos^2\theta)}$$

$$\Rightarrow[m-a(1+\cos\theta)]^2=a^2(1-\cos\theta)^2+b^2(1-\cos^2\theta)$$

$$\Rightarrow b^2\cos^2\theta+2(2a^2-am)\cos\theta+(m^2-2am-b^2)=0\qquad(13)$$

式(13)是关于 $\cos\theta$ 的二次方程,其判别式

$$\Delta=4(2a^2-am)^2-4b^2(m^2-2am-b^2)\geqslant0$$

$$\Rightarrow(a^2-b^2)m^2-2a(2a^2-b^2)m+(4a^4+b^4)\geqslant0\qquad(14)$$

式(14)是关于半周长 m 的二次不等式,其判别式为

$$\Delta'=4a^2(2a^2-b^2)^2-4(a^2-b^2)(4a^4+b^4)=(2b^3)^2$$

设

$$m_1=\frac{2a(2a^2-b^2)+2b^3}{2(a^2-b^2)}$$

$$=\frac{(a^3+b^3)+(a^3-ab^2)}{a^2-b^2}$$

$$=\frac{2a^2-2ab+b^2}{a-b}=a-b+\frac{a^2}{a-b}$$

$$m_2=\frac{2a(2a^2-b^2)-2b^3}{2(a^2-b^2)}$$

$$=\frac{(a^3-b^3)+(a^3-ab^2)}{a^2-b^2}$$

$$=\frac{2a^2+2ab+b^2}{a+b}=a+b+\frac{a^2}{a+b}$$

由于 $m_1>m_2>0$,且当 $a\to b$ 时 $m_1\to+\infty$,因此不等式(14)的解为

$$m \leqslant m_2$$

$$\Rightarrow L = 2m \leqslant 2\left(a + b + \frac{a^2}{a+b}\right)$$

$$\Rightarrow L_{\max} = 2\left(a + b + \frac{a^2}{a+b}\right)$$

当 $m = a + b + \dfrac{a^2}{a+b}$ 时,方程(13)的判别式 $\Delta = 0$ 有等根,其等根为

$$\cos\theta = \frac{(2a^2 - am)}{b^2} = \left(\frac{2a^2}{b^2} - \frac{a}{b^2}m\right) \times (-1)$$

$$= -\frac{2a^2}{b^2} + \frac{a}{b^2}\left(a + b + \frac{a^2}{a+b}\right)$$

$$\Rightarrow \cos\theta = \frac{a}{a+b}$$

显然,当 $a = b = 1$ 时,椭圆退化为圆,此时

$$\cos\theta = \frac{1}{2} \Rightarrow \theta = 60^\circ \Rightarrow L_{\max} = 5$$

这与本题的结论是一致的.

下面,我们建立本题的配对题并拓展:

配对题 设圆 O 的半径为 1,等腰梯形 $ABCD$ 的底边 CD 过圆心 O,上底与两腰均与圆 O 相外切,求等腰梯形 $ABCD$ 的周长 l 与面积 S 的最小值.

解法 1:如图 3.10 所示,设 AB 切圆 O 于点 F,联结 FO,作 $AE \perp CD$ 于点 E,设 AD 切圆 O 于点 M,则 $OM \perp AD$,记 $\angle ADE = \theta (0 < \theta < 90^\circ)$.

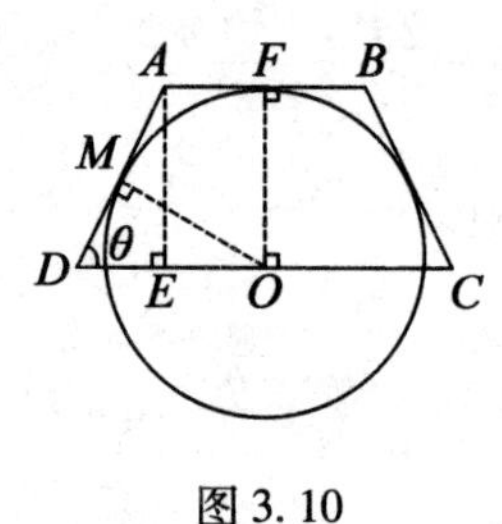

图 3.10

注意到

$$\left.\begin{array}{l} \angle AED = \angle OMD = 90^\circ \\ AE = OM = 1 \\ \angle ADE = \angle ODM = \theta \end{array}\right\} \Rightarrow \text{Rt}\triangle ADE \cong \text{Rt}\triangle ODM \Rightarrow DE = DM = \cot\theta$$

又 $$BC = AD = \csc\theta$$

$$DO=CO=AD=\csc\theta \Rightarrow DC=2\csc\theta$$

所以
$$AB=2(DO-DE)=2(\csc\theta-\cot\theta)$$

$$\begin{aligned} l &= AB+DC+2AD \\ &= 2(\csc\theta-\cot\theta)+2\csc\theta+2\csc\theta=\frac{6-2\cos\theta}{\sin\theta} \end{aligned}$$

$$\Rightarrow l\sin\theta=6-2\cos\theta$$

$$\Rightarrow l^2(1-\cos^2\theta)=(6-2\cos\theta)^2$$

$$\Rightarrow (l^2+4)\cos^2\theta-24\cos\theta+(36-l^2)=0 \tag{15}$$

$$\Rightarrow \Delta=(-24)^2-4(l^2+4)(36-l^2)\geqslant 0$$

$$\Rightarrow l^2(l^2-32)\geqslant 0$$

$$\Rightarrow l\geqslant 4\sqrt{2}\Rightarrow l_{\min}=4\sqrt{2}$$

当 $l=4\sqrt{2}$ 时,$\Delta=0$,方程(15)有等根

$$\cos\theta=\frac{24}{2(l^2+4)}=\frac{12}{32+4}=\frac{1}{3}$$

$$\Rightarrow \theta=\arccos\frac{1}{3}$$

又等腰梯形 $ABCD$ 的面积

$$\begin{aligned} S &= \frac{1}{2}(AB+DC)\times 1 \\ &= (\csc\theta-\cot\theta)+\csc\theta \\ &= \frac{2-\cos\theta}{\sin\theta} \end{aligned}$$

设
$$t=\tan\frac{\theta}{2}\Rightarrow \begin{cases} \sin\theta=\dfrac{2t}{1+t^2} \\ \cos\theta=\dfrac{1-t^2}{1+t^2} \end{cases}$$

$$\Rightarrow 2tS=1+3t^2=(1-\sqrt{3}t)^2+2\sqrt{3}t\geqslant 2\sqrt{3}t$$

$$\Rightarrow S\geqslant\sqrt{3}\Rightarrow S_{\min}=\sqrt{3}$$

当 $S=\sqrt{3}$ 时

$$1-\sqrt{3}t=0=t=\frac{\sqrt{3}}{3}$$

$$\Rightarrow \tan\frac{\theta}{2}=\frac{\sqrt{3}}{3}\Rightarrow \theta=60°$$

综合上述知，等腰梯形 $ABCD$ 的周长的最小值为 $4\sqrt{2}$，当 $\theta = \arccos\dfrac{1}{3}$ 时达到；面积的最小值为 $\sqrt{3}$，当 $\theta = 60°$ 时达到.

解法2 如图3.11所示，作辅助线如解法1，设 $DE = DM = x$，则 $AD = BC = \sqrt{x^2+1}$，$DO = CO = \sqrt{x^2+1} \Rightarrow CD = 2DO = 2\sqrt{x^2+1}$，$AB = 2(DO - DE) = 2(\sqrt{x^2+1} - x)$

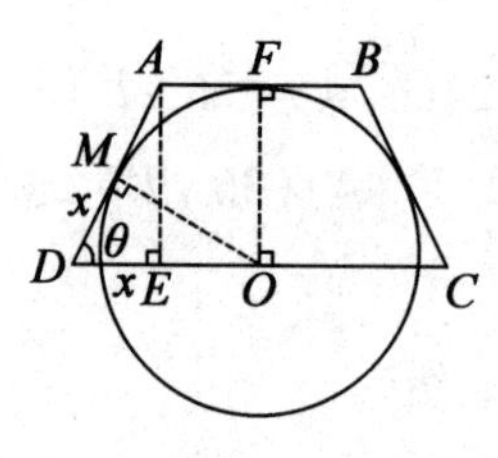

图3.11

所以
$$
\begin{aligned}
l &= AB + DC + 2AD = 2\sqrt{x^2+1} + 2\sqrt{x^2+1} + 2(\sqrt{x^2+1} - x) \\
&= 6\sqrt{x^2+1} - 2x
\end{aligned}
$$

$$S = \frac{1}{2}(AB + DC) \times 1 = 2\sqrt{x^2+1} - x$$

所以
$$(l - 2x)^2 = 36(x^2+1) \tag{16}$$
$$\Rightarrow 32x^2 + 4lx + (36 - l^2) = 0$$
$$\Rightarrow \Delta = (4l)^2 - 4 \times 32(36 - l^2) \geqslant 0$$
$$\Rightarrow l^2 \geqslant 2 \times 16 \Rightarrow l \geqslant 4\sqrt{2}$$
$$\Rightarrow l_{\min} = 4\sqrt{2}$$

当 $l = 4\sqrt{2}$ 时，方程(16)有等根

$$x = \frac{4l}{2 \times 32} = \frac{\sqrt{2}}{4}$$

又
$$(S + x)^2 = 4(x^2+1)$$
$$\Rightarrow 3x^2 - 2Sx + (4 - S^2) = 0 \tag{17}$$
$$\Rightarrow \Delta = (-2S)^2 - 12(4 - S^2) \geqslant 0$$
$$\Rightarrow S^2 \geqslant 3 \Rightarrow S \geqslant \sqrt{3} \Rightarrow S_{\min} = \sqrt{3}$$

当 $S = \sqrt{3}$ 时，$\Delta = 0$，方程(17)有等根

$$x = \frac{2S}{2 \times 3} = \frac{\sqrt{3}}{3}$$

综合上述,当 $x=\frac{\sqrt{2}}{4}$ 时,等腰梯形 $ABCD$ 的周长的最小值为 $4\sqrt{2}$,当 $x=\frac{\sqrt{3}}{3}$ 时,面积的最小值为 $\sqrt{3}$.

(5)现在,我们将配对问题中的圆的问题拓展成椭圆的问题,如图 3.12 所示,梯形 $P_1P_2P_3P_4$ 为等腰梯形,P_1P_4 与椭圆切于点 M,P_3P_2 切椭圆于点 N,设椭圆方程为

$$\frac{x^2}{a^2}+\frac{y^2}{b^2}=1$$

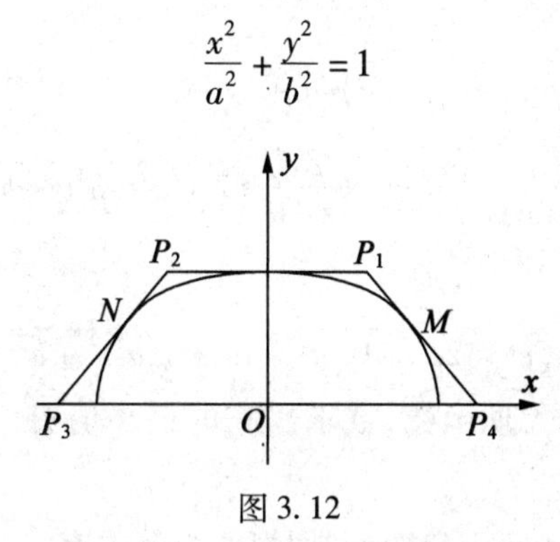

图 3.12

设坐标 $M(a\cos\theta,b\sin\theta)$,$N(-a\cos\theta,b\sin\theta)$ $(0<\theta<\frac{\pi}{2})$,于是腰 P_1P_2 的方程为

$$\frac{x\cos\theta}{a}+\frac{y\sin\theta}{b}=1$$

令 $y=b$ 得坐标 $P_1(\frac{a(1-\sin\theta)}{\cos\theta},b)$.

令 $y=0$ 得坐标 $P_4(\frac{a}{\cos\theta},0)$.

这时等腰梯形 $P_1P_2P_3P_4$ 的面积为

$$S=S(\theta)=\frac{1}{2}\cdot 2\left[\frac{a(1-\sin\theta)}{\cos\theta}+\frac{a}{\cos\theta}\right]b$$

$$\Rightarrow S=(\frac{2-\sin\theta}{\cos\theta})ab$$

$$\Rightarrow \frac{S(\theta)}{ab}-\sqrt{3}=\frac{2-\sin\theta}{\cos\theta}-\sqrt{3}$$

$$=\frac{2-2\cos(\theta-\varphi)}{\cos\theta}=\frac{4(\sin\frac{\theta-\varphi}{2})^2}{\cos\theta}\geqslant 0$$

$$\Rightarrow S=S(\theta)\geqslant\sqrt{3}ab$$

$$\Rightarrow S_{\min}=\sqrt{3}ab$$

其中 $\varphi=\arcsin\frac{1}{2}=\frac{\pi}{6}$,等号成立仅当 $\theta=\varphi=\frac{\pi}{6}$.

这表明在这种情况下等腰梯形的面积的最小值为$\sqrt{3}ab$,此时切点 M,N 的坐标为 $M(\frac{\sqrt{3}}{2}a,\frac{1}{2}b)$,$N(-\frac{\sqrt{3}}{2}a,\frac{1}{2}b)$.

而等腰梯形的周长

$$\begin{aligned} l&=P_1P_2+P_3P_4+2P_1P_4\\ &=\frac{2a(1-\sin\theta)}{\cos\theta}+\frac{2a}{\cos\theta}+2\sqrt{a^2\tan^2\theta+b^2}\end{aligned}$$

令 $t=\tan\theta>0$,$l=2f(t)$,则

$$f(t)=2a\sqrt{1+t^2}-at+\sqrt{a^2t^2+b^2}$$

这是一个关于 t 的无理函数,欲求出它的最小值有一定困难,但我们可以采用两种思路:

思路1:设 λ,μ 为待定正参数,利用柯西不等式有

$$\begin{aligned} f(t)&=\frac{2a\sqrt{(1+t^2)(\lambda^2+1)}}{\sqrt{\lambda^2+1}}+\frac{\sqrt{(a^2t^2+b^2)(1+\mu^2)}}{\sqrt{\mu^2+1}}-at\\ &\geqslant\frac{2a(\lambda+t)}{\sqrt{\lambda^2+1}}+\frac{at+\mu b}{\sqrt{\mu^2+1}}-at\\ &=a\left(\frac{2}{\sqrt{\lambda^2+1}}+\frac{2}{\sqrt{\mu^2+1}}-1\right)t+\left(\frac{2a\lambda}{\sqrt{\lambda^2+1}}+\frac{\mu b}{\sqrt{\mu^2+1}}\right)\end{aligned}$$

等号成立仅当

$$\begin{cases}\frac{1}{t^2}=\frac{1}{\lambda^2}\Rightarrow t=\lambda\\ \frac{a^2t^2}{b^2}=\frac{1}{\mu^2}\Rightarrow t=\frac{b}{a\mu}\end{cases}$$

$$\Rightarrow t=\lambda=\frac{b}{a\mu}\tag{18}$$

另外,为了求得$f_{\min}(t)$,并消去变量 t,还必须令

$$\frac{2}{\sqrt{\lambda^2+1}}+\frac{1}{\sqrt{\mu^2+1}}=1\tag{19}$$

然后将式(18)与式(19)结合,解出 λ 与 μ,求出 t. 就求出了 $f_{\min}(t)$,从而 $l_{\min}=2f_{\min}(t)$.

思路2:对函数$f(t)$求导得

$$f'(t)=\frac{2at}{\sqrt{t^2+1}}-a+\frac{a^2t}{\sqrt{a^2t^2+b^2}}$$

为了简化,令$m=\frac{1}{t}$,并令$f'(t)=0$,得

$$\frac{2a}{\sqrt{m^2+1}}+\frac{a^2}{\sqrt{a^2+b^2m^2}}-a=0$$

$$\Rightarrow\frac{2}{\sqrt{m^2+1}}+\frac{a}{\sqrt{a^2+b^2m^2}}=1 \tag{20}$$

从式(20)中解出m,求出t,可求出$f_{\min}(t)$及$l_{\min}=2f_{\min}(t)$.

(6)有趣的是,当等腰梯形$P_1P_2P_3P_4$的下底在y轴上时,其面积的最大值仍然是$\sqrt{3}ab$,这充分展现了椭圆的美妙性.

更有趣的是,当我们将等腰梯形推广为一般梯形时,结论仍然成立.

略证:设梯形$P_1P_2P_3P_4$的两腰与椭圆的切点为$M(a\cos\alpha,b\sin\alpha)$,$N(-a\cos\beta,b\sin\beta)$,其中$\alpha\in(0,\frac{\pi}{2})$,$\beta\in(0,\frac{\pi}{2})$,则腰$P_1P_4$的方程为

$$\frac{x\cos\alpha}{a}+\frac{y\sin\alpha}{b}=1$$

得点坐标$P_1(\frac{a(1-\sin\alpha)}{\cos\alpha},b)$,$P_4(\frac{a}{\cos\alpha},0)$,故直线$P_2P_3$的方程为

$$-\frac{x\cos\beta}{a}+\frac{y\sin\beta}{b}=1$$

得点坐标$P_2(-\frac{a(1-\sin\beta)}{\cos\beta},b)$,$P_3(-\frac{a}{\cos\beta},0)$. 于是,等腰梯形的面积

$$\begin{aligned}S&=S(\alpha,\beta)\\&=\frac{1}{2}ab\left(\frac{1-\sin\alpha}{\cos\alpha}+\frac{1-\sin\beta}{\cos\beta}+\frac{1}{\cos\alpha}+\frac{1}{\cos\beta}\right)\\&=\frac{1}{2}\left[\left(\frac{2-\sin\alpha}{\cos\alpha}-\sqrt{3}\right)+\left(\frac{2-\sin\beta}{\cos\beta}-\sqrt{3}\right)+2\sqrt{3}\right]+\sqrt{3}ab\\&=2ab\left(\frac{\sin^2(\frac{\alpha}{2}-\frac{\pi}{12})}{\cos\alpha}+\frac{\sin^2(\frac{\beta}{2}-\frac{\pi}{12})}{\cos\beta}\right)+\sqrt{3}ab\geqslant\sqrt{3}ab\end{aligned}$$

$$\Rightarrow S\geqslant\sqrt{3}ab\Rightarrow S_{\min}=\sqrt{3}ab$$

其中$\varphi=\frac{\pi}{6}$,等号成立仅当$\alpha=\beta=\frac{\pi}{6}$,即梯形$P_1P_2P_3P_4$为满足条件$\alpha=\beta=\frac{\pi}{6}$

的等腰梯形.

(7)很明显,当 $a=b=1$ 时,前面的椭圆又退化为圆,这时 $S_{\min}=\sqrt{3}$,这即是前面配对题的结论,又表明配对题也可以从几何意上拓展.

拓展 如图 3.13 所示,设圆 O 的半径为 1,梯形 $P_1P_2P_3P_4$ 的下底 P_3P_4 过圆心 O,求梯形的面积 S 与周长 L 的最小值.

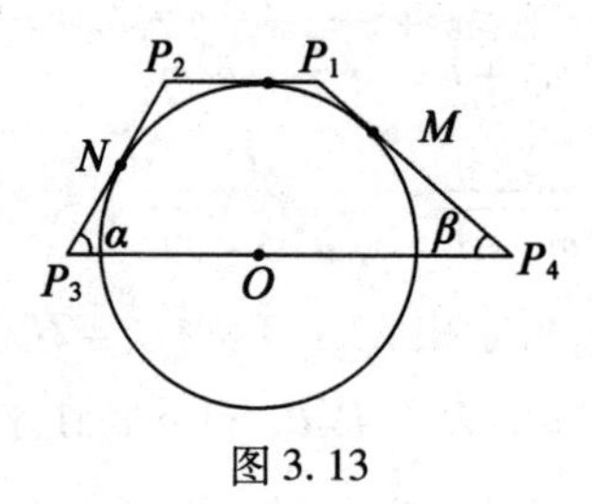

图 3.13

自然,$S_{\min}=\sqrt{3}$.

设 $\angle P_3=\alpha\in(0,\frac{\pi}{2})$,$\angle P_4=\beta\in(0,\frac{\pi}{2})$,则易得

$$\begin{aligned}L&=L(\alpha,\beta)\\&=\frac{1-\sin\alpha}{\cos\alpha}+\frac{1-\sin\beta}{\cos\beta}+\frac{1}{\cos\alpha}+\frac{1}{\cos\beta}+\sqrt{\tan^2\alpha+1}+\sqrt{\tan^2\beta+1}\\&=\frac{3-\sin\alpha}{\cos\alpha}+\frac{3-\sin\beta}{\cos\beta}\\&=\left(\frac{3-\sin\alpha}{\cos\alpha}-2\sqrt{2}\right)+\left(\frac{3-\sin\beta}{\cos\beta}-2\sqrt{2}\right)+4\sqrt{2}\\&=\frac{3-3\cos(\alpha-\omega)}{\cos\alpha}+\frac{3-3\cos(\beta-\omega)}{\cos\beta}+4\sqrt{2}\\&=\frac{6\sin^2(\frac{\alpha}{2}-\frac{\omega}{2})}{\cos\alpha}+\frac{6\sin^2(\frac{\beta}{2}-\frac{\omega}{2})}{\cos\beta}+4\sqrt{2}\geqslant4\sqrt{2}\end{aligned}$$

$$\Rightarrow L\geqslant4\sqrt{2}\Rightarrow L_{\min}=4\sqrt{2}$$

其中 $\omega=\arccos\frac{1}{3}$.

当 $\alpha=\beta=\omega$ 时,即梯形 $P_1P_2P_3P_4$ 为等腰梯形时,且满足 $\alpha=\beta=\arccos\frac{1}{3}$ 时,周长最小为 $4\sqrt{2}$.

现在,我们从起点到终点,又从终点回到了起点,前后呼唤,交相辉映,趣味无穷,美妙无限…….

题 8　如图 3.14 所示,四边形 $ABCD$ 为矩形,$\triangle AEF$ 为内接直角三角形,直角边 $AE=b$,$EF=a$,求矩形 $ABCD$ 的周长 L 与面积 S 的最大值.

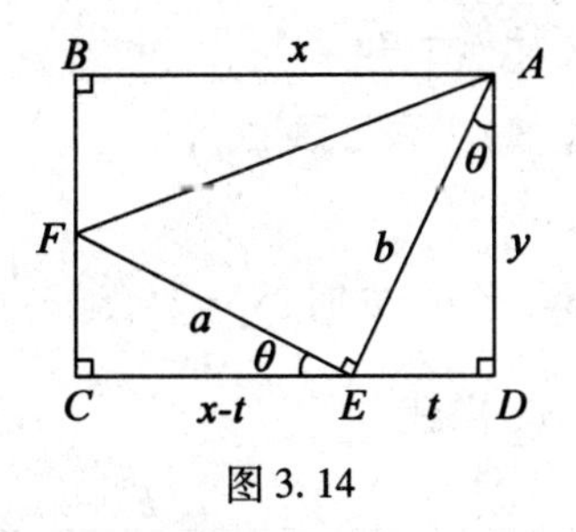

图 3.14

解析　设 $AB=CD=x$,$AD=BC=y$,$L=2m=2(x+y)$,则 $S=xy$,再设 $DE=t<x$,则 $CE=x-t$,由于

$$\angle AEF=90°\Rightarrow\angle AED=90°-\angle CEF=\angle CFE$$

所以

$$\mathrm{Rt}\triangle ADE\backsim\mathrm{Rt}\triangle ECF$$

$$\Rightarrow\frac{AD}{CE}=\frac{AE}{EF}\Rightarrow\frac{y}{x-t}=\frac{b}{a}$$

$$\Rightarrow t=x-\frac{ay}{b}=\frac{bx-ay}{b}$$

在 $\mathrm{Rt}\triangle ADE$ 中,应用勾股定理有

$$y^2+t^2=b^2$$

$$\Rightarrow y^2+\left(\frac{bx-ay}{b}\right)^2=b^2$$

$$\Rightarrow b^4=b^2y^2+(bx-ay)^2$$

$$\Rightarrow b^4=(a^2+b^2)y^2-2abxy+b^2x^2 \tag{1}$$

(1)当 $x=y$ 时,$S_1=x^2=y^2=xy$,式(1)化为

$$b^4=(a^2+b^2)S_1-2abS_1+b^2S_1$$

$$\Rightarrow S_1=\frac{b^4}{a^2+2b^2-2ab}=\frac{b^4}{(a-b)^2+b^2} \tag{2}$$

$$\Rightarrow L_1=4\sqrt{S_1}=\frac{4b^2}{\sqrt{(a-b)^2+b^2}} \tag{3}$$

特别地,当 $a=b$ 时,$S_1=b^2$,$L_1=4b$,这时四边形 $ABCD$ 为正方形,$x=y=a=b$.

(2)当 $x\neq y$ 时,$S=xy$,式(1)配方得

$$b^4=(\sqrt{a^2+b^2}y-bx)^2+2b(\sqrt{a^2+b^2}-a)xy$$
$$\geqslant 2b(\sqrt{a^2+b^2}-a)S$$
$$\Rightarrow S\leqslant\frac{b^3}{2(\sqrt{a^2+b^2}-a)}=\frac{b}{2}(\sqrt{a^2+b^2}+a)\tag{4}$$
$$\Rightarrow S_2=S_{\max}=\frac{b}{2}(\sqrt{a^2+b^2}+a)$$

现在,我们先证 $S_1<S_2$,当 $a=b$ 时,$S_1=b^2$,$S_2=\frac{1+\sqrt{2}}{2}b^2>b^2$,成立.

当 $a\neq b$ 时,要证 $S_1<S_2$,需证

$$\frac{b^4}{(a-b)^2+b^2}<\frac{b^3}{2(\sqrt{a^2+b^2}-a)}\tag{5}$$
$$\Leftrightarrow 2b(\sqrt{a^2+b^2}-a)<a^2+2b^2-2ab$$
$$\Leftrightarrow 2b\sqrt{a^2+b^2}<a^2+2b^2$$
$$\Leftrightarrow 4b^2(a^2+b^2)<(a^2+2b^2)^2$$
$$\Leftrightarrow 4b^4<a^4+4b^4$$
$$\Leftrightarrow 0<a^4$$

逆推之,式(5)成立,从而 $S_1<S_2$.

综合(1)和(2)知 $S_{\max}=S_2$,即

$$S_{\max}=\frac{b}{2}(\sqrt{a^2+b^2}+a)\tag{6}$$

这时

$$\begin{cases}bx=\sqrt{a^2+b^2}y\\ xy=\frac{b}{2}(\sqrt{a^2+b^2}+a)\end{cases}$$
$$\Rightarrow\begin{cases}x=\sqrt{\frac{1}{2}(a^2+b^2+a\sqrt{a^2+b^2})}\\ y=\sqrt{\frac{b^2(\sqrt{a^2+b^2}+a)}{\sqrt{a^2+b^2}}}\end{cases}\tag{7}$$

(3)当 $x\neq y$ 时,注意到 $x=m-y$,代入式(1)得

$$b^4=(a^2+b^2)y^2-2ab(m-y)+b^2(m-y)^2$$
$$\Rightarrow[(a+b)^2+b^2]y^2-2mb(a+b)y+b^2(m^2-b^2)=0\tag{8}$$

把式(8)看作是关于 y 的二次方程,有实根,故其判别式

$$\Delta=4m^2b^2(a+b)^2-4b^2(m^2-b^2)[(a+b)^2+b^2]\geqslant 0$$
$$\Rightarrow m^2\leqslant (a+b)^2+b^2$$
$$\Rightarrow m\leqslant \sqrt{(a+b)^2+b^2}$$
$$\Rightarrow L=2m\leqslant 2\sqrt{(a+b)^2+b^2}$$
$$\Rightarrow L_{\max}=2\sqrt{(a+b)^2+b^2} \tag{9}$$

当 $m=\sqrt{(a+b)^2+b^2}$ 时,式(8)中的判别式为0,方程(8)有等根

$$\begin{cases} y=\dfrac{mb(a+b)}{(a+b)^2+b^2}=\dfrac{b(a+b)}{\sqrt{(a+b)^2+b^2}} \\ x=m-y=\dfrac{(a+b)^2-ab}{\sqrt{(a+b)^2+b^2}} \end{cases} \tag{10}$$

最后,我们证明式(9),即证

$$2\sqrt{(a+b)^2+b^2}>\frac{4b^2}{\sqrt{(a-b)^2+b^2}} \tag{11}$$
$$\Leftrightarrow [b^2+(a+b)^2][b^2+(a-b)^2]>4b^4$$
$$\Leftrightarrow b^4+[(a+b)^2+(a-b)^2]b^2+(a^2-b^2)^2>4b^4$$
$$\Leftrightarrow 2(a^2+b^2)b^2+a^4-2a^2b^2>2b^4$$
$$\Leftrightarrow a^4>0$$

即式(11)成立.

综合上述,矩形的周长最大值为

$$L_{\max}=2\sqrt{(a+b)^2+b^2}$$

仅当 x,y 满足式(10)时取到.

补充 本妙题还有另外的新解:

新解1:由 $\text{Rt}\triangle ADE\backsim \text{Rt}\triangle ECF$

$$\Rightarrow \frac{AD}{CE}=\frac{AE}{EF}\Rightarrow \frac{y}{x-t}=\frac{b}{a}$$
$$\Rightarrow x=\frac{a}{b}y+t=\frac{a}{b}y+\sqrt{b^2-y^2}$$
$$\Rightarrow S=xy=\frac{a}{b}y^2+y\sqrt{b^2-y^2}$$
$$\Rightarrow bS-ay^2=by\sqrt{b^2-y^2}$$
$$\Rightarrow (bS-ay^2)^2=b^2y^2(b^2-y^2)$$
$$\Rightarrow (a^2+b^2)y^4-(b^4+2abS)y^2+b^2S^2=0 \tag{12}$$

式(12)是关于y^2的二次方程,它有实数根,其判别式

$$\Delta=(b^4+2abS)^2-4(a^2+b^2)b^2S^2\geqslant 0$$

$$\Rightarrow b^4+2abS\geqslant 2bS\sqrt{a^2+b^2}$$

$$\Rightarrow b^3+2aS\geqslant 2S\sqrt{a^2+b^2}$$

$$\Rightarrow S\leqslant\frac{b^3}{2(\sqrt{a^2+b^2}-a)}=\frac{b}{2}(\sqrt{a^2+b^2}+a)$$

设$AF=c=\sqrt{a^2+b^2}$,得

$$S_{\max}=\frac{1}{2}b(a+c)$$

等号成立仅当

$$y^2=\frac{bS}{\sqrt{a^2+b^2}}=\frac{b}{c}S=\frac{b^2}{2c}(a+c)$$

$$\Rightarrow y=b\sqrt{\frac{a+c}{2c}}$$

$$x=\frac{S}{y}=\frac{1}{2}\sqrt{2(a+c)c}$$

设矩形$ABCD$的周长$L=2m$,即

$$m=x+y=(1+\frac{a}{b})y+\sqrt{b^2-y^2}$$

$$\Rightarrow[bm-(a+b)y]^2=b^2(b^2-y^2)$$

$$\Rightarrow[(a+b)^2+b^2]y^2-2bm(a+b)y+b^2(m^2-b^2)=0$$

这是关于y的一元二次方程,有实数根,其判别式

$$\begin{aligned}\Delta&=4b^2\{(a+b)^2m^2+(b^2-m^2)[(a+b)^2+b^2]\}\\&=4b^2[(a+b)^2+b^2-m^2]\geqslant 0\end{aligned}$$

$$\Rightarrow m\leqslant\sqrt{(a+b)^2+b^2}$$

$$\Rightarrow L=2m\leqslant 2\sqrt{(a+b)^2+b^2}$$

$$\Rightarrow L_{\max}=2\sqrt{(a+b)^2+b^2}$$

等号成立仅当

$$y=\frac{bm(a+b)}{(a+b)^2+b^2}=\frac{b(a+c)}{\sqrt{(a+b)^2+b^2}}$$

$$\Rightarrow x=m-y=\frac{a^2+ab+b^2}{\sqrt{(a+b)^2+b^2}}$$

新解 2:用三角法,设$\angle DAE=\angle CEF=\theta\in(0,\frac{\pi}{2})$,则有

$$y=b\cos\theta$$

$$x=DE+CE=b\sin\theta+a\cos\theta$$

于是

$$\begin{aligned}L&=2(x+y)\\&=2[(a+b)\cos\theta+b\sin\theta]\\&\leqslant 2\sqrt{(a+b)^2+b^2}\cdot\sqrt{\cos^2\theta+\sin^2\theta}\\\Rightarrow L_{\max}&=2\sqrt{(a+b)^2+b^2}\end{aligned}$$

等号成立仅当

$$\frac{\cos\theta}{\sin\theta}=\frac{a+b}{b}$$

$$\Rightarrow\begin{cases}\sin\theta\frac{b}{\sqrt{(a+b)^2+b^2}}\\\cos\theta\frac{a+b}{\sqrt{(a+b)^2+b^2}}\end{cases}$$

$$\Rightarrow\begin{cases}x=b\sin\theta+a\cos\theta=\frac{a^2+ab+b^2}{\sqrt{(a+b)^2+b^2}}\\y=b\cos\theta=\frac{b(a+b)}{\sqrt{(a+b)^2+b^2}}\end{cases}$$

又$S=xy=(a\cos\theta+b\sin\theta)b\cos\theta$,设$\lambda$为正参数,应用均值不等式和柯西不等式,有

$$\begin{aligned}4\lambda S&=4(b\lambda\cos\theta)(a\cos\theta+b\sin\theta)\\&\leqslant[b\lambda\cos\theta+(a\cos\theta+b\sin\theta)]^2\\&=[(a+b\lambda)\cos\theta+b\sin\theta]^2\\&\leqslant[(a+b\lambda)^2+b^2](\cos^2\theta+\sin^2\theta)\end{aligned}$$

$$\Rightarrow S\leqslant\frac{(a+b\lambda)^2+b^2}{4\lambda}\Rightarrow S_{\max}=\frac{(a+b\lambda)^2+b^2}{4\lambda}$$

等号成立仅当

$$\begin{cases}b\lambda\cos\theta=a\cos\theta+b\sin\theta\\\frac{\cos\theta}{\sin\theta}=\frac{a+b\lambda}{b}\end{cases}$$

$$\Rightarrow\begin{cases}\lambda=\dfrac{\sqrt{a^2+b^2}}{b}=\dfrac{c}{b}\\ \cos\theta=\dfrac{a+c}{b}\end{cases}$$

$$\Rightarrow S_{\max}=[(a+c)^2+b^2]\cdot\frac{b}{4c}=(2c^2+2ac)\cdot\frac{b}{4c}$$

$$\Rightarrow S_{\max}=\frac{b}{2}(a+c)$$

且由

$$\cot\theta=\frac{a+c}{b}\Rightarrow\begin{cases}\sin\theta\dfrac{b}{\sqrt{(a+c)^2+b^2}}\\ \cos\theta\dfrac{a+c}{\sqrt{(a+c)^2+b^2}}\end{cases}$$

$$\Rightarrow\begin{cases}\cos\theta=\sqrt{\dfrac{a+c}{2c}}\\ \sin\theta=\dfrac{b}{\sqrt{2c(a+c)}}\end{cases}$$

$$\Rightarrow\begin{cases}x=b\sin\theta+a\cos\theta=\dfrac{1}{2}\sqrt{2(a+c)c}\\ y=b\cos\theta=b\sqrt{\dfrac{a+c}{2c}}\end{cases}$$

新解3:由新解2有

$$S=(a\cos\theta+b\sin\theta)b\cos\theta$$

设

$$f(\theta)=\ln[(a\cos\theta+b\sin\theta)\cos\theta]$$
$$=\ln(a\cos\theta+b\sin\theta)+\ln\cos\theta$$

对 θ(注意 $0<\theta<\frac{\pi}{2}$)求导得

$$f'(\theta)=\frac{b\cos\theta-a\sin\theta}{b\sin\theta+a\cos\theta}-\frac{\sin\theta}{\cos\theta}$$
$$=\frac{b-a\tan\theta}{b\tan\theta+a}-\tan\theta$$

令 $f'(\theta)=0$ 得

$$b-a\tan\theta=(b\tan\theta+a)\tan\theta$$
$$\Rightarrow b(\tan\theta)^2+2a\tan\theta-b=0$$
$$\Rightarrow\tan\theta=\frac{\sqrt{a^2+b^2}-a}{b}=\frac{c-a}{b}=\frac{c^2-a^2}{b(c+a)}=\frac{b}{c+a}$$

$$\Rightarrow\begin{cases}\cos\theta=\sqrt{\dfrac{a+c}{2c}}\\ \sin\theta=\dfrac{b}{\sqrt{2c(a+c)}}\end{cases}$$

最后可算出 $S_{\max}=\dfrac{b}{2}(a+c)$.

上述新解2与新解3启发我们作拓展:

设 $a_i,b_i,k_i\in\mathbf{R}^*(i=1,2,\cdots,n;2\leqslant n,n\in\mathbf{R}^*)$为已知正常数,$\theta\in(0,\dfrac{\pi}{2})$为变量,关于 θ 的函数为

$$f(\theta)=\prod_{i=1}^{n}(a_i\cos\theta+b_i\sin\theta)^{k_i} \tag{13}$$

那么,我们可用两种思路求 $f(\theta)$ 的最大值.

思路1:设 $\lambda_1,\lambda_2,\cdots,\lambda_n$ 为正参数,记 $S=\sum\limits_{i=1}^{n}k_i,m=\prod\limits_{i=1}^{n}\lambda_i^{k_i}$,应用加权不等式有

$$mf(\theta)=\prod_{i=1}^{n}(\lambda_ia_i\cos\theta+\lambda_ib_i\sin\theta)^{k_i}\leqslant\left[\frac{\sum\limits_{i=1}^{n}k_i(\lambda_ia_i\cos\theta+\lambda_ib_i\sin\theta)}{S}\right]^S$$

$$\begin{aligned}\Rightarrow mS^S\cdot f(\theta)&\leqslant\left[\sum_{i=1}^{n}k_i(\lambda_ia_i\cos\theta+\lambda_ib_i\sin\theta)\right]^S\\&=(A\cos\theta+B\sin\theta)^S\\&\leqslant(\sqrt{A^2+B^2}\cdot\sqrt{\cos^2\theta+\sin^2\theta})^S\end{aligned}$$

$$\Rightarrow f(\theta)\leqslant\frac{(\sqrt{A^2+B^2})^S}{m\cdot S^S}$$

$$\Rightarrow f_{\max}(\theta)=\left(\frac{\sqrt{A^2+B^2}}{S}\right)^S\cdot\frac{1}{m} \tag{14}$$

其中
$$A=\sum_{i=1}^{n}{}_i\lambda_ia_i,B=\sum_{i=1}^{n}{}_i\lambda_ia_i$$

当 $f(\theta)$ 达到最大值时

$$\frac{\cos\theta}{\sin\theta}=\frac{A}{B} \tag{15}$$

且 $\lambda_1(a_1\cos\theta+b_1\sin\theta)=\lambda_2(a_2\cos\theta+b_2\sin\theta)=\cdots=\lambda_n(a_n\cos\theta+b_n\sin\theta)$

$$\frac{\cos\theta}{\sin\theta}=\frac{\lambda_2b_2-\lambda_1b_1}{\lambda_1a_1-\lambda_2a_2}=\frac{\lambda_3b_3-\lambda_2b_2}{\lambda_2a_2-\lambda_3a_3}=\cdots=\frac{\lambda_nb_n-\lambda_{n-1}b_{n-1}}{\lambda_{n-1}a_{n-1}-\lambda_na_n} \tag{16}$$

然后将式(15)与式(16)结合,解出 $\lambda_1,\lambda_2,\cdots,\lambda_n$ 及 θ,代入式(14)即求得 $f_{\max}(\theta)$.

思路2:设 $P(\theta)=\ln f(\theta)$,即

$$P(\theta)=\ln\prod_{i=1}^{n}(a_i\cos\theta+b_i\sin\theta)^{k_i}=\sum_{i=1}^{n}k_i\ln(a_i\cos\theta+b_i\sin\theta)$$

对 θ 求导,并令 $P'(\theta)=0$ 得

$$P'(\theta)=\sum_{i=1}^{n}\frac{k_i(b_i\cos\theta-a_i\sin\theta)}{a_i\cos\theta+b_i\sin\theta}=0$$

$$\Rightarrow\sum_{i=1}^{n}\frac{k_i(b_i-a_i\tan\theta)}{a_i+b_i\tan\theta}=0 \tag{17}$$

另外,再对 $P'(\theta)$ 求导得

$$P'_n(\theta)=\sum_{i=1}^{n}\left[\frac{a_i^2+b_i^2}{b_i(a_i+b_i\tan\theta)}-\frac{a_i}{b_i}\right]$$

$$\Rightarrow P''(\theta)=-\sum_{i=1}^{n}\frac{k_i(a_i^2+b_i^2)}{\cos^2\theta(a_i+b_i\tan\theta)^2}<0$$

所以 $P(\theta)$ 有最大值,从而 $f(\theta)=e^{P(\theta)}$ 也有最大值,且 $f_{\max}(\theta)=f(\theta_0)$,其中 θ_0 为方程(17)在区间 $(0,\frac{\pi}{2})$ 内之根.

评注 本题的趣味性与美妙性是不言而喻的,如果让我们的思维活跃奔放,自由放飞,就可将它拓展为如下趣味新题:

新题1:等边 $\triangle AEF$ 的边长为1,作它的外接矩形 $ABCD$,使点 A 与 A 重合,E,F 在矩形 $ABCD$ 的边上,求矩形 $ABCD$ 的周长 L 与面积 S 的最大值.

解析:(1)如图3.15所示,当 $F\equiv B,E\in CD$ 时,易知 $AB=1,AD=\frac{\sqrt{3}}{2}$,此时

$$S_1=\frac{\sqrt{3}}{2},L_1=2(1+\frac{\sqrt{3}}{2})=2+\sqrt{3}$$

(2)如图3.16所示,当 $E\in CD,F\in BC$ 时,我们用两种方法求解问题:

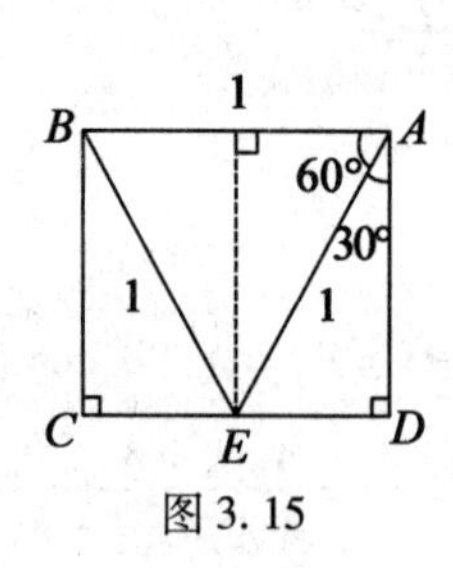

图3.15

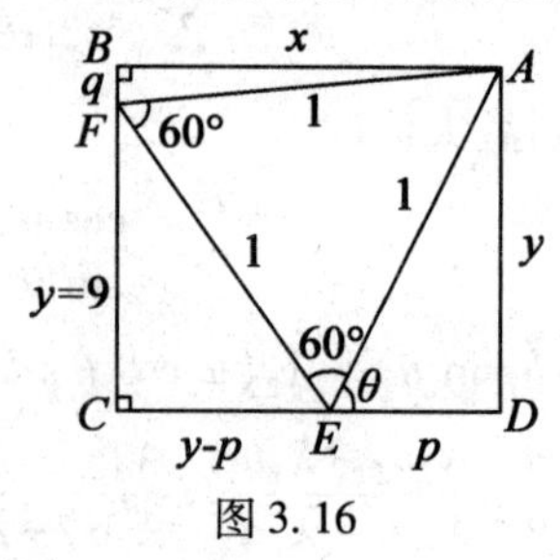

图3.16

方法1:设$\angle AED=\theta\in(0°,90°)$,则$\angle CEF=120°-\theta$,且

$$AD=\sin\theta$$

$$\begin{aligned}CD&=DE+CE=\cos\theta+\cos(120°-\theta)\\&=2\cos 60°\cos(\theta-60°)=\cos(\theta-60°)\end{aligned}$$

于是

$$\begin{aligned}L&=L(\theta)=2(\sin\theta+\cos(\theta-60°))\\&=2(\sin\theta+\sin(150°-\theta))\\&=4\sin 75°\cos(\theta-75°)\\&\leqslant 4\sin 75°=\sqrt{6}+\sqrt{2}\end{aligned}$$

$$\Rightarrow L_{\max}=\sqrt{6}+\sqrt{2}$$

当$\theta=75°$时取到.

又
$$\begin{aligned}S&=S(\theta)=\sin\theta\cos(\theta-60°)\\&=\cos(\theta-90°)\cos(\theta-60°)\\&=\frac{1}{2}(\cos(2\theta-150°)+\cos 30°)\\&\leqslant\frac{1}{2}\left(1+\frac{\sqrt{3}}{2}\right)2+\frac{\sqrt{3}}{4}\end{aligned}$$

$$\Rightarrow S_{\max}=\frac{2+\sqrt{3}}{4}$$

仅当$\theta=75°$时取到.

方法2:如图3.16所示,设$AD=y<1,AB=x<1,DE=p<x,BF=q<y$,则$CE=x-p,CF=y-q$,由于

$$\begin{aligned}S&=xy=S_{\triangle AEF}+S_{\triangle ABF}+S_{\triangle FCE}+S_{\triangle ADE}\\&=\frac{\sqrt{3}}{4}+\frac{1}{2}qx+\frac{1}{2}py+\frac{1}{2}(x-p)(y-q)\end{aligned}$$

$$\Rightarrow S=\frac{\sqrt{3}}{2}+pq \tag{18}$$

应用勾股定理得

$$x^2+q^2=p^2+y^2=1\Rightarrow\begin{cases}p=\sqrt{1-y^2}\\q=\sqrt{1-x^2}\end{cases}$$

$$\Rightarrow S=\frac{\sqrt{3}}{2}+\sqrt{(1-x^2)(1-y^2)}$$

$$=\frac{\sqrt{3}}{2}+\sqrt{(1+xy)^2-(x-y)^2}$$

$$\leqslant\frac{\sqrt{3}}{2}+1-xy=\frac{\sqrt{3}}{2}+1-S$$

$$\Rightarrow S\leqslant\frac{2+\sqrt{3}}{4}\Rightarrow S_{\max}=\frac{2+\sqrt{3}}{4}$$

仅当 $x=y$ 时取到,此时四边形 $ABCD$ 为正方形

$$x=y=\sqrt{\frac{2+\sqrt{3}}{4}}=\frac{\sqrt{3}+1}{2\sqrt{2}}=\frac{\sqrt{2}+\sqrt{6}}{4}$$

$$p=q=\sqrt{1-\frac{2+\sqrt{3}}{4}}=\sqrt{\frac{2-\sqrt{3}}{4}}=\frac{\sqrt{6}-\sqrt{2}}{4}$$

方法3:由勾股定理有

$$x^2+q^2=y^2+p^2=(x-p)^2+(y-q)^2=1$$

$$\Rightarrow px+qy=\frac{1}{2} \tag{19}$$

利用式(18)有

$$xy=\frac{\sqrt{3}}{2}+pq$$

$$\Rightarrow(xy)^2=\frac{\sqrt{3}}{2}xy+px\cdot qy$$

$$=\frac{\sqrt{3}}{2}xy+\frac{1}{4}[(px+qy)^2-(px-qy)^2]$$

$$=\frac{\sqrt{3}}{2}xy+\frac{1}{4}[1-(px-qy)^2]$$

$$\leqslant\frac{\sqrt{3}}{2}xy+\frac{1}{4}$$

$$\Rightarrow S^2\leqslant\frac{\sqrt{3}}{2}S+\frac{1}{4}$$

$$\Rightarrow -\frac{2-\sqrt{3}}{4}\leqslant S\leqslant\frac{2+\sqrt{3}}{4}$$

$$\Rightarrow S_{\max}=\frac{2+\sqrt{3}}{4}$$

等号成立仅当

$$\begin{cases}px+qy=\dfrac{1}{2}\\ px-qy=0\end{cases}\Rightarrow px=qy=\frac{1}{4}$$

$$\Rightarrow(1-y^2)x^2=(1-x^2)y^2=(\frac{1}{4})^2$$

$$\Rightarrow\begin{cases}x=y=\dfrac{\sqrt{6}+\sqrt{2}}{4}\\ p=q=\dfrac{\sqrt{6}-\sqrt{2}}{4}\end{cases}$$

新题1的结论告诉我们:对于一个已知的等边三角形,它的外接矩形是正方形时,其外接矩形的周长和面积最大.

此时,逆向思维向我们提问.

新题2:正方形 $ABCD$ 的边长为1,求其内接等边三角形面积的最大值.

分析:设正方形 $ABCD$ 的边长为1,$\triangle EFG$ 为其内接正三角形,从图3.17,3.18,3.19可以看出 $\triangle EFG$ 有三种位置关系.

(1)如图3.17所示

$$GF /\!/ DC\Rightarrow GF=1$$

$$\Rightarrow S_{\triangle EFG}=\frac{\sqrt{3}}{4}$$

此时 $OH=1-\sin 60°=\dfrac{2-\sqrt{3}}{2}$(定值),$O$ 为定点.

(2)将 GF 绕定点 O 转动,得到图3.18,注意到 O 为 GF 中点,$EO\perp GF$,则 A,E,O,G 与 B,E,O,F 均四点共圆,有

$$\angle EGF=\angle EAO=60°,\angle EFG=\angle EBO=60°$$

所以图中的 $\triangle EGF$ 是等边三角形.

(3)当 GF 绕定点 O 转动到使点 F 与点 C 重合时,如图3.19所示,同理可证,此时 $\triangle EFG$ 是正三角形,注意到

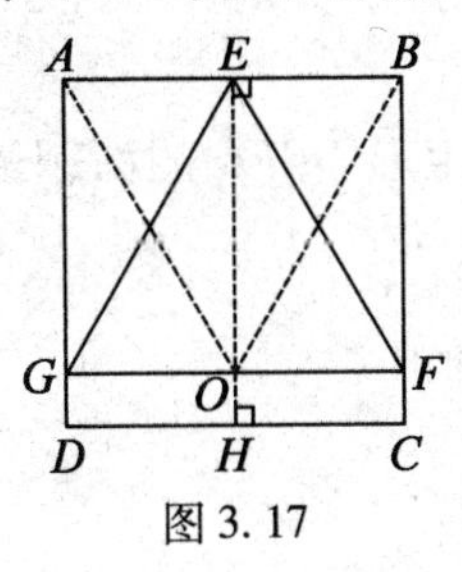

图3.17

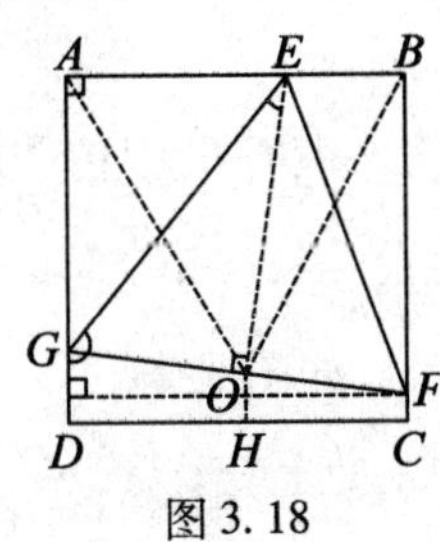

图3.18

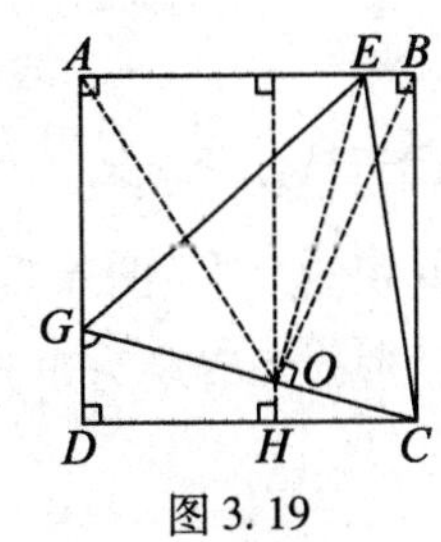

图3.19

$$\tan\angle DGC=\tan\angle HOC=\frac{HC}{HO}=\frac{1}{2}\div\frac{2-\sqrt{3}}{2}=2+\sqrt{3}=\tan 75^\circ$$

$$\Rightarrow GC=\frac{1}{\sin 75^\circ}=\sqrt{6}-\sqrt{2}$$

$$\Rightarrow S_{\triangle EFG}=\frac{\sqrt{3}}{4}(\sqrt{6}-\sqrt{2})^2=2\sqrt{3}-3$$

由于$1\leqslant GF\leqslant\sqrt{6}-\sqrt{2}$,综合上述知,正方形$ABCD$的内接正三角形的最大面积是$2\sqrt{3}-3$(图3.19).

其实,若设$\angle DGF=\theta$,$GF=a$,则由图3.17,3.18,3.19知

$$\begin{cases}75^\circ\leqslant\theta\leqslant 90^\circ\\ a=\dfrac{1}{\sin\theta}\end{cases}\Rightarrow\frac{1}{\sin 90^\circ}\leqslant a\leqslant\frac{1}{\sin 75^\circ}$$

$$\Rightarrow 1\leqslant a\leqslant\sqrt{6}-\sqrt{2}$$

此外,如图3.20,这时$DF=\sqrt{6}-\sqrt{2}$.

最后,我们再考虑如下问题:

在边长固定的三角形中有一边在三角形边上的内接矩形,最大面积是多少?哪条边上对应的内接正方形面积最大?

分析:设$\triangle ABC$的三边长为a,b,c,面积为S,其中a,b,c,S均为定值,$DEFG$为内接矩形,作$AH\perp BC$,GF在边BC上,设$AH=h$,由于可设

$$DE=GF=x,DG=EF=y$$

$$DE/\!/BC\Rightarrow\frac{DE}{BC}=\frac{AM}{AH}$$

$$\Rightarrow\frac{x}{a}=\frac{h-y}{h}\Rightarrow y=\frac{h}{a}(a-x)=\frac{2S}{a^2}(a-x)$$

$$\Rightarrow S_{矩形DEFG}=xy=\frac{2S}{a^2}(a-x)x\leqslant\frac{2S}{a^2}\left[\frac{(a-x)+x}{2}\right]^2=\frac{S}{2}$$

$$\Rightarrow(S_{矩形DEFG})_{\max}=\frac{S}{2}$$

当$a-x=x\Rightarrow x=\dfrac{a}{2}$,即当$DE$为$\triangle ABC$的中位线时矩形$DEFG$的面积最大,为三角形面积的一半(图3.22).

当四边形$DEFG$为正方形时,如图3.21所示,则有

$$\frac{x}{a}=\frac{h-x}{h}\Rightarrow x=\frac{ah}{a+h}$$

$$\Rightarrow x = \frac{2S}{a + \frac{2S}{a}}$$

记
$$f(t) = t + \frac{2S}{t}, x_a = \frac{2S}{f(a)}, x_b = \frac{2S}{f(b)}$$

由于

$$f(a) - f(b) = (a + \frac{2S}{a}) + (b + \frac{2S}{b}) = (a - b)(1 - \frac{2S}{ab}) = (a - b)(1 - \sin C)$$

显然,如果

$$a > b \Rightarrow f(a) > f(b) \Rightarrow x_a < x_b$$

这表明当内接正方形的一边在$\triangle ABC$的最小边上时,正方形的边长最大,从而面积也最大.

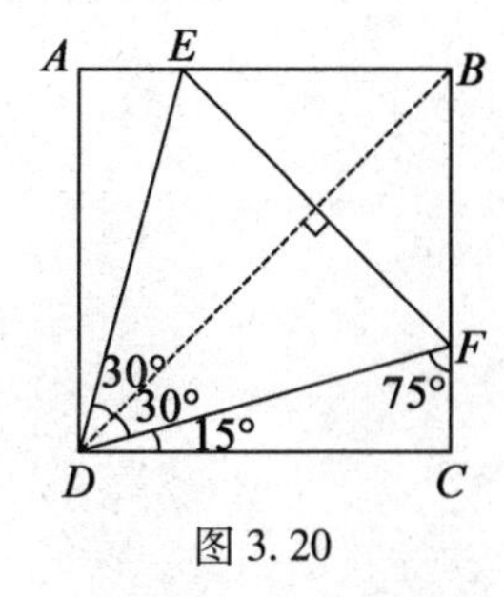

图 3.20

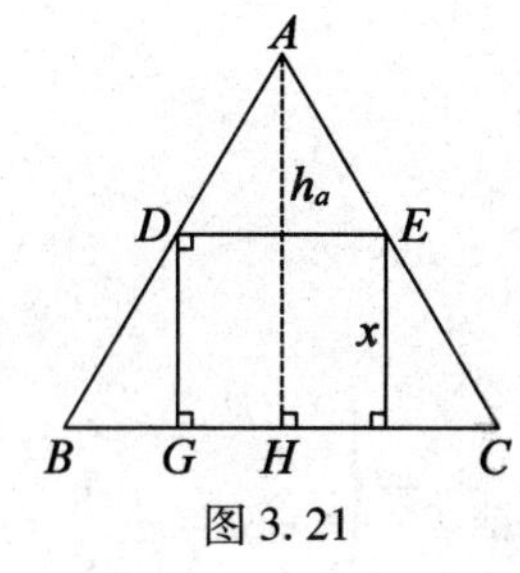

图 3.21

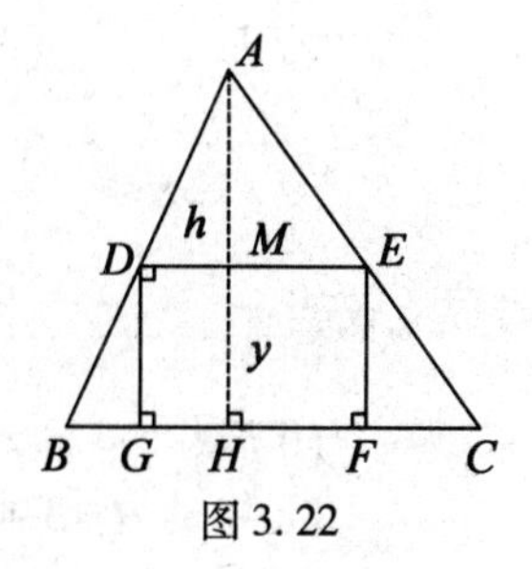

图 3.22

注　由于$2S$为定值,且

$$f'(t) = 1 - \frac{2S}{t^2}$$

因此$f(t) = t + \frac{2S}{t}$是增函数.

题 9　设圆O为单位圆.(1)求圆O内接三角形的周长与面积的最大值;(2)求圆O外切三角形的周长与面积的最小值.

解　设$\triangle ABC$的周长为L,面积为S.

(1)当$\triangle ABC$内接于圆O时,设$\angle BOC = \alpha$, $\angle COA = \beta$,则$\angle AOB = 360° - (\alpha + \beta)$,其中$0° < \alpha < 180°$, $0° < \beta < 180°$,记$\theta = \frac{\alpha + \beta}{2}$,则$0° < \theta < 180°$,由于$-90° < \frac{\alpha - \beta}{2} < 90°$. 且

$$S = S_{\triangle BOC} + S_{\triangle COA} + S_{\triangle AOB}$$

$$=\frac{1}{2}\{\sin\alpha+\sin\beta+\sin[360°-(\alpha+\beta)]\}$$

$$=\sin\frac{\alpha+\beta}{2}\cos\frac{\alpha+\beta}{2}-\sin\frac{\alpha+\beta}{2}\cos\frac{\alpha+\beta}{2}$$

$$=\sin\theta(\cos\frac{\alpha+\beta}{2}-\cos\theta)$$

$$\leqslant\sin\theta(1-\cos\theta)$$

$$\Rightarrow S^2\leqslant(1-\cos^2\theta)(1-\cos\theta)$$

$$=\frac{1}{3}(1-\cos\theta)^3(3+3\cos\theta)$$

$$\leqslant\frac{1}{3}\left[\frac{3(1-\cos\theta)+(3+3\cos\theta)}{4}\right]^4$$

$$=\frac{1}{3}(\frac{3}{2})^4$$

$$\Rightarrow S\leqslant\frac{3\sqrt{3}}{4}\Rightarrow S_{\max}=\frac{3\sqrt{3}}{4}$$

等号成立仅当

$$\begin{cases}\alpha=\beta\\1-\cos\theta=3+3\cos\theta\end{cases}\Rightarrow\begin{cases}\alpha=\beta\\\cos\theta=-\frac{1}{2}\end{cases}$$

$$\Rightarrow\begin{cases}\alpha=\beta\\\theta=\frac{\alpha+\beta}{2}=120°\end{cases}\Rightarrow\alpha=\beta=120°$$

$\Rightarrow\triangle ABC$ 为等腰三角形

利用余弦定理,有

$$BC=\sqrt{2-2\cos\alpha}=2\sin\frac{\alpha}{2}$$

同理

$$CA=2\sin\frac{\beta}{2}$$

$$AB=2\sin(180°-\theta)=2\sin\theta$$

于是

$$L=BC+CA+AB$$

$$=2(\sin\frac{\alpha}{2}+\sin\frac{\beta}{2}+\sin\theta)$$

$$=2(2\sin\frac{\alpha+\beta}{4}\cos\frac{\alpha-\beta}{4}+2\sin\frac{\theta}{2}\cos\frac{\theta}{2})$$

$$=4\sin\frac{\theta}{2}(\cos\frac{\alpha+\beta}{2}+\cos\frac{\theta}{2})$$

$$\leqslant 4\sin\frac{\theta}{2}(1+\cos\frac{\theta}{2})$$

$$\Rightarrow L^2\leqslant 16(1-\cos^2\frac{\theta}{2})(1+\cos\frac{\theta}{2})$$

$$=\frac{16}{3}(1+\cos\frac{\theta}{2})^3(3-3\cos\frac{\theta}{2})$$

$$\leqslant\frac{16}{3}\left[\frac{3(1+\cos\frac{\theta}{2})+(3-3\cos\frac{\theta}{2})}{4}\right]^4$$

$$=\frac{16}{3}\times(\frac{3}{2})^4$$

$$\Rightarrow L\leqslant 3\sqrt{3}\Rightarrow L_{\max}=3\sqrt{3}$$

等号成立仅当

$$\begin{cases}\alpha=\beta\\1+\cos\frac{\theta}{2}=3-3\cos\frac{\theta}{2}\end{cases}\Rightarrow\alpha=\beta=120^\circ$$

$\Rightarrow\triangle ABC$ 为正三角形

(2)当$\triangle ABC$外切于圆 O 时

$$S=\cot\frac{A}{2}+\cot\frac{B}{2}+\cot\frac{C}{2}$$

$$\geqslant 3\cot(\frac{A+B+C}{6})=3\cos\frac{\pi}{6}=3\sqrt{3}$$

$$\Rightarrow S\geqslant 3\sqrt{3}\Rightarrow S_{\min}=3\sqrt{3}$$

又
$$L=2(\cot\frac{A}{2}+\cot\frac{B}{2}+\cot\frac{C}{2})\geqslant 6\sqrt{3}$$

以上等号成立仅当 $A=B=C=60^\circ$,即$\triangle ABC$为正三角形.

评注　(1)本题中的结论可视为几何中的一个趣味定理,我们在前面应用三角方法轻松地解决了它,显得简洁明快,优美漂亮,试问:我们能用几何或代数方法解决它吗?

分析:(1°)先固定$\triangle ABC$的边 BC,联结 AO 并延长交 BC 于点 H,那么显然,当 $AH\perp BC$ 时,L 与 S 才可能取到最大值. 设 $OH=x<1$,联结 BO,CO,则

$$BC=2BH=2\sqrt{1-x^2},AH=x+1$$

$$AB=\sqrt{(1+x)^2+(1-x^2)}=\sqrt{2+2x}$$

$$S=\frac{1}{2}BC\cdot AH=\sqrt{1-x^2}(1+x) \quad (1)$$

$$=\sqrt{(1-x)(1+x)^3}=\frac{1}{\sqrt{3}}\sqrt{(3-3x)(1+x)^3}$$

$$\leqslant\frac{1}{\sqrt{3}}\left[\frac{(3-3x)+(1+x)}{4}\right]^2=\frac{1}{\sqrt{3}}\times\left(\frac{3}{2}\right)^2$$

$$\Rightarrow S\leqslant\frac{3}{4}\sqrt{3}\Rightarrow S_{\max}=\frac{3}{4}\sqrt{3}$$

等号成立仅当

$$3-3x=1+x\Rightarrow x=\frac{1}{2}$$

$$\Rightarrow\angle A=\angle BOH=60^\circ$$

此时$\triangle ABC$为正三角形.

设

$$L=2m=BC+2AB$$

$$\Rightarrow m=\sqrt{1-x^2}+\sqrt{2(1+x)} \quad (2)$$

令

$$1+x=t\Rightarrow 1-x^2=2t-t^2$$

$$\Rightarrow m=\sqrt{2t-t^2}+\sqrt{2t}$$

$$\Rightarrow(m-\sqrt{2t})^2=2t-t^2$$

$$\Rightarrow m^2+t^2=2\sqrt{2t}\cdot m$$

$$\Rightarrow(m^2+t^2)^2=8tm^2$$

$$\Rightarrow t^4+2m^2t^2-8m^2t+m^4=0 \quad (3)$$

设p,q为待定参数,使方程(3)可分解为

$$(t^2+pt+m^2)(t^2+qt+m^2)=0$$

$$\Rightarrow t^4+(p+q)t^3+2m^2t^2+(pm+qm+pq)t+m^4=0 \quad (4)$$

式(3)与式(4)比较,得

$$\begin{cases}p+q=0\\pm+qm=pq=-8m^2\end{cases}\Rightarrow\begin{cases}p=2\sqrt{2}m\\q=-2\sqrt{2}m\end{cases}$$

$$\Rightarrow t^2-2\sqrt{2}mt+m^2=0$$

$$\Rightarrow t=(\sqrt{2}\pm)m\Rightarrow L=\frac{2AH}{\sqrt{2}\pm 1}$$

但

$$L>2AH\Rightarrow L=\frac{2AH}{\sqrt{2}-1}=(\sqrt{2}+1)2\cdot AH$$

这样只求得等腰$\triangle ABC$的周长与BC边上的高AH的关系式,却不能求出$L_{\max}$,

这真有点奇怪.

现在,我们调整方向,改变思路,设 λ 为正参数,应用柯西不等式有

$$\begin{aligned} m &= \sqrt{2t-t^2}+\sqrt{2t} \\ &= \sqrt{2t-t^2}+\frac{1}{\sqrt{\lambda}}\cdot\sqrt{2\lambda t} \\ &\leqslant \sqrt{(1+\frac{1}{a})[(2t-t^2)+2\lambda t]} \\ &= \sqrt{\frac{\lambda+1}{\lambda}[(\lambda+1)^2-(t-\lambda-1)^2]} \\ &\leqslant \sqrt{\frac{(\lambda+1)^3}{\lambda}} \end{aligned}$$

等号成立仅当

$$\begin{cases} t=\lambda+1\Rightarrow x=\lambda \\ 1:\dfrac{1}{\lambda}=\dfrac{2t-t^2}{2\lambda t} \end{cases}$$

$$\Rightarrow 2x^2+x-1=0$$

$$\Rightarrow (x+1)(2x-1)=0$$

$$\Rightarrow \lambda=x=\frac{1}{2}$$

$$\Rightarrow m\leqslant\sqrt{2(\frac{1}{2}+1)^3}=\frac{3}{2}\sqrt{3}$$

$$\Rightarrow L=2m\leqslant 3\sqrt{3}\Rightarrow L_{\max}=3\sqrt{3}$$

仅当 $x=\dfrac{1}{2}$时取到.

其实,若设关于 x 的函数为

$$m=f(x)=\sqrt{1-x^2}+\sqrt{2(1+x)}$$

求导得

$$f'(x)=\frac{-x}{\sqrt{1-x^2}}+\frac{1}{\sqrt{2(1+x)}}$$

令

$$f'(x)=0\Rightarrow\frac{x}{\sqrt{1-x^2}}=\frac{1}{\sqrt{2(1+x)}}$$

$$\Rightarrow 1-x^2=x^2(2+2x)$$

$$\Rightarrow 2x^3+3x^2-1=0$$
$$\Rightarrow (x+1)^2(2x-1)=0$$
$$\Rightarrow x=\frac{1}{2}$$

从几何意义上，$f(x)$有最大值$f(\frac{1}{2})$，即

$$L_{\max}=2m_{\max}=2f_{\max}(x)=2f(\frac{1}{2})=2[\sqrt{1-(\frac{1}{2})^2}+\sqrt{2(1+\frac{1}{2})}]=3\sqrt{3}$$

当 $x=\frac{1}{2}$时取到，此时易推得$\triangle ABC$ 为正三角形.

(2)现在，我们将圆的情形推广到椭圆的情形，设椭圆方程为

$$\frac{x^2}{a^2}+\frac{y^2}{b^2}=1\quad(a>b>0)$$

其内接$\triangle ABC$ 的三个顶点的坐标为 $A(a\cos\alpha,b\sin\alpha)$，$B(a\cos\beta,b\sin\beta)$，$C(a\cos\gamma,b\sin\gamma)(0\leqslant\gamma<\beta<\alpha<2\pi)$，则边 AB 的直线方程为

$$y-b\sin\alpha=\frac{b(\sin\alpha-\sin\beta)}{a(\cos\alpha-\cos\beta)}(x-a\cos\alpha)$$
$$\Rightarrow b(\sin\beta-\sin\alpha)x-a(\cos\beta-\cos\alpha)y+ab\sin(\alpha-\beta)=0$$

设 $d=|AB|=\sqrt{a^2(\cos\alpha-\cos\beta)^2+b^2(\sin\alpha-\sin\beta)^2}$，点 C 到边 AB 的距离为

$$h=\frac{1}{d}|b(\sin\beta-\sin\alpha)\cdot a\cos\gamma-a(\cos\beta-\cos\alpha)\cdot b\sin\gamma+ab\sin(\alpha-\beta)|$$

于是$\triangle ABC$ 的面积为

$$\begin{aligned}S_{\triangle}=S&=\frac{1}{2}dh\\&=\frac{1}{2}ab|(\sin\beta-\sin\alpha)\cos\gamma-(\cos\beta-\cos\alpha)\sin\gamma+\sin(\alpha-\beta)|\\&=\frac{1}{2}ab|\sin(\beta-\gamma)+\sin(\gamma-\alpha)+\sin(\alpha-\beta)|\end{aligned}$$

令$\begin{cases}\theta_1=\alpha-\beta\\\theta_2=\beta-\gamma\end{cases}\Rightarrow\alpha-\gamma=\theta_1+\theta_2$

$$\begin{aligned}\Rightarrow S&=\frac{1}{2}ab|\sin\theta_1+\sin\theta_2-\sin(\theta_1+\theta_2)|\\&=\frac{1}{2}ab\left|2\sin\frac{\theta_1+\theta_2}{2}\cos\frac{\theta_1-\theta_2}{2}-2\sin\frac{\theta_1+\theta_2}{2}\cos\frac{\theta_1+\theta_2}{2}\right|\\&=2ab\left|\sin\frac{\theta_1+\theta_2}{2}\sin\frac{\theta_1}{2}\sin\frac{\theta_2}{2}\right|\end{aligned}$$

$$\leqslant 2ab\left[\frac{(\sin\frac{\theta_1+\theta_2}{2})^2+(\sin\frac{\theta_1}{2})^2+(\sin\frac{\theta_2}{2})^2}{3}\right]^{\frac{3}{2}}$$

$$=\frac{2ab}{3\sqrt{3}}\left[\frac{1-\cos(\theta_1+\theta_2)}{2}+\frac{1-\cos\theta_1}{2}+\frac{1-\cos\theta_2}{2}\right]^{\frac{3}{2}}$$

$$=\frac{ab}{3\sqrt{6}}[3-\cos\theta_1-\cos\theta_2-\cos(\theta_1+\theta_2)]^{\frac{3}{2}}$$

$$=\frac{ab}{3\sqrt{6}}\left[3-2\cos\frac{\theta_1+\theta_2}{2}\cos\frac{\theta_1-\theta_2}{2}-2(\cos\frac{\theta_1+\theta_2}{2})^2+1\right]^{\frac{3}{2}}$$

$$=\frac{ab}{3\sqrt{6}}\left[\frac{9}{2}-2\left(\cos\frac{\theta_1+\theta_2}{2}+\frac{1}{2}\cos\frac{\theta_1-\theta_2}{2}\right)^2-\frac{1}{2}\left(\sin\frac{\theta_1-\theta_2}{2}\right)^2\right]^{\frac{3}{2}}$$

$$\leqslant\frac{ab}{3\sqrt{6}}(\frac{9}{2})^{\frac{3}{2}}=\frac{3\sqrt{3}}{4}ab$$

$$\Rightarrow S\leqslant\frac{3\sqrt{3}}{4}ab\Rightarrow S_{\max}=\frac{3\sqrt{3}}{4}ab$$

等号成立仅当

$$\begin{cases}\cos\theta_1=\cos\theta_2=\cos(\theta_1+\theta_2)\\ \cos\frac{\theta_1+\theta_2}{2}+\frac{1}{2}\cos\frac{\theta_1-\theta_2}{2}=\sin\frac{\theta_1-\theta_2}{2}=0\end{cases}$$

$$\Rightarrow\theta_1=\theta_2=\frac{2\pi}{3}$$

$$\Rightarrow\left.\begin{matrix}\alpha-\beta=\beta-\gamma=\frac{2}{3}\pi\\ 0\leqslant\gamma<\beta<\alpha<2\pi\end{matrix}\right\}$$

$$\Rightarrow\begin{cases}\alpha=\beta+\frac{2\pi}{3}\\ \beta=\gamma+\frac{2\pi}{3}\end{cases}\quad(0\leqslant\gamma<\frac{2}{3})$$

如果我们设 $\phi=\frac{\theta_1+\theta_2}{2}\in(0,\frac{\pi}{2})$，那么上述推导可以简化为

$$S=ab\left|\sin\frac{\theta_1+\theta_2}{2}(\cos\frac{\theta_1-\theta_2}{2}-\cos\frac{\theta_1+\theta_2}{2})\right|$$

$$\leqslant ab|\sin\phi(1-\cos\phi)|$$

$$\Rightarrow S^2\leqslant(ab)^2\sin^2\phi(1-\cos\phi)^2$$

$$=\frac{1}{3}(ab)^2(3+3\cos\phi)(1-\cos\phi)^3$$

$$\leqslant\frac{1}{3}(ab)^2\left[\frac{(3+3\cos\phi)+3(1-\cos\phi)}{4}\right]^4$$

$$=\frac{1}{3}(ab)^2\left(\frac{3}{2}\right)^4$$

$$\Rightarrow S\leqslant\frac{3\sqrt{3}}{4}ab\Rightarrow S_{\max}\frac{3\sqrt{3}}{4}ab$$

总结上述分析:我们得到结论:

在一个已知椭圆内,存在许多内接三角形取到相同的最大值.

(3)最后,我们研究已知椭圆外切三角形面积的最小值问题:

设切点坐标 $P_i(a\cos\theta_i, b\sin\theta_i)$,$P_j(a\cos\theta_j, b\sin\theta_j)$ $(i,j=1,2,3,i\neq j)$,那么在切点 P_i,P_j 处的切线方程分别为

$$bx\cos\theta_i+ay\sin\theta_i=ab$$

$$bx\cos\theta_j+ay\sin\theta_j=ab$$

用行列式求交点坐标

$$D=\begin{vmatrix} b\cos\theta_i & a\sin\theta_i \\ b\cos\theta_j & a\sin\theta_j \end{vmatrix}=-ab\sin(\theta_i-\theta_j)$$

$$D_x=\begin{vmatrix} ab & a\sin\theta_i \\ ab & a\sin\theta_j \end{vmatrix}=-a^2b(\sin\theta_i-\sin\theta_j)$$

$$D_y=\begin{vmatrix} b\cos\theta_i & ab \\ b\cos\theta_j & ab \end{vmatrix}=ab^2(\cos\theta_i-\cos\theta_j)$$

$$x=\frac{D_x}{D}=\frac{a\cos\frac{\theta_i+\theta_j}{2}}{\cos\frac{\theta_i-\theta_j}{2}}$$

$$y=\frac{D_y}{D}=\frac{b\sin\frac{\theta_i+\theta_j}{2}}{\cos\frac{\theta_i-\theta_j}{2}}$$

因此,三个交点 Q_1,Q_2,Q_3 的坐标为

$$Q_1\left(\frac{a\cos\frac{\theta_2+\theta_3}{2}}{\cos\frac{\theta_2-\theta_3}{2}},\frac{b\sin\frac{\theta_2+\theta_3}{2}}{\cos\frac{\theta_2-\theta_3}{2}}\right)$$

$$Q_2\left(\frac{a\cos\frac{\theta_3+\theta_1}{2}}{\cos\frac{\theta_3-\theta_1}{2}},\frac{b\sin\frac{\theta_3+\theta_1}{2}}{\cos\frac{\theta_3-\theta_1}{2}}\right)$$

$$Q_3\left(\frac{a\cos\frac{\theta_1+\theta_2}{2}}{\cos\frac{\theta_1-\theta_2}{2}},\frac{b\sin\frac{\theta_1+\theta_2}{2}}{\cos\frac{\theta_1-\theta_2}{2}}\right)$$

记 $d=|Q_1Q_2|$,则

$$d^2=a^2\left(\frac{\cos\frac{\theta_2+\theta_3}{2}}{\cos\frac{\theta_2-\theta_3}{2}}-\frac{\cos\frac{\theta_3+\theta_1}{2}}{\cos\frac{\theta_3-\theta_1}{2}}\right)+b^2\left(\frac{\sin\frac{\theta_2+\theta_3}{2}}{\cos\frac{\theta_2-\theta_3}{2}}-\frac{\sin\frac{\theta_3+\theta_1}{2}}{\cos\frac{\theta_3-\theta_1}{2}}\right)^2$$

记 $k=\left|\cos\frac{\theta_2-\theta_3}{2}\cos\frac{\theta_3-\theta_1}{2}\right|$,那么

$$\begin{aligned}(dk)^2&=a^2\left(\cos\frac{\theta_2+\theta_3}{2}\cos\frac{\theta_3-\theta_1}{2}-\cos\frac{\theta_3+\theta_1}{2}\cos\frac{\theta_2+\theta_3}{2}\right)^3+\\&\quad b^2\left(\sin\frac{\theta_3+\theta_2}{2}\cos\frac{\theta_3-\theta_1}{2}-\sin\frac{\theta_3+\theta_1}{2}\cos\frac{\theta_2-\theta_3}{2}\right)\\&=\frac{a^2}{4}\left[\cos\left(\frac{\theta_1-\theta_2}{2}+\theta_3\right)-\cos\left(\frac{\theta_1-\theta_2}{2}-\theta_3\right)\right]^2+\\&\quad\frac{b^2}{4}\left[\sin\left(\frac{\theta_1-\theta_2}{2}+\theta_3\right)+\sin\left(\frac{\theta_1-\theta_2}{2}-\theta_3\right)\right]^2\\&=d_0^2\left(\sin\frac{\theta_1-\theta_2}{2}\right)^2\end{aligned}$$

$$\Rightarrow d=\frac{d_0}{k}\left|\sin\frac{\theta_1-\theta_2}{2}\right|$$

其中 $d_0=\sqrt{(a\sin\theta_3)^2+(b\cos\theta_3)^2}$.

注意到边 Q_1Q_2 所在直线是椭圆在点 P_3 处的切线,其方程为

$$bx\cos\theta_3+ay\sin\theta_3=ab$$

因此,边 Q_1Q_2 上的高即为过点 P_1,P_2 处的切线交点 Q_3 到边 Q_1Q_2 的距离,设为 h,那么

$$h=\frac{ab}{d_0}\left|\frac{\cos\theta_3\cos\frac{\theta_1+\theta_2}{2}}{\cos\frac{\theta_1-\theta_2}{2}}+\frac{\sin\theta_3\sin\frac{\theta_1+\theta_2}{2}}{\cos\frac{\theta_1-\theta_2}{2}}\right|=\frac{abm}{d_0\left|\cos\frac{\theta_1-\theta_2}{2}\right|}$$

其中

$$m=\left|\cos\frac{\theta_1+\theta_2}{2}\cos\theta_3+\sin\frac{\theta_1+\theta_2}{2}\sin\theta_3-\cos\frac{\theta_1-\theta_2}{2}\right|$$

$$=\left|\cos\left(\frac{\theta_1+\theta_2}{2}-\theta_3\right)-\cos\left(\frac{\theta_1-\theta_2}{2}\right)\right|$$

$$=2\left|\sin\left(\frac{\theta_3-\theta_1}{2}\right)\sin\left(\frac{\theta_2-\theta_3}{2}\right)\right|$$

设椭圆外切$\triangle Q_1Q_2Q_3$的面积为Δ,则

$$\Delta=\frac{1}{2}dh=ab\left|\frac{\sin\left(\frac{\theta_1-\theta_2}{2}\right)\sin\left(\frac{\theta_2-\theta_3}{2}\right)\sin\left(\frac{\theta_3-\theta_1}{2}\right)}{\cos\left(\frac{\theta_1-\theta_2}{2}\right)\cos\left(\frac{\theta_2-\theta_3}{2}\right)\cos\left(\frac{\theta_3-\theta_1}{2}\right)}\right|$$

对于上式,欲直接求面积Δ的最小值并不容易,因此,我们必须巧施妙计,并设

$$0\leqslant\theta_1<\theta_2<\theta_3<2\pi$$

$$\left.\begin{aligned}\theta_2-\theta_1=2\alpha\\ \theta_3-\theta_2=\beta\end{aligned}\right\}\Rightarrow\theta_3-\theta_1=2(\alpha+\beta)$$

$$\Rightarrow\Delta=ab|\tan\alpha\tan\beta\tan(\alpha+\beta)|$$

由于$\alpha,\beta\in(0,\frac{\pi}{2})$,再设$\gamma\in(0,\frac{\pi}{2})$,且

$$\alpha+\beta=\pi-\gamma$$

$$\Rightarrow\Delta=ab|\tan\alpha\tan\beta\tan\gamma|$$

由于

$$\begin{cases}\alpha+\beta+\gamma=\pi\\ \alpha,\beta,\gamma\in(0,\frac{\pi}{2})\end{cases}$$

$$\Rightarrow|\tan\alpha\tan\beta\tan\gamma|=|\tan\alpha+\tan\beta+\tan\gamma|$$

$$\geqslant3|\sqrt[3]{\tan\alpha\tan\beta\tan\gamma}|$$

$$\Rightarrow(\tan\alpha\tan\beta\tan\gamma)^3\geqslant27\tan\alpha\tan\beta\tan\gamma$$

$$\Rightarrow\tan\alpha\tan\beta\tan\gamma\geqslant3\sqrt{3}$$

$$\Rightarrow\Delta\geqslant3\sqrt{3}ab\Rightarrow\Delta_{\min}=3\sqrt{3}ab$$

等号成立仅当

$$\alpha=\beta=\gamma=\frac{\pi}{3}\Rightarrow\begin{cases}\theta_2=\theta_1+\frac{2}{3}\pi\\ \theta_3=\theta_2+\frac{2}{3}\pi\end{cases}$$

其实,我们应用代数方法也能证明

$$\Delta \geqslant 3\sqrt{3}ab$$

设
$$p=\tan\alpha>0,q=\tan\beta>0$$

由于 $\gamma=\pi-(\alpha+\beta)\in(0,\frac{\pi}{2})$,则

$$\tan\gamma=-\tan(\alpha+\beta)=\frac{p+q}{-(1-pq)}$$

$$\Delta=ab|\tan\alpha\tan\beta\tan\gamma|=ab\cdot\left|\frac{pq(p+q)}{1-pq}\right|\geqslant\frac{2abt^3}{|1-t^3|}$$

其中 $t=\sqrt{pq}$.

当 $t>1$ 时

$$\frac{2t^3}{|1-t^2|}\geqslant 3\sqrt{3}\Leftrightarrow 2t^3\geqslant 3\sqrt{3}(t^2-1)$$

$$\Leftrightarrow 2t^3-3\sqrt{3}t^2+3\sqrt{3}\geqslant 0$$

$$\Leftrightarrow (t-\sqrt{3})^2(t+\frac{\sqrt{3}}{2})\geqslant 0$$

$$\Rightarrow \Delta\geqslant\Delta_{\min}=3\sqrt{3}ab$$

当 $\frac{\sqrt{3}}{2}\leqslant t<1$ 时

$$\frac{2t^3}{|1-t^2|}\geqslant 3\sqrt{3}\Rightarrow 2t^3\geqslant 3\sqrt{3}(1-t^2)$$

$$\Leftrightarrow 2t^3+3\sqrt{3}t^2-3\sqrt{3}\geqslant 0$$

$$\Leftrightarrow (t+\sqrt{3})^2(t-\frac{\sqrt{3}}{2})\geqslant 0$$

$$\Rightarrow \Delta\geqslant\Delta_{\min}=3\sqrt{3}ab$$

题 10　在半径为 γ,圆心角为 θ(其中 $\gamma>0,0<\theta<\frac{\pi}{2}$ 均为正常数)的扇形 MON 内,作扇形的内接正方形,求正方形 $ABCD$ 面积的最大值.

解　扇形 MON 的内接正方形有两种位置关系,

(1)如图 3.23 所示,正方形 $ABCD$ 的顶点 B 在 $\overset{\frown}{MN}$ 上,C,D 在半径 ON 上,此时,设正方形边长为 x,联结 OB,则有

$$OB=r,OD=x\cot\theta,OC=\sqrt{r^2-x^2}$$

因为
$$OC=OD+DC$$
$$\Rightarrow\sqrt{r^2-x^2}=x\cot\theta+x$$
$$\Rightarrow S_1=x^2=\frac{r^2}{1+(1+\cot\theta)^2} \tag{1}$$
其中 S_1 表示此时正方形 $ABCD$ 的面积.

(2)当正方形 $ABCD$ 有两个顶点 B,C 在$\overset{\frown}{MN}$上时,如图 3.24 所示,顶点 A 在 OM 上,顶点 D 在 ON 上,设此时正方形 $ABCD$ 的面积为 S_2,边长为 $2y$,作 $OP\perp AD$ 并延长交 BC 于点 Q,交$\overset{\frown}{BC}$于点 E. 由对称性知,P 为 AD 中点,Q 为 BC 中点,E 为$\overset{\frown}{BC}$中点,则有

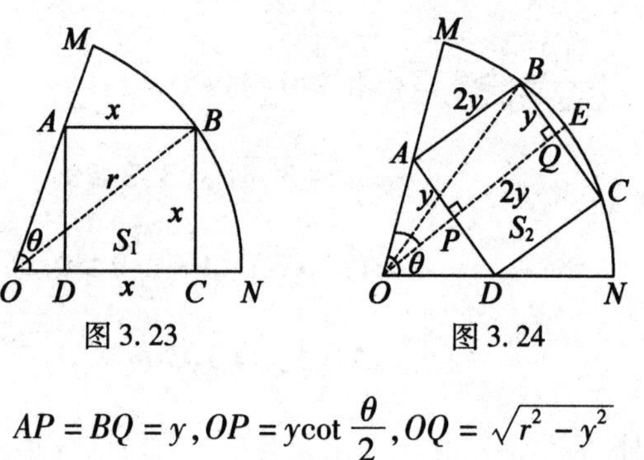

图 3.23　　图 3.24

$$AP=BQ=y,OP=y\cot\frac{\theta}{2},OQ=\sqrt{r^2-y^2}$$

由
$$OQ=OP+PQ$$
$$\Rightarrow\sqrt{r^2-y^2}=y\cot\frac{\theta}{2}+2y$$
$$\Rightarrow y^2=\frac{r^2}{1+(2+\cot\frac{\theta}{2})^2}$$
$$\Rightarrow S_2=(2y)^2=\frac{4r^2}{1+(2+\cot\frac{\theta}{2})^2} \tag{2}$$

注意到 $0<\theta<\frac{\pi}{2}\Rightarrow 0<\tan\frac{\theta}{2}<1$,设 $\tan\theta=\frac{2t}{1-t^2}$,其中 $t=\tan\frac{\theta}{2}\in(0,1)$. 分别代入式(1),式(2)整理得
$$S_1=\frac{4r^2t^2}{4t^2+(t^2-2t-1)^2} \tag{3}$$
$$S_2=\frac{4r^2t^2}{t^2+(2t+1)^2} \tag{4}$$

记
$$\begin{cases} a = t^2 + (2t+1)^2 > 0 \\ b = 4t^2 + (t^2 - 2t - 1)^2 > 0 \end{cases}$$

那么作差有

$$\frac{S_1 - S_2}{4r^2t^2} = \frac{t^2 + (2t+1)^2 - [4t^2 + (t^2 - 2t + 1)^2]}{ab}$$

$$\Rightarrow \frac{ab(S_1 - S_2)}{(2rt^2)} = 3 - (2-t)^2$$

$$= (2 + \sqrt{3} - t)[t - (2 - \sqrt{3})] \tag{5}$$

注意到$0 < t < 1 \Rightarrow 2 + \sqrt{3} - t > 0$. 因此,当$2 - \sqrt{3} < t < 1$时,$S_1 > S_2$;当$t = 2 - \sqrt{3} \in (0,1)$时,$S_1 = S_2$,当$0 < t < 2 - \sqrt{3}$时,$S_1 < S_2$.

所以,正方形$ABCD$的面积情况与扇形MON的圆心角θ的大小密切相关.

当$2\arctan(2 - \sqrt{3}) < \theta < \frac{\pi}{2}$时,$S_1 > S_2$;

当$\theta = 2\arctan(2 - \sqrt{3})$时,$S_1 = S_2$;

当$0 < \theta < 2\arctan(2 - \sqrt{3})$时,$S_1 < S_2$.

评注　(1)这是一个趣味几何问题,平静下来,也许有人会提问:“在本题的已知扇形内的所有内接矩形中,正方形是面积最大的吗?”下面我们研究这个问题,揭开它的庐山真面目.

分析1:如图3.25所示,依照前面的方法,我们有

$$OC = OD + DC$$

$$\Rightarrow \sqrt{r^2 - x^2} = x\cot\theta + y$$

$$\Rightarrow y = \sqrt{r^2 - x^2} - x\cot\theta$$

$$\Rightarrow S_1 = xy = x(\sqrt{r^2 - x^2} - x\cot\theta)$$

$$\Rightarrow \sqrt{r^2x^2 - x^4} = x^2\cot\theta + S_1$$

$$\Rightarrow r^2x^2 - x^4 = (x^2\cot\theta + S_1)^2$$

$$\Rightarrow (1 + \cot^2\theta)x^4 + (2S_1\cot\theta - r^2)x^2 + S_1^2 = 0 \tag{6}$$

显然,式(6)是关于x^2的二次方程,它有正实数根,故它的判别式非负,即

$$\begin{aligned} \Delta &= (2S_1\cot\theta - r^2)^2 - 4S_1^2(1 + \cot^2\theta) \\ &= (2S_1\cot\theta - r^2)^2 - (2S_1\csc\theta)^2 \\ &= (2S_1\cot\theta - r^2 - 2S_1\csc\theta)(2S_1\cot\theta - r^2 + 2S_1\csc\theta) \\ &= -(r^2 + 2S_1\tan\theta)\left(2S_1\cot\frac{\theta}{2} - r^2\right) \geqslant 0 \end{aligned}$$

$$\Rightarrow S_1 \leqslant \frac{r^2}{2}\tan\frac{\theta}{2}$$

$$\Rightarrow (S_1)_{\max} = \frac{1}{2}r^2\tan\frac{\theta}{2}$$

在图 3.26 中,同理可得

$$S_2 \leqslant r^2\tan\frac{\theta}{4}$$

$$(S_2)_{\max} = r^2\tan\frac{\theta}{4}$$

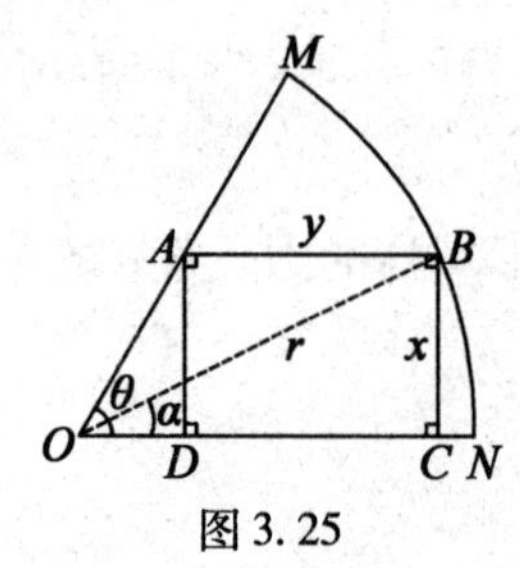

图 3.25

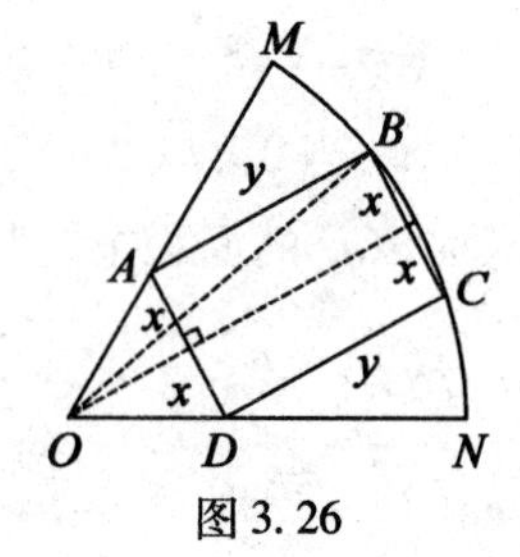

图 3.26

注意到 $$0<\theta<\frac{\pi}{2}\Rightarrow 0<\tan\frac{\theta}{4}<1$$

$$\Rightarrow \frac{1}{2}\tan\frac{\theta}{2} = \frac{\tan\frac{\theta}{4}}{1-(\tan\frac{\theta}{4})^2} > \tan\frac{\theta}{4}$$

$$\Rightarrow \max\ S_1 > \max\ S_2$$

仍记 $t=\tan\frac{\theta}{2}\in(0,1)$,现在比较两式

$$\frac{1}{2}r^2t \text{ 与} \frac{4r^2t^2}{4t^2+(t^2-2t-1)^2}$$

的大小,记

$$m_1=\frac{1}{2}r^2t, m_2=\frac{4r^2t^2}{4t^2+(t^2-2t-1)^2}$$

则有 $$\frac{m_1}{m_2}=\frac{4t^2+(t^2-2t+1)^2}{8t}$$

设 $$f(t)=4t^2+(t^2-2t-1)^2-8t$$
$$=t^4-2t^3+6t^2-4t+1$$

显然,$f(t)$在$(0,1)$内是增函数,且

$$f(0)=1>0, f(1)=2>0$$

即$f(t)$在$(0,1)$恒为正,于是

$$m_1 > m_2$$

这说明本题中的扇形内接正方形的面积并非是最大的.

分析2:如图3.25,我们设$\angle BOC = \alpha$,则

$$0 < \alpha < \theta < \frac{\pi}{2}, x = \sin\alpha$$

$$y = OC - OD = r\cos\alpha - r\sin\alpha\cot\theta$$

$$S_1 = xy = r^2(\cos\alpha - \cot\theta\sin\alpha)\sin\alpha$$

$$\Rightarrow \frac{4\lambda S_1}{r^2} = 4(\lambda\sin\alpha)(\cos\alpha - \sin\alpha\cot\theta)$$

其$\lambda > 0$为待定参数,应用均值不等式与柯西不等式有

$$\begin{aligned}\frac{4\lambda S_1}{r^2} &\leqslant [\lambda\sin\alpha + (\cos\alpha - \sin\alpha\cot\theta)]^2 \\ &= [\cos\alpha + (\lambda - \cot\theta)\sin\alpha]^2 \\ &\leqslant [1 + (\lambda - \cot\theta)^2](\cos^2\alpha + \sin^2\alpha)\end{aligned}$$

$$\Rightarrow S_1 \leqslant \frac{[1 + (\lambda - \cot\theta)^2]r^2}{4\lambda}$$

$$\Rightarrow \max S_1 = \frac{[1 + (\lambda - \cot\theta)^2]r^2}{4\lambda}$$

等号成立仅当

$$\begin{cases}\dfrac{\sin\alpha}{\cos\alpha} = \lambda - \cot\theta \\ \lambda\sin\alpha = \cos\alpha - \sin\alpha\cot\theta\end{cases}$$

$$\Rightarrow \lambda = \csc\theta$$

$$\begin{aligned}\Rightarrow \max S_1 &= \left[1 + \left(\frac{1}{\sin\theta} - \cot\theta\right)^2\right]\frac{r^2\sin\theta}{4} \\ &= \frac{r^2(1 - \cos\theta)}{2\sin\theta} = \frac{1}{2}r^2\tan\frac{\theta}{2}\end{aligned}$$

$$\Rightarrow \max S_1 = \frac{1}{2}r^2\tan\frac{\theta}{2}$$

这与我们在分析1中得到的结果是一致的,在图3.26中,同理可得

$$S_2 \leqslant r^2\tan\frac{\theta}{4} \Rightarrow \max S_2 = r^2\tan\frac{\theta}{4}$$

最后,再顺便指出:我们在前面得到了

$$f(t) = t^4 - 2t^3 + 6t^2 - 4t + 1$$

及 $$f(0)=1, f(1)=2$$

观察$f(t)$的解析式,我们希望将$f(t)$分解成

$$\begin{aligned}f(t)&=(t^2-pt+1)(t^2-qt+1)\\&=t^4-(p+q)t^3+(pq+2)t^2-(p+q)t+1\end{aligned}$$

与$f(t)$比较对应系数知,显然不可能.

在前面,我们设待定系数λ,并用均值不等式与柯西不等式,巧妙地求出了S_1的最大值,其实,如果我们设

$$f(\alpha)=\frac{2S_1}{r^2}=2\sin\alpha\cos\alpha-2\cot\theta\sin^2\alpha$$

为关于α的三角函数,且$0<\alpha<\theta<90°$. 求导得

$$f'(\alpha)=2\cos 2\alpha-2\cot\theta\sin 2\alpha$$

$$f''(\alpha)=-4\sin 2\alpha-4\cot\theta\cos 2\alpha<0$$

所以$f(\alpha)$有最大值$f(\alpha_0)$,其中α_0为一阶导数方程$f'(\alpha)=0$之根,即

$$f'(\alpha_0)=2\cos 2\alpha_0-2\cot\theta\sin 2\alpha_0=0$$

$$\Rightarrow\cot 2\alpha_0=\cot\theta\Rightarrow\alpha_0=\frac{\theta}{2}$$

$$\Rightarrow f_{\max}(\alpha)=f(\alpha_0)=f(\frac{\theta}{2})$$

$$\begin{aligned}2\sin\frac{\theta}{2}\cos\frac{\theta}{2}-2\cot\theta\sin^2\frac{\theta}{2}&=\sin\theta+\cot\theta\cdot\cos\theta-\cot\theta\\&=\sin\theta+\frac{\cos^2\alpha}{\sin\theta}-\frac{\cos\theta}{\sin\theta}\\&=\frac{1-\cos\theta}{\sin\theta}=\tan\frac{\theta}{2}\end{aligned}$$

$$\Rightarrow\max S_1=\frac{1}{2}r^2f_{\max}(\alpha)=\frac{1}{2}r^2\tan\frac{\theta}{2}$$

进一步地,对于已知扇形MON,设它的半径为R,圆心角为2θ,那么它必存在内切圆,设内切圆圆心为I,半径为r,则I在$\angle MON$的平分线上,如图3.27所示,作$IB\perp OM$于点B,$IC\perp ON$于点C,且$IA=IB=IC=r$,$\angle IOB=IOC=\theta$. 于是

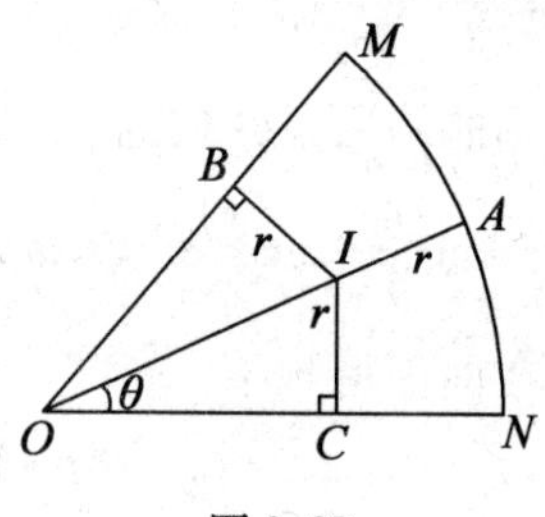

图3.27

$$R=OA=OI+IA=r\csc\theta+r$$

$$\Rightarrow r=\frac{R\sin\theta}{1+\sin\theta} \tag{7}$$

这即是 r 与 R 之间的关系式,将式(7)变形得

$$R=r\left(1+\frac{1}{\sin\theta}\right)\geqslant 2r \tag{8}$$

这与欧拉不等式 $R\geqslant 2r$ 何其相似.

其中式(8)等号成立仅当

$$\theta=90^\circ\Rightarrow\angle MON=2\theta=180^\circ$$

(2)现在,我们仍以运动的观点思考:

问题1:设扇形 MON 的半径为 r,圆心角 $0<\theta<\pi$,在$\overset{\frown}{MN}$上有动点 P,过点 P 作 $PD/\!/ON$ 交 OM 于点 D,$PE/\!/OM$ 交 ON 于点 E. 求$\square PDOE$ 的面积 S 的最大值.

解:如图3.28,联结 OP,则 $OP=r$,设 $PD=OE=x$,$PE=OD=y$,$\angle PON=\alpha$,那么$\angle PEO=\theta-\pi$,$\angle OPE=\theta-\alpha$,在$\triangle PEO$ 中,应用正弦定理,有

$$\frac{r}{\sin(\pi-\theta)}=\frac{y}{\sin\alpha}=\frac{x}{\sin(\theta-\alpha)}$$

$$\Rightarrow\begin{cases}x=\dfrac{r\sin(\theta-\alpha)}{\sin\theta}\\ y=\dfrac{r\sin\alpha}{\sin\theta}\end{cases}$$

$$\begin{aligned}\Rightarrow S&=xy\sin\theta\\&=\frac{r^2\sin\alpha\sin(\theta-\alpha)}{\sin\theta}\\&=\frac{r^2}{2}\cdot\frac{\cos(2\alpha-\theta)-\cos\theta}{\sin\theta}\\&\leqslant\frac{r^2}{2}\cdot\frac{1-\cos\theta}{\sin\theta}=\frac{1}{2}r^2\tan\frac{\theta}{2}\end{aligned}$$

$$\Rightarrow S\leqslant\frac{1}{2}r^2\tan\frac{\theta}{2}$$

等号成立仅当 $\alpha=\dfrac{\theta}{2}$,此时

$$S_{\max}=\frac{1}{2}r^2\tan\frac{\theta}{2}$$

进一步地,如果记$\square PDOE$的周长为L,那么

$$L=2(x+y)=\frac{2r}{\sin\theta}[\sin\alpha+\sin(\theta-\alpha)]$$

$$=\frac{4r}{\sin\theta}\cdot\sin\frac{\theta}{2}\cos(\alpha-\frac{\theta}{2})$$

$$\leqslant\frac{4r}{\sin\theta}\cdot\sin\frac{\theta}{2}$$

$$\Rightarrow L\leqslant 2r\sec\frac{\theta}{2}$$

等号成立仅当$\alpha=\frac{\theta}{2}$,此时

$$L_{\max}=2r\sec\frac{\theta}{2}$$

以上事实说明:当$\alpha=\frac{\theta}{2}$,即点P为圆心角$\theta(\angle MON)$的角平分线与$\overset{\frown}{MN}$的交点时,$\square PDOE$的周长与面积同时达到最大值.

(3)我们再以运动的思想考虑:

问题2:扇形MON的半径为r,圆心角$0<\theta<\pi$,P为$\overset{\frown}{MN}$上的动点,$PD\perp ON$于点D,$PE\perp OM$于点E,设四边形$PDOE$的周长为L,面积为S,求S与L的最大值.

解:联结OP,则$OP=r$,设$\angle PON=\alpha$,则$\angle POE=\theta-\alpha$,如图3.29,有

$$\begin{cases}PD=r\sin\alpha\\OD=r\cos\alpha\end{cases},\begin{cases}PE=r\sin(\theta-\alpha)\\OE=r\cos(\theta-\alpha)\end{cases}$$

于是

$$L=r[\sin\alpha+\cos\alpha+\sin(\theta-\alpha)+\cos(\theta-\alpha)]$$

$$=2r[\sin\frac{\theta}{2}\cos(\alpha-\frac{\theta}{2})+\cos\frac{\theta}{2}\cos(\alpha-\frac{\theta}{2})]$$

$$=2r(\sin\frac{\theta}{2}+\cos\frac{\theta}{2})\cos(\alpha-\frac{\theta}{2})$$

$$\leqslant 2r(\sin\frac{\theta}{2}+\cos\frac{\theta}{2})$$

$$=2\sqrt{2}r\cos(\frac{\theta}{2}-\frac{\pi}{4})$$

$$\Rightarrow L\leqslant 2\sqrt{2}r\cos(\frac{\theta}{2}-\frac{\pi}{4})$$

等号成立仅当 $\alpha=\dfrac{\theta}{2}$,此时

$$L_{\max}=2\sqrt{2}r\cos\left(\frac{\theta}{2}-\frac{\pi}{4}\right)$$

注意到

$$\begin{aligned}S&=S_{\triangle PDO}+S_{\triangle PEO}\\&=\frac{1}{2}r^2[\sin(\theta-\alpha)\cos(\theta-\alpha)+\sin\alpha\cos\alpha]\\&=\frac{1}{4}r^2[\sin 2\alpha+\sin(2\theta-2\alpha)]\\&=\frac{1}{2}r^2\sin\theta\cos(2\alpha-\theta)\\&\leqslant\frac{1}{2}r^2\sin\theta\end{aligned}$$

等号成立仅当 $\alpha=\dfrac{\theta}{2}$,此时

$$S_{\max}=\frac{1}{2}r^2\sin\theta$$

这样说明:当点 P 在 $\angle MON$ 的角平分线上时,四边形 $PEOD$ 的周长与面积同时达到最大值.

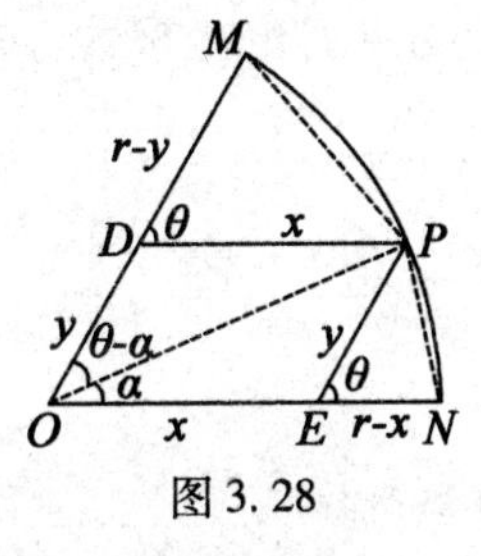

图 3.28

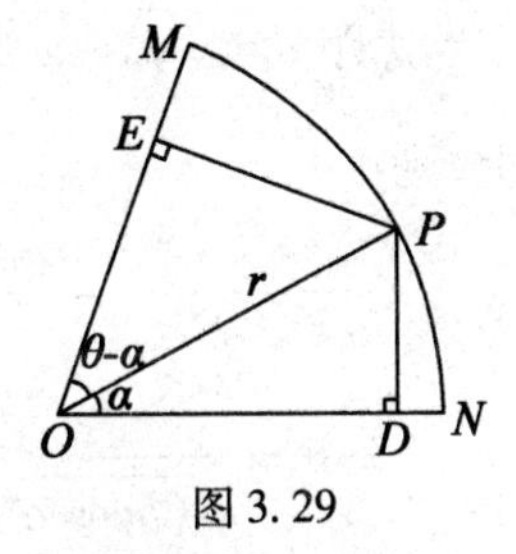

图 3.29

(4)最后,让我们充分发挥想力,将问题 2 拓展为:

问题 3:设椭圆 O 的长半轴长为 a,短半轴长为 $b(a>b>0)$,椭圆弧 $\overparen{MN}$ 所对的角 $\angle MON=\theta\in(0,\pi)$ 为定角,P 为 $\overparen{MN}$ 上的一个动点,$PD\perp ON$ 于点 D,$PE\perp OM$ 于点 E,设四边形 $PDOE$ 的周长为 L,面积为(且 $ON=a$)S,试问:L 与 S 还有最大值吗?

这个问题提得好,提得妙,很有趣.

解:(1°)如图 3.30 所示,我们仍然设 $PO=r$,$\angle POD=\alpha$,则

$$PD=r\sin\alpha,OD=r\cos\alpha,PE=r\sin(\theta-\alpha),OE=r\cos(\theta-\alpha)$$

$$L=r[\sin\alpha+\cos\alpha+\sin(\theta-\alpha)+\cos(\theta-\alpha)]$$

$$=2r(\sin\frac{\theta}{2}+\cos\frac{\theta}{2})\cos(\alpha-\frac{\theta}{2})$$

$$=2\sqrt{2}r\cos(\frac{\theta}{2}-\frac{\pi}{4})\cos(\alpha-\frac{\theta}{2})$$

$$S=\frac{1}{2}R^2[\sin(\theta-\alpha)\cos(\theta-\alpha)+\sin\alpha\cos\alpha]$$

$$=\frac{1}{2}r^2\sin\theta\cos(2\alpha-\theta)$$

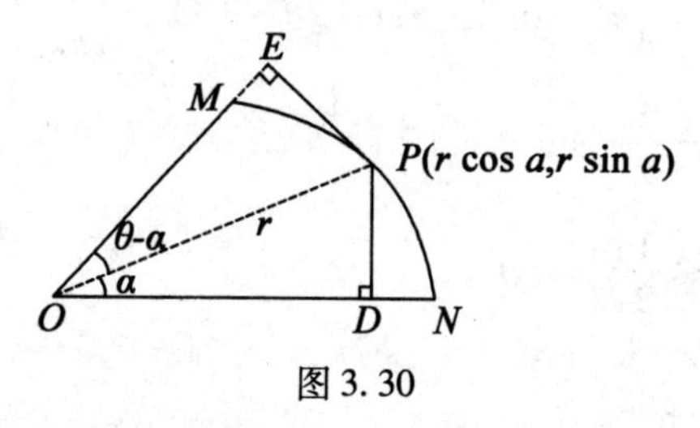

图 3.30

如果以 O 为原点,ON 所在直线为 x 轴建立平面直角坐标系,则椭圆方程为

$$\frac{x^2}{a^2}+\frac{y^2}{b^2}=1\quad(a>b>0)$$

记 $m=\sqrt{a^2+b^2}$,半焦距 $c=\sqrt{a^2-b^2}$,由于动点 P 的坐标为$(r\cos\alpha,r\sin\alpha)$,且它在椭圆弧$\overparen{MN}$上,则

$$\frac{(r\cos\alpha)^2}{a^2}+\frac{(r\sin\alpha)^2}{b^2}=1$$

$$\Rightarrow r=\frac{ab}{\sqrt{(b\cos\alpha)^2+(a\sin\alpha)^2}}$$

$$=\frac{\sqrt{2}ab}{\sqrt{b^2(1+\cos2\alpha)+a^2(1-\cos2\alpha)}}$$

$$\Rightarrow r=\frac{\sqrt{2}ab}{\sqrt{m^2-c^2\cdot\cos2\alpha}}$$

$$\Rightarrow\begin{cases}S=\dfrac{a^2b^2\sin\theta\cos(2\alpha-\theta)}{m^2-c^2\cos2\alpha}\\ L=\dfrac{4ab\cos(\frac{\theta}{2}-\frac{\pi}{4})\cos(\alpha-\frac{\theta}{2})}{\sqrt{m^2-c^2\cos2\alpha}}\end{cases}$$

(2°)设

$$f=F(\alpha)=\frac{\cos(2\alpha-\theta)}{m^2-c^2\cos 2\alpha}$$

$$\begin{aligned}
\Rightarrow m^2 f &= \cos(2\alpha-\theta)+c^2 f\cos 2\alpha\\
&=(\cos 2\alpha\cos\theta+\sin 2\alpha\sin\theta)+c^2 f\cdot\cos 2\alpha\\
&=(c^2 f+\cos\theta)\cos 2\alpha+\sin\theta\sin 2\alpha\\
&\leqslant\sqrt{(c^2 f+\cos\theta)^2+\sin^2\theta}\cdot\sqrt{(\cos 2\alpha)^2+(\sin 2\alpha)^2}
\end{aligned}$$

(利用柯西不等式)

$$\begin{aligned}
&=c^4 f^2+2c^2 f\cos\theta+1\\
\Rightarrow m^2 f^2 &\leqslant c^4 f^2+2c^2 f\cos\theta+1\\
\Rightarrow (m^4-c^4)f^2 &-(2c^2\cos\theta)f-1\leqslant 0\\
\Rightarrow [(a^2+b^2)^2 &-(a^2-b^2)^2]f^2-(2c^2\cos\theta)f-1\leqslant 0\\
\Rightarrow 4a^2b^2f^2 &-(2c^2\cos\theta)f-1\leqslant 0
\end{aligned}$$

$$\Rightarrow\frac{c^2\cos\theta-\sqrt{c^4\cos^2\theta+4a^2b^2}}{4a^2b^2}\leqslant f\leqslant\frac{c^2\cos\theta+\sqrt{c^4\cos^2\theta+4a^2b^2}}{4a^2b^2}$$

注意到$f>0$,得

$$f\leqslant\frac{c^2\cos\theta+\sqrt{c^4\cos^2\theta+4a^2b^2}}{4a^2b^2}$$

$$\begin{aligned}
\Rightarrow S&=(a^2b^2\sin\theta)f\\
&\leqslant\frac{(a^2b^2\sin\theta)(c^2\cos\theta+\sqrt{c^4\cos^2\theta+4a^2b^2})}{4a^2b^2}
\end{aligned}$$

$$\Rightarrow S_{\max}=\frac{(a^2b^2\sin\theta)(c^2\cos\theta+\sqrt{c^4\cos^2\theta+4a^2b^2})}{4a^2b^2}$$

等号成立仅当

$$\cot 2\alpha=\frac{c^2 f_{\max}+\cos\theta}{\sin\theta}$$

$$\Rightarrow\alpha=\frac{1}{2}\operatorname{arccot}\left(\frac{c^2 f_{\max}+\cos\theta}{\sin\theta}\right)$$

其中

$$f_{\max}=\frac{c^2\cdot\cos\theta+\sqrt{c^4\cos^2\theta+4a^2b^2}}{4a^2b^2}$$

有趣的是，当 $a=b$ 时，椭圆退化为圆 $a=b=r,c=0$，这时

$$f_{\max}=\frac{1}{2ab},S_{\max}=\frac{1}{2}ab\sin\theta$$

即

$$S_{\max}=\frac{1}{2}r^2\sin\theta$$

等号成立仅当

$$\cot 2\alpha=\frac{\cos\theta}{\sin\theta}=\cot\theta$$

$$\Rightarrow\alpha=\frac{\theta}{2}$$

这与前面得到的结论一致.

(3°)再设

$$p=P(\alpha)=\frac{\cos(\alpha-\frac{\theta}{2})}{\sqrt{m^2-c^2\cos 2\alpha}}$$

$$\Rightarrow m^2p^2-c^2p^2\cos 2\alpha=\cos^2(\alpha-\frac{\theta}{2})=\frac{1}{2}[1+\cos(2\alpha-\theta)]$$

$$\begin{aligned}\Rightarrow 2m^2p^2-1&=\cos(2\alpha-\theta)+2c^2p^2\cos 2\alpha\\&=(\cos 2\alpha\cos\theta+\sin 2\alpha\sin\theta)+2c^2p^2\cos 2\alpha\\&=(2c^2p^2+\cos\theta)\cos 2\alpha+\sin\theta\sin 2\alpha\\&\leqslant\sqrt{[(2c^2p^2+\cos\theta)^2+\sin^2\theta](\cos^2 2\alpha+\sin^2 2\alpha)}\\&=\sqrt{4c^4p^4+4c^2p^2\cos\theta+1}\end{aligned}$$

(利用柯西不等式)

$$\Rightarrow(2m^2p^2-1)^2\leqslant 4c^4p^4+4c^2p^2\cos\theta+1$$

$$\Rightarrow(m^4-c^4)p^2\leqslant m^2+c^2\cos\theta$$

$$\Rightarrow 4a^2b^2p^2\leqslant m^2+c^2\cos\theta$$

$$\Rightarrow p\leqslant\frac{\sqrt{m^2+c^2\cos\theta}}{2ab}$$

$$\Rightarrow L=4ab\cos(\frac{\theta}{2}-\frac{\pi}{4})p$$

$$\leqslant 2\sqrt{ab^2+c^2\cos\theta}\cos(\frac{\theta}{2}-\frac{\pi}{4})$$

$$\Rightarrow L_{\max}=2\sqrt{m^2+c^2\cos\theta}\cos(\frac{\theta}{2}-\frac{\pi}{4})$$

等号成立仅当

$$\cot 2\alpha=\frac{2c^2p_{\max}^2+\cos\theta}{\sin\theta}$$

同样地,当椭圆退化为圆时

$$a=b=r,c=a^2-b^2=0,m=\sqrt{a^2+b^2}=\sqrt{2}r$$

$$L_{\max}=2\sqrt{2}r\cos\left(\frac{\theta}{2}-\frac{\pi}{4}\right)$$

等号成立仅当

$$\cot 2\alpha=\frac{\cos\theta}{\sin\theta}=\cot\theta\Rightarrow\alpha=\frac{\theta}{2}$$

这即为前面的结论.

(4°)前面一系列趣味美妙的问题启发我们构造新的问题.

问题4:如图3.31所示,设椭圆 O 的长半轴长为 a,短半轴为长 $b(a>b>0)$,过点 O 作直线 AC 交椭圆于 A,C 两点,过点 O 作 AC 的垂线交椭圆于 B,D 两点. 求椭圆内接四边形 $ABCD$ 的周长 L 与面积 S 的最值.

解:由椭圆的对称性知,四边形 $ABCD$ 为菱形,设椭圆方程为

$$\frac{x^2}{a^2}+\frac{y^2}{b^2}=1\quad(a>b>0)\tag{9}$$

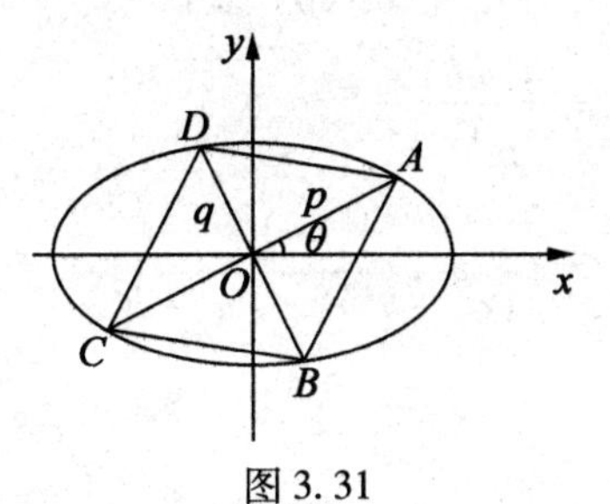

图3.31

再设 $\angle AOx=\theta\in\left[0,\frac{\pi}{2}\right]$, $|OA|=p$, $|OD|=q$, $\angle AOD=90°$, $\angle xOD=90°+\theta$,点 A 的坐标为 $A(p\cos\theta,p\sin\theta)$,点 B 的坐标为 $B(q\cos(90°+\theta),q\sin(90°+\theta))$

将点 A 的坐标代入方程(9),得

$$\frac{(p\cos\theta)^2}{a^2}+\frac{(p\sin\theta)^2}{b^2}=1$$

$$\Rightarrow p=\frac{ab}{\sqrt{(b\cos\theta)^2+(a\sin\theta)^2}}$$

$$=\frac{\sqrt{2}ab}{\sqrt{b^2(1+\cos 2\theta)+a^2(1-\cos 2\theta)}}$$

$$=\frac{\sqrt{2}ab}{\sqrt{m^2-c^2\cos 2\theta)}}$$

同理可得

$$q=\frac{\sqrt{2}ab}{\sqrt{m^2-c^2\cos 2(90^\circ+\theta)}}$$

$$=\frac{\sqrt{2}ab}{\sqrt{m^2+c^2\cos 2\theta)}}$$

其中 $m=\sqrt{a^2+b^2}, c=\sqrt{a^2-b^2}$

于是 $S=2pq$

$$=\frac{4(ab)^2}{\sqrt{m^4-c^4(\cos 2\theta)^2}}$$

于是 $0\leqslant\theta\leqslant\frac{\pi}{2}\Rightarrow 0\leqslant\theta\leqslant\pi$

$$\Rightarrow 0\leqslant(\cos 2\theta)^2\leqslant 1$$

因此,当 $\theta=0$ 或$\frac{\pi}{2}$时

$$(\cos 2\theta)^2=1$$

$$S_{\max}=\frac{4(ab)^2}{\sqrt{m^4-c^4}}$$

$$=\frac{4(ab)^2}{\sqrt{(a^2+b^2)^2-(a^2-b^2)^2}}=2ab$$

当 $\theta=\frac{\pi}{4}$时

$$\cos 2\theta=0$$

$$S_{\min}=\frac{4(ab)^2}{m^2}=\frac{4(ab)^2}{a^2+b^2}$$

另外,注意到

$$p^2+q^2=\frac{2(ab)^2}{m^2-c^2\cos 2\theta}+\frac{2(ab)^2}{m^2+c^2\cos 2\theta}$$

$$=\frac{4a^2b^2m^2}{m^4-c^4(\cos 2\theta)^2}$$

$$\Rightarrow L=4\sqrt{p^2+q^2}$$

$$=\frac{8abm}{\sqrt{m^4-c^4(\cos 2\theta)^2}}$$

因此，当 $\theta=0$ 或$\frac{\pi}{2}$时

$$L_{\max}=\frac{8abm}{\sqrt{m^4-c^4}}=4\sqrt{a^2+b^2}$$

当 $\theta=\frac{\pi}{4}$时

$$L_{\min}=\frac{8abm}{m^2}=\frac{8ab}{\sqrt{a^2+b^2}}$$

(5°)最后，我们抛出趣味迷人的：

问题5：设椭圆方程为

$$\frac{x^2}{a^2}+\frac{y^2}{b^2}=1\quad(a>b>0)\tag{10}$$

点 P 在椭圆上，且在第一象限内点 A 为椭圆长轴左端点，点 B 为椭圆短轴上端点，当 P 为动点时，求四边形 $PAOB$ 面积的最大值.

解法1：如图3.32所示，联结 AB，则 AB 是定线段，斜率一定，且 $\triangle AOB$ 的面积为定值$\frac{1}{2}ab$，因此当 $\triangle PAB$ 的面积最大时，四边形 $PAOB$ 的面积 S 也最大，作平行于 AB 且与椭圆相切于点 P 的直线 l，则切点 P 为所求点，设 l 的方程为

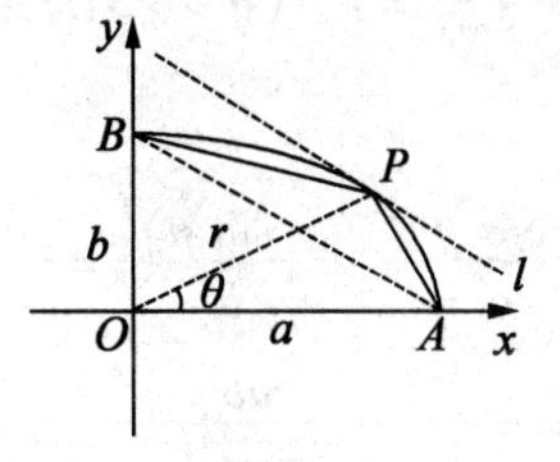

图3.32

$$y=-\frac{b}{a}x+t\quad(t>0)\tag{11}$$

将式(11)代入式(10)得

$$b^2x^2+a^2\left(-\frac{b}{a}x+t\right)^2=a^2b^2$$

$$\Rightarrow 2b^2x^2-2abtx+a^2(t^2-b^2)=0\tag{12}$$

$$\Rightarrow \Delta=(-2abt)^2-4\times 2b^2a^2(t^2-b^2)=0$$

$$\Rightarrow t=\pm\sqrt{2}b$$

取正得 $t=\sqrt{2}b$，且切线 l 的方程

$$y=-\frac{b}{a}x+\sqrt{2}b \tag{13}$$

又方程(12)有等根,则

$$x=\frac{2abt}{4b^2}=\frac{at}{2b}=\frac{a}{\sqrt{2}}$$

代入方程(13)得(代入方程(10)也可)

$$y=-\frac{b}{a}\cdot\frac{a}{\sqrt{2}}+\sqrt{2}b=\frac{b}{\sqrt{2}}$$

则坐标

$$P(\frac{a}{\sqrt{2}},\frac{b}{\sqrt{2}})$$

于是

$$S=\frac{1}{2}\times\frac{b}{\sqrt{2}}a+\frac{1}{2}\times\frac{a}{\sqrt{2}}b=\frac{\sqrt{2}}{2}ab$$

即

$$S_{\max}=\frac{\sqrt{2}}{2}ab$$

解法2:如图3.34所示,设$\angle POA=\theta$,$|OP|=r$,则$\angle POB=90^\circ-\theta$,于是点$P$的坐标可表示为$P(r\cos\theta,r\sin\theta)$,因它在椭圆

$$\frac{x^2}{a^2}+\frac{y^2}{b^2}=1 \quad (a>b>0)$$

上,那么

$$\frac{(r\cos\theta)^2}{a^2}+\frac{(r\sin\theta)^2}{b^2}=1$$

$$\Rightarrow r=\frac{ab}{\sqrt{(b\cos\theta)^2+(a\sin\theta)^2}}$$

且

$$\begin{aligned}S&=S_{\triangle POA}+S_{\triangle POB}\\&=\frac{1}{2}ar\sin\theta+\frac{1}{2}br\sin(\frac{\pi}{2}-\theta)\\&=\frac{1}{2}(a\sin\theta+b\cos\theta)r\\&=\frac{\frac{1}{2}ab(a\sin\theta+b\cos\theta)}{\sqrt{(b\cos\theta)^2+(a\sin\theta)^2}}\end{aligned}$$

利用柯西不等式有

$$2[(a\sin\theta)^2+(b\cos\theta)^2]\geqslant(a\sin\theta+b\cos\theta)^2$$

$$\Rightarrow S\leqslant\frac{\sqrt{2}}{2}ab\Rightarrow S_{\max}=\frac{\sqrt{2}}{2}ab$$

等号成立仅当

$$a\sin\theta=b\cos\theta\Rightarrow\tan\theta=\frac{b}{a}$$

$$\Rightarrow\begin{cases}\sin\theta=\dfrac{b}{\sqrt{a^2+b^2}}\\ \cos\theta=\dfrac{a}{\sqrt{a^2+b^2}}\end{cases}\Rightarrow r=\sqrt{\frac{a^2+b^2}{2}}$$

此时点 P 的坐标为$(\frac{a}{\sqrt{2}},\frac{b}{\sqrt{2}})$.

解法 3:设椭圆上点 P 的坐标为$(a\cos\varphi,b\sin\varphi)$,其中 $0<\varphi<\frac{\pi}{2}$,注意到当 $0<\varphi<\frac{\pi}{2}$时

$$\begin{aligned}\cos\varphi+\sin\varphi&=\sqrt{(\cos\varphi+\sin\varphi)^2}\\&=\sqrt{1+2\sin\varphi\cos\varphi}>1\end{aligned}$$

且
$$\cos\varphi+\sin\varphi\leqslant\sqrt{1+\sin^2\varphi+\cos^2\varphi}=\sqrt{2}$$

所以
$$1<\cos\varphi+\sin\varphi\leqslant\sqrt{2}$$

又 AB 的直线方程为

$$bx+ay=ab$$

再设点 P 到 AB 的距离为

$$\begin{aligned}h&=\frac{|ba\cos\varphi+ab\sin\varphi-ab|}{\sqrt{a^2+b^2}}\\&=\frac{ab(\cos\varphi+\sin\varphi-1)}{\sqrt{a^2+b^2}}\\&\leqslant\frac{(\sqrt{2}-1)ab}{\sqrt{a^2+b^2}}\end{aligned}$$

$$\begin{aligned}\Rightarrow S_{\triangle PAB}&=\frac{1}{2}|AB|h\\&\leqslant\frac{1}{2}\sqrt{a^2+b^2}\cdot\frac{(\sqrt{2}-1)ab}{\sqrt{a^2+b^2}}\end{aligned}$$

$$\Rightarrow S_{\triangle PAB} \leqslant \frac{\sqrt{2}-1}{2}ab$$

$$\Rightarrow S \leqslant S_{\triangle AOB} + S_{\triangle PAB}$$

$$\leqslant \frac{1}{2}ab + \frac{(\sqrt{2}-1)}{2}ab = \frac{\sqrt{2}}{2}ab$$

$$\Rightarrow S_{\max} = \frac{\sqrt{2}}{2}ab$$

仅当 $\sin\varphi = \cos\varphi \Rightarrow \varphi = \frac{\pi}{4}$时取到,此时点 P 的坐标为$(\frac{a}{\sqrt{2}},\frac{b}{\sqrt{2}})$.

解法4:设点 P 坐标为$(a\cos\varphi, b\sin\varphi)$,在 P 处的切线方程为

$$\frac{(a\cos\varphi)x}{a^2} + \frac{(b\sin\varphi)x}{b^2} = 1$$

$$\Rightarrow (b\cos\varphi)x + (a\sin\varphi)y = ab$$

当切线与 AB 平行时,$\triangle PAB$ 的面积才会最大(因此时点 P 到 AB 的距离最大),即有

$$-\frac{b}{a} \cdot \frac{\cos\varphi}{\sin\varphi} = -\frac{b}{a}$$

$$\Rightarrow \cot\varphi = 1 \Rightarrow \varphi = \frac{\pi}{4}$$

此时点 P 的坐标为$(\frac{a}{\sqrt{2}},\frac{b}{\sqrt{2}})$.

又 AB 所在直线方程为

$$bx + ay = ab$$

点 P 到 AB 的距离为

$$h = \frac{\left|b \cdot \frac{a}{\sqrt{2}} + a \cdot \frac{b}{\sqrt{2} - ab}\right|}{\sqrt{a^2+b^2}} = \frac{(\sqrt{2}-1)ab}{\sqrt{a^2+b^2}}$$

$$S_{\triangle PAB} = \frac{1}{2}AB \cdot h$$

$$= \frac{1}{2}\sqrt{a^2+b^2} \cdot \frac{(\sqrt{2}-1)ab}{\sqrt{a^2+b^2}} = \frac{\sqrt{2}-1}{2}ab$$

所以

$$S_{\max} = S_{\triangle AOB} + S_{\triangle PAB}$$

$$= \frac{1}{2}ab + \frac{\sqrt{2}-1}{2}ab$$

题 11　已知 $m>0$,若函数 $f(x)=x+\sqrt{100-mx}$ 的最大值为 $g(m)$,求 $g(m)$ 的最大值.

解法 1(求导法)　对函数 $f(x)$ 求导得

$$f'(x)=1-\frac{m}{2\sqrt{100\quad mx}}$$

$$f''(x)=-\frac{m^2}{4\sqrt{(100-mx)^3}}<0$$

所以 $f(x)$ 有最大值 $f(x_0)$,其中 x_0 满足

$$f'(x_0)=1-\frac{m}{2\sqrt{100-mx_0}}=0$$

$$\Rightarrow x_0=\frac{400-m^2}{4m}$$

$$\Rightarrow g(m)=f_{\max}(x)=f(x_0)$$

$$=x_0+\sqrt{100-mx_0}$$

$$=\frac{100}{m}+\frac{m}{4}\geqslant 2\sqrt{\frac{100}{m}\cdot\frac{m}{4}}=10$$

$$\Rightarrow f_{\min}(x)=10$$

当

$$\frac{100}{m}=\frac{m}{4}\Rightarrow m=20$$

时取到,即当 $m=20$ 时,$g(m)$ 达到最小值 10.

解法 2(判别式法)　简记 $f=f(x)$,则

$$f-x=\sqrt{100-mx}$$

$$\Rightarrow(f-x)^2=100-mx$$

$$\Rightarrow f^2-2fx+x^2=100-mx$$

$$\Rightarrow x^2+(m-2f)x+(f^2-100)=0$$

$$\Rightarrow \Delta_x=(m-2f)^2-4(f^2-100)\geqslant 0$$

$$\Rightarrow f\leqslant\frac{400+m^2}{4m}=\frac{100}{m}+\frac{m}{4}$$

$$\Rightarrow g(m)=f_{\max}=\frac{100}{m}+\frac{m}{4}$$

$$=\left(\frac{10}{\sqrt{m}}-\frac{\sqrt{m}}{2}\right)^2+10\geqslant 10$$

等号成立仅当

$$\frac{10}{\sqrt{m}}=\frac{\sqrt{m}}{2}\Rightarrow m=20$$

即当 $m=20$ 时,$g(m)$的最小值为 10.

解法 3(代换法) 作代换,令

$$t=\sqrt{100-mx}\Rightarrow x=\frac{100-t^2}{m}$$

$$\Rightarrow f(x)=\frac{100-t^2}{m}+t=-\frac{1}{m}\left(t-\frac{m}{2}\right)^2+\frac{100}{m}+\frac{m}{4}$$

当 $t=\frac{m}{4}$时,$f(x)$有最大值$\frac{100}{m}+\frac{m}{4}$,即

$$g(m)=\frac{100}{m}+\frac{m}{4}$$

所以

$$g(m)=\frac{100}{m}+\frac{m}{4}\geqslant 2\sqrt{\frac{100}{m}\cdot\frac{m}{4}}=10$$

等号成立当且仅当 $m=20$ 时成立,所以当 $m=20$ 时,$g(m)$有最小值 10.

注 有些无理函数,可用待定系数法求最值,对于本题中的无理函数$f(x)$,当 $x=0$ 时,$f(0)=10$.

当 $x\neq 0$ 时,设 $k\neq 0$,且与 x 同号,于是利用柯西不等式,有

$$\begin{aligned} f(x)&=\sqrt{\frac{x}{k}}\cdot\sqrt{kx}+\sqrt{m}\cdot\sqrt{\frac{100}{m}-x}\\ &\leqslant\sqrt{\left(\frac{x}{k}+m\right)\left(kx+\frac{100}{m}-x\right)}\\ &\leqslant\frac{1}{2}\left[\left(\frac{x}{k}+m\right)\left(kx+\frac{100}{m}-x\right)\right]\\ &=\frac{1}{2}\left(k+\frac{1}{k}-1\right)x+\frac{1}{2}\left(m+\frac{100}{m}\right)\end{aligned}$$

注意到

$$\frac{1}{2}\left(m+\frac{100}{m}\right)\geqslant\sqrt{m\cdot\frac{100}{m}}=10$$

为了消去变量 x,必须且只需令

$$k+\frac{1}{k}-1=0\Rightarrow k=\frac{1\pm\sqrt{3}\mathrm{i}}{2}\notin\mathbf{R}$$

矛盾.

题 12 已知函数

$$f(x)=2(\sin^4 x+\cos^4 x)+m(\sin x+\cos x)^4$$

在 $x\in[0,\frac{\pi}{2}]$ 上有最大值 5，求实数 m 的值.

分析 $f(x)$ 是三角函数，且次数高达 4 次，但只要我们先对 $f(x)$ 的表达式进行化简，再进行巧妙代换，即可求解.

解 由于

$$\begin{aligned}f(x)&=2(\sin^2 x+\cos^2 x)^2-4\sin^2 x\cos^2 x+m(\sin x+\cos x)^4\\&=2-(2\sin x\cos x)^2+m(\sin x+\cos x)^4\end{aligned}$$

注意到 $x\in[0,\frac{\pi}{2}]$，作代换，令

$$t=\sin x+\cos x=\sqrt{2}\sin(x+\frac{\pi}{4})\in[1,\sqrt{2}]$$

则

$$2\sin x\cos x=t^2-1$$

从而

$$\begin{aligned}f(x)&=2-(t^2-1)^2+mt^4\\&=(m-1)t^4+2t^2+1\end{aligned}$$

令 $\mu=t^2\in[1,2]$，由题意知函数

$$g(\mu)=(m-1)\mu^2+2\mu+1$$

在 $\mu\in[1,2]$ 时有最大值 5.

当 $m-1=0$ 时，$g(\mu)=2\mu+1$，在 $\mu=2$ 时有最大值 5，故 $m=1$ 符合条件.

当 $m-1>0$ 时，$g(\mu)$ 是二次增函数，$g_{\max}(\mu)=g(2)>2\times 2+1=5$，矛盾！

当 $m-1<0$ 时，$g(\mu)$ 是二次减函数，$g(\mu)<2\mu+1\leqslant 5$，矛盾！

综合上述，所求的实数 $m=1$.

注 应用代换法解题时，有时代换可以灵活机动，并非唯一，如果刚才我们作代换

$$t=2\sin x\cos x=\sin 2x\in[0,1]$$

那么

$$(\sin x+\cos x)^2=1+t$$

$$\begin{aligned}f(x)=P(t)&=2-t^2+m(1+t)^2\\&=(m-1)t^2+2mt+m+2\end{aligned}$$

当 $m-1=0$ 时，$P(t)=2t+3$，当 $t=1$ 时，$P(t)$ 取到最大值 5，符合条件.

当 $m-1>0$ 时,$P(t)$是二次增函数,有 $P_{\max}(t)>P(1)>2\times1\times1+1+2=5$,矛盾.

当 $m-1<0$ 时,$P(t)$是二次减函数,有

$$P(t)<2mt+m+2<2\times1\times1+1+2=5$$

矛盾.这样,仍然求得 $m=1$.

题 13 求函数

$$f(x)=\sqrt{27+x}+\sqrt{x}+\sqrt{13-x}$$

的值域.

分析 $f(x)$是一个多达三项的二次根式的无理函数,应先求出函数$f(x)$的定义域,往下可考虑应用柯西不等式或求导的方法求解.

解法 1 易知函数$f(x)$的定义域为 $x\in[0,13]$,因为

$$(\sqrt{13-x}+\sqrt{x})^2\geqslant(13-x)+x=13$$
$$\Rightarrow\sqrt{13-x}+\sqrt{x}\geqslant\sqrt{13}$$
$$\Rightarrow f(x)=\sqrt{27+x}+\sqrt{x}+\sqrt{13-x}$$
$$\geqslant\sqrt{x+27}+\sqrt{13}\geqslant3\sqrt{3}+\sqrt{13}$$
$$\Rightarrow f_{\min}(x)=3\sqrt{3}+\sqrt{13}$$

当 $x=0$ 时取到.

利用柯西不等式,有

$$f^2(x)=(\sqrt{27+x}+\sqrt{13-x}+\sqrt{x})^2$$
$$\leqslant[(27+x)+3(13-x)+2x](1+\frac{1}{3}+\frac{1}{2})$$
$$=66\times\frac{11}{6}=11^2$$
$$\Rightarrow f(x)\leqslant11\Rightarrow f_{\max}(x)=11$$

仅当 $x=9$ 时取到(因为等号成立仅当$(27+x):3(13-x):2x=1:\frac{1}{3}:\frac{1}{2}\Rightarrow x=9$).

所以函数$f(x)$的值域为

$$[3\sqrt{3}+\sqrt{13},11]$$

解法 2 对函数$f(x)$求导得

$$f'(x)=\frac{1}{2}\left(\frac{1}{\sqrt{x+27}}+\frac{1}{\sqrt{x}}-\frac{1}{\sqrt{13-x}}\right)=g(x)$$

记为 $g(x)$，则 $g(x)$ 在 $[0,13]$ 上是减函数且

$$g(9)=\frac{1}{2}(\frac{1}{6}+\frac{1}{3}-\frac{1}{2})=0$$

因此，当 $x\in(0,9)$ 时，$f'(x)>0$.

当 $x\in(9,13)$ 时，$f'(x)<0$，故 $f(x)$ 在 $[0,9]$ 上递增，在 $[9,13]$ 上递减，从而

$$f_{\min}(x)=f(9)=11$$

$$f_{\min}(x)=\min\{f(0),f(13)\}=f(0)=3\sqrt{3}+\sqrt{13}$$

即函数 $f(x)$ 的值域为 $[3\sqrt{3}+\sqrt{13},11]$.

题 14　设 $n\in\mathbf{N}^*$ 时

$$f_n(x)=\cos(n\arccos x)$$

是关于 x 的多少次多项式?

解　记 $\arccos x=\theta$，则 $\cos\theta=x$，于是

$$f_1(x)=\cos\theta=x$$

$$f_2(x)=\cos 2\theta=2\cos^2\theta-1=2x^2-1$$

即当 $n=1,2$ 时，$f_1(x)$ 是一次多项式，$f_2(x)$ 是二次多项式；

假设当 $n=k-1,k$ 时，$f_{k-1}(x)$ 是 $k-1(k\geqslant 2)$ 次多项式，$f_k(x)$ 是 k 次多项式.

那么，当 $n=k+1$ 时，由于

$$\begin{aligned}f_{k+1}(x)+f_{k-1}(x)&=\cos(k+1)\theta+\cos(k-1)\theta\\&=2\cos k\theta\cos\theta=2xf_k(x)\end{aligned}$$

$$\Rightarrow f_{k+1}(x)=2xf_k(x)-f_{k-1}(x)$$

因此 $f_{k+1}(x)$ 是关于 x 的 $k+1$ 次多项式.

所以，对一切 $n\in\mathbf{N}^*$，$f_n(x)$ 是关于 x 的 n 次多项式.

注　$f_n(x)=\cos(n\arccos x)$ 是著名的切比雪夫多项式，在高等数学中有广泛而重要的应用.

题 15　设 A,B,C 是一个三角形的 3 个内角，解方程

$$\cos^3 x+\cos(x+A)\cos(x+B)\cos(x+C)=0 \tag{1}$$

解 方程(1)为

$$\cos^3 x+(\cos x\cos A-\sin x\sin A)(\cos x\cos B-\sin x\sin B)\cdot(\cos x\cos C-\sin x\sin C)=0$$

上式两边同除以

$$\cos^3 x\sin A\sin B\sin C$$

得 $$(\tan x-\cot A)(\tan x-\cot B)(\tan x-\cot C)-\frac{1}{\sin A\sin B\sin C}=0$$

利用三角恒等式

$$\cot A\cot B+\cot B\cot C+\cot C\cot A=1$$

设 $$k=\cot A+\cot B+\cot C=\frac{1+\cos A\cos B\cos C}{\sin A\sin B\sin C}$$

将上式展开得

$$\tan^3 x-k\tan^2 x+\tan x-k=0$$
$$\Rightarrow(\tan x-k)(\tan^2 x+1)=0$$
$$\Rightarrow\tan x=k=\cot A+\cot B+\cot C$$
$$\Rightarrow x=n\pi+\arctan k$$

题 16 设 $n\geqslant 2$ 是常数,求函数

$$f(x)=|x+1|+|x+2|+\cdots+|x+n|$$

的最小值.

解 $f(x)$是一元线性绝对值函数,令 $x=-y$ 得

$$f(y)=|y-1|+|y-2|+\cdots+|y-n|$$

因此$f(y)$表示数轴上点 y 到 n 个点 $1,2,\cdots,n$ 的距离之和,对 n 分奇偶两种情况讨论:

(1)当 $n=2k+1(k\in\mathbf{N}^*)$为奇数时,显然只有当 $y=k+1$ 时,$f(y)$取到最小值

$$f_{\min}(y)=k+(k-1)+\cdots+1+0+1+2+\cdots+(k-1)+k=2(1+2+\cdots+k)=k(k+1)$$

所以$f_{\min}(y)=k(k+1)$.

(2)当 $n=2k(k\in\mathbf{N}^*)$为偶数时,必须(作图可知)$k\leqslant y\leqslant k+1$ 时,$f(y)$才能取到最小值

$$f_{\min}(y)=(y-1)+(y-2)+\cdots+(y-k)+(k+1-y)+$$

$$(k+2-y)+\cdots+(2k-y)$$
$$=k^2$$

所以 $$f_{\min}(y)=k^2$$

因为 $$f(x)=f(y)$$

所以 $$f_{\min}(x)=\begin{cases}k^2 & (\text{当 } n=2k \text{ 时})\\ k(k+1) & (\text{当 } n=2k+1 \text{ 时})\end{cases}$$

即 $$f_{\min}(x)=\begin{cases}\dfrac{n^2}{4} & (n\text{ 为偶数})\\ \dfrac{n^2}{4}-\dfrac{1}{4} & (n\text{ 为奇数})\end{cases}$$

上式可统一成一个公式

$$S_n=f_{\min}(x)=\frac{n^2}{4}-\frac{1-(-1)^n}{8}$$

或 $$S_n=f_{\min}(x)=\frac{n^2}{4}-\frac{1}{4}\left|\sin\frac{n\pi}{2}\right|$$

其中 $n\geqslant 2, n\in\mathbf{N}^*$.

注　这是一个求函数最值的趣味问题,由于当 $n=1$ 时

$$S_1=f(x)=|x+1|\geqslant 0$$

因此,当 $n=1$ 时,上述两个公式均成立.

如果设 $m\in\mathbf{N}^*$ 也是常数,且

$$g(x)=|x-m|+|x-m-1|+\cdots+|x-m-n+1|$$

那么,令 $y=x-m+1$,得到转化

$$g(y)=|y-1|+|y-2|+\cdots+|y-n|$$

题 17　设给定的锐角 $\triangle ABC$ 的三边长为 a,b,c,正实数 x,y,z 满足

$$\frac{ayz}{x}+\frac{bzx}{y}+\frac{cxy}{z}=P \tag{1}$$

其中 P 为给定的正实数,试求

$$S=(b+c-a)x^2+(c+a-b)y^2+(a+b-c)z^2 \tag{2}$$

的最大值.

解　因为 $\triangle ABC$ 是给定的锐角三角形,其三边 a,b,c 满足

$$b^k+c^k>a^k, c^k+a^k>b^k, a^k+b^k>c^k \quad (k=1,2)$$

应用平均值不等式有

$$(b^2+c^2-a^2)x^2+(c^2+a^2-b^2)y^2+(a^2+b^2-c^2)z^2$$
$$\leqslant\frac{1}{2}(b^2+c^2-a^2)x^2(\frac{y^2}{z^2}+\frac{z^2}{y^2})+\frac{1}{2}(c^2+a^2-b^2)y^2(\frac{z^2}{x^2}+\frac{x^2}{z^2})+$$
$$\frac{1}{2}(a^2+b^2-c^2)z^2(\frac{x^2}{y^2}+\frac{y^2}{x^2})$$
$$=(\frac{ayz}{x})^2+(\frac{bzx}{y})^2+(\frac{cxy}{z})^2$$
$$=(\frac{ayz}{x}+\frac{bzx}{y}+\frac{cxy}{z})^2-2(bcx^2+cay^2+abz^2)$$
$$\Rightarrow P^2=(\frac{ayz}{x})^2+(\frac{bzx}{y})^2+(\frac{cxy}{z})^2$$
$$\geqslant[(b+c)^2-a^2]x^2+[(c+a)^2-b^2]y^2+[(a+b)^2-c^2]z^2=(a+b+c)S$$
$$\Rightarrow S\leqslant\frac{P^2}{a+b+c}\Rightarrow S_{\max}=\frac{P^2}{a+b+c}$$

等号成立仅当

$$x=y=z$$
$$\Rightarrow ax+bx+cx=P$$
$$\Rightarrow x=y=z=\frac{P}{a+b+c}$$

即当 $x=y=z=\frac{P}{a+b+c}$ 时,S 取得最大值 $\frac{P^2}{a+b+c}$.

评注 (1)本题既有趣味性,又有技巧性,可看成满足条件(1)的三元二次函数

$$f(x,y,z)=S=\sum(b+c-a)x^2$$

的条件极值问题,如果直接应用三元对称不等式有

$$P^2=(\frac{ayz}{x})^2+(\frac{bzx}{y})^2+(\frac{cxy}{z})^2$$
$$\geqslant 3(bcx^2+cay^2+abz^2)$$
$$\Rightarrow bcx^2+cay^2+abz^2\leqslant\frac{1}{3}P^2 \tag{3}$$

这也是个简洁的漂亮结果.

若再利用柯西不等式,有

$$\frac{1}{3}P^2(a+b+c)\geqslant(a+b+c)(bcx^2+cay^2+abz^2)$$
$$\geqslant(\sqrt{abcx^2}+\sqrt{abcy^2}+\sqrt{abcz^2})^2=abc(x+y+z)^2$$

$$\Rightarrow x+y+z\leqslant\sqrt{\frac{a+b+c}{3abc}}\cdot P \tag{4}$$

这又是一个漂亮的结果.

若设 λ,μ,v 为正系数,利用柯西不等式有

$$\begin{aligned}\frac{1}{3}P^2(\lambda^2a+\mu^2b+v^2c)&\geqslant(\lambda^2a+\mu^2b+v^2c)(bcx^2+cay^2+abz^2)\\&\geqslant abc(\lambda x+\mu y+vz)^2\end{aligned}$$

$$\Rightarrow\lambda x+\mu y+vz\leqslant\sqrt{\frac{\lambda^2a+\mu^2b+v^2c}{3abc}}\cdot P \tag{5}$$

可见,这个结果就更美、更漂亮了!

(2)如果我们设△ABC 的面积为 Δ,记

$$M=(b+c-a)x+(c+a-b)y+(a+b-c)z$$

应用杨克昌不等式和“费－哈”不等式有

$$\begin{aligned}P^2&=(\frac{ayz}{x})^2+(\frac{bzx}{y})^2+(\frac{cxy}{z})^2\\&\geqslant[2(bc+ac+ab)-(a^2+b^2+c^2)](\frac{yz}{x}\cdot\frac{zx}{y}+\frac{zx}{y}\cdot\frac{xy}{z}+\frac{xy}{z}\cdot\frac{yz}{x})\\&=(x^2+y^2+z^2)(2bc+2ca+2ab-a^2-b^2-c^2)\\&\geqslant4\sqrt{3}\Delta(x^2+y^2+z^2)\end{aligned}$$

$$\Rightarrow x^2+y^2+z^2\leqslant\frac{P^2}{4\sqrt{3}\Delta} \tag{6}$$

这一结果比式(4)强.

再次应用柯西不等式有

$$\begin{aligned}M^2&=[(b+c-a)x+(c+a-b)y+(a+b-c)z]^2\\&\leqslant[(b+c-a)^2+(c+a-b)^2+(a+b-c)^2](x^2+y^2+z^2)\\&\leqslant\frac{P^2}{4\sqrt{3}\Delta}[(b+c-a)^2+(c+a-b)^2+(a+b-c)^2]\\&=\frac{P^2}{4\sqrt{3}\Delta}[3(a^2+b^2+c^2)-2(ab+bc+ca)]\end{aligned}$$

$$\Rightarrow M\leqslant(\frac{P}{2\sqrt{3}\Delta})\sqrt{4(a^2+b^2+c^2)-(a+b+c)^2} \tag{7}$$

以上所有不等式等号成立仅当

$$x=y=z=\frac{P}{3a}及\ a=b=c$$

(3)从另一种途径,仍然应用柯西不等式有

$$\left(\frac{1}{a}+\frac{1}{b}+\frac{1}{c}\right)P=\left(\frac{1}{a}+\frac{1}{b}+\frac{1}{c}\right)\left(\frac{ayz}{x}+\frac{bzx}{y}+\frac{cxy}{z}\right)$$

$$\geqslant\left(\sqrt{\frac{yz}{x}}+\sqrt{\frac{zx}{y}}+\sqrt{\frac{xy}{z}}\right)^2$$

$$\geqslant 3(x+y+z)$$

$$\Rightarrow x+y+z\leqslant\frac{P}{3}\left(\frac{1}{a}+\frac{1}{b}+\frac{1}{c}\right) \tag{8}$$

如果我们再设表达式

$$H=\frac{(b+c-a)^2}{x}+\frac{(c+a-b)^2}{y}+\frac{(a+b-c)^2}{z}$$

仍然应用柯西不等式有

$$H\cdot\frac{P}{3}\left(\sum\frac{1}{a}\right)\geqslant\sum\frac{(b+c-a)^2}{x}\cdot\left(\sum x\right)$$

$$\geqslant\sum(b+c-a)=a+b+c$$

$$\Rightarrow H\cdot\frac{P\cdot(ab+bc+ca)}{3abc}\geqslant a+b+c$$

$$\Rightarrow H\geqslant\frac{3abc(a+b+c)}{(ab+bc+ca)P}\geqslant\frac{9abc(a+b+c)}{(a+b+c)^2P}$$

$$\Rightarrow H\geqslant\frac{9abc}{(a+b+c)P} \tag{9}$$

这又是一个优美的结论.

题 18 设 $x\neq 0$,对任意 x,θ,求函数

$$f(x)=\frac{x^2+2x\sin\theta+2}{x^2+2x\cos\theta+2} \tag{1}$$

的最大值和最小值.

分析 观察函数 $f(x)$ 的解析式知,当 $\theta=\frac{\pi}{4}$ 时,$\sin\theta=\cos\theta=\frac{\sqrt{2}}{2}$,$f(x)=1$,这正是本题的趣味之处.

但本题的奇异之处在于函数 $f(x)$ 的解析式中含有两个变量 x 与 θ,我们可以将 $f(x)$ 变化为关于 x 为主变量的关系式,再应用柯西不等式求解.

记 $f(x)=y$,当 $\theta\neq 2k\pi+\frac{\pi}{4}(k\in\mathbf{Z})$ 时,$y\neq 1$,由式(1)有

$$y(x^2+2x\cos\theta+2)=x^2+2x\sin\theta+2$$

$$\Rightarrow(y-1)x^2+2(y\cos\theta-\sin\theta)x+2(y-1)=0 \tag{2}$$

因为 $x\neq0,y\neq1$,且 $x,y\in\mathbf{R}$,则方程(2)有实数根,故其判别式

$$\Delta_x=4(y\cos\theta-\sin\theta)^2-8(y-1)^2\geqslant0$$

$$\Rightarrow[\sqrt{2}(y-1)]^2\leqslant(y\cos\theta-\sin\theta)^2$$

$$\Rightarrow-(y\cos\theta-\sin\theta)\leqslant\sqrt{2}(y-1)\leqslant y\cos\theta-\sin\theta$$

$$\Rightarrow\frac{\sqrt{2}+\sin\theta}{\sqrt{2}+\cos\theta}\leqslant y\leqslant\frac{\sqrt{2}-\sin\theta}{\sqrt{2}-\cos\theta} \tag{3}$$

设 $\tan\frac{\theta}{2}=t$,则

$$\cos\theta=\frac{1-t^2}{1+t^2},\sin\theta=\frac{2t}{1+t^2}$$

代入式(3)得

$$\frac{t^2+\sqrt{2}t+1}{(\sqrt{2}-1)t^2+(\sqrt{2}+1)}\leqslant\frac{y}{\sqrt{2}}\leqslant\frac{t^2-\sqrt{2}t+1}{(\sqrt{2}+1)t^2+(\sqrt{2}-1)} \tag{4}$$

从理论上讲,此法可行,但太复杂,因此,我们需另觅新路.

解法1　设 $y=f(x)$,则

$$y=\frac{x^2+2x\sin\theta+2}{x^2+2x\cos\theta+2}$$

$$\Rightarrow x^2+2-(x^2+2)y=2xy\cos\theta-2x\sin\theta$$

$$\Rightarrow|(x^2+2)(1-y)|=|2x(y\cos\theta-\sin\theta)|$$

$$\leqslant|2x\sqrt{(y^2+1)(\cos^2\theta+\sin^2\theta)}|=|2x\sqrt{y^2+1}|$$

$$\Rightarrow|2x|\sqrt{y^2+1}\geqslant(x^2+2)|1-y|\geqslant2\sqrt{2}|x|\cdot|1-y|$$

$$\Rightarrow\sqrt{y^2+1}\geqslant\sqrt{2}|1-y|$$

$$\Rightarrow y^2+1\geqslant2(1-y)^2$$

$$\Rightarrow y^2-4y+1\leqslant0$$

$$\Rightarrow2-\sqrt{3}\leqslant y\leqslant2+\sqrt{3}$$

$$\Rightarrow2-\sqrt{3}\leqslant f(x)\leqslant2+\sqrt{3}$$

$$\Rightarrow\begin{cases}f_{\min}(x)=2-\sqrt{3}\\f_{\max}(x)=2+\sqrt{3}\end{cases}$$

仅当 $x=\pm\sqrt{2},\cos\theta=\frac{\sqrt{6}\pm\sqrt{2}}{4},\sin\theta=\frac{\sqrt{2}\pm\sqrt{6}}{4}$时取到.

解法2 设 $y=f(x)$，则

$$y=\frac{x^2+2x\sin\theta+2}{x^2+2x\cos\theta+2}$$

$$\Rightarrow y(x^2+2x\cos\theta+2)=x^2+2x\sin\theta+2$$

$$\Rightarrow (y-1)x^2+2(y\cos\theta-\sin\theta)x+2(y-1)=0 \tag{5}$$

当 $\tan\theta=1$ 时，$\sin\theta=\cos\theta$，$y=1$.

当 $y\neq1$ 时，式(5)为关于 x 的二次方程，有实数根，故其判别式

$$\Delta_x=4(y\cos\theta-\sin\theta)^2-8(y-1)^2\geqslant0$$

$$\Rightarrow 2(y-1)^2\leqslant(y\cos\theta-\sin\theta)^2=(y^2+1)\cos^2(\theta-\varphi)\leqslant y^2+1$$

$$\Rightarrow 2(y-1)^2\leqslant y^2+1$$

$$\Rightarrow y^2-4y+1\leqslant0$$

$$\Rightarrow 2-\sqrt{3}\leqslant y\leqslant2+\sqrt{3}$$

$$\Rightarrow 2-\sqrt{3}\leqslant f(x)\leqslant2+\sqrt{3}$$

其中 $\tan\varphi=-\frac{1}{y}$，所以

$$f_{\min}(x)=2-\sqrt{3},f_{\max}(x)=2+\sqrt{3}$$

当 $x=\pm\sqrt{2}$，$\cos\theta=\frac{\sqrt{6}\pm\sqrt{2}}{4}$，$\sin\theta=\frac{\sqrt{2}\pm\sqrt{6}}{4}$时取到.

题19 设常数 $m>0$，$x_i\in(0,m)(i=1,2,\cdots,n;n\geqslant2)$满足

$$\prod_{i=1}^{n}x_i=\prod_{i=1}^{n}(m-x_i)^2$$

求表达式 $f(x)=\prod_{i=1}^{n}x_i$ 的极值.

解 (1)为了运算方便，我们简记 $P=f(x)=\prod_{i=1}^{n}x_i$，根据已知条件，应用平均值不等式有

$$P^3=\left(\prod_{i=1}^{n}x_i\right)^3=\left[\prod_{i=1}^{n}x_i(m-x_i)\right]^2$$

$$\leqslant\left[\prod_{i=1}^{n}\left(\frac{x_i+(m-x_i)}{2}\right)^2\right]^2=\left(\frac{m}{2}\right)^{4n}$$

$$\Rightarrow P\leqslant\left(\frac{m}{2}\right)^{\frac{4n}{3}} \tag{1}$$

等号成立仅当

$$x_i = m - x_i \Rightarrow x_i = \frac{m}{2}$$

及

$$\left(\frac{m}{2}\right)^n = \left(\frac{m}{2}\right)^{2n} \Rightarrow m = 2$$

即当 $m = 2, x_1 = x_2 = \cdots = x_n = 1$ 时

$$f_{\max}(x) = P_{\max} = 1 \tag{2}$$

(2)仍然应用平均值不等式有

$$\begin{aligned} P &= \prod_{i=1}^{n} x_i = [\prod_{i=1}^{n}(m - x_i)]^2 \\ &\leqslant \left[\frac{\sum_{i=1}^{n}(m - x_i)}{n}\right]^{2n} = \left(m - \frac{\sum_{i=1}^{n} x_i}{n}\right)^{2n} \\ &\leqslant [m - (\prod_{i=1}^{n} x_i)^{\frac{1}{n}}]^{2n} \end{aligned} \tag{3}$$

记 $P^{\frac{1}{2n}} = t > 0$，由于

$$\begin{aligned} 0 < x_i < m &\Rightarrow 0 < P^{\frac{1}{2n}} < \sqrt{m} \\ &\Rightarrow P^{\frac{1}{2n}} \leqslant m - P^{\frac{1}{m}} \Rightarrow t \leqslant m - t^2 \\ &\Rightarrow t^2 + t - m \leqslant 0 \\ &\Rightarrow 0 < t \leqslant \frac{\sqrt{4m+1} - 1}{2} \\ &\Rightarrow f(x) = P \leqslant \left(\frac{\sqrt{4m+1} - 1}{2}\right)^{2n} \\ &\Rightarrow f_{\max}(x) = \left(\frac{\sqrt{4m+1} - 1}{2}\right)^{2n} \end{aligned} \tag{4}$$

因为当 $x_1 = x_2 = \cdots = x_n = x$ 时

$$\begin{aligned} x^n = (m - x)^{2n} &\Rightarrow x = (m - x)^2 \\ &\Rightarrow x^2 - (2m+1)x + m^2 = 0 \\ &\Rightarrow x = \frac{2m + 1 - \sqrt{4m+1}}{2} \in (0, m) = \left(\frac{\sqrt{4m+1} - 1}{2}\right)^2 \end{aligned}$$

即当 $x_i = \frac{1}{2}(2m + 1 - \sqrt{4m+1})(1 \leqslant i \leqslant n)$ 时，$f_{\max}(x) = \left(\frac{\sqrt{4m+1} - 1}{2}\right)^{2n}$.

(3)显然，当 $m = 2$ 时，以上两种情况得到的结果相同，均为 $f_{\max}(x) = 1$(当

$m=2$ 时),但当 $m\neq 2$ 时,得到的两个最大值$\left(\dfrac{\sqrt{4m+1}-1}{2}\right)^{2n}$与$\left(\dfrac{m}{2}\right)^{\frac{4n}{3}}$谁大谁小呢?

令$\dfrac{m}{3}=x^3\Rightarrow m=3x^3$,作差

$$
\begin{aligned}
T(x)&=\frac{\sqrt{4m+1}-1}{2}-\left(\frac{m}{3}\right)^{\frac{2}{3}}=T'(m)\\
&=\frac{\sqrt{12x^3+1}-1}{2}-x^2\\
&=\frac{1}{2}(\sqrt{12x^3+1}-2x^2-1)\\
&=\frac{(\sqrt{12x^3+1})^2-(2x^2-1)^2}{2(\sqrt{12x^3+1}+2x^2+1)}\\
&=\frac{-2x(x^2-3x+1)}{\sqrt{12x^3+1}+2x^2+1}
\end{aligned}
$$

记
$$M(x)=\frac{2x}{\sqrt{12x^3+1}+2x^2+1}>0$$

则
$$
\begin{aligned}
T(x)&=-(x^2-3x+1)M(x)\\
&=-(x-\frac{3-\sqrt{5}}{2})(x-\frac{3+\sqrt{5}}{2})M(x) \qquad (5)
\end{aligned}
$$

观察式(5)知,当

$$
\begin{aligned}
&\frac{3-\sqrt{3}}{2}\leqslant x\leqslant\frac{3+\sqrt{3}}{2}\\
&\Leftrightarrow 3(\frac{3-\sqrt{3}}{2})^3\leqslant m\leqslant 3(\frac{3+\sqrt{3}}{2})^3\\
&\Rightarrow T(x)\geqslant 0\Leftrightarrow T(m)\geqslant 0\\
&\Leftrightarrow\frac{\sqrt{4m+1}-1}{3}\geqslant(\frac{m}{3})^{\frac{2}{3}}
\end{aligned}
$$

同理,当 $0<m\leqslant 3(\dfrac{3-\sqrt{3}}{2})$ 或 $m\geqslant 3(\dfrac{33\sqrt{3}}{2})^3$ 时

$$\frac{\sqrt{4m+1}-1}{3}\leqslant(\frac{m}{3})^{\frac{2}{3}}$$

题20 设 $x,y,z\in\mathbf{R}^*$,满足 $x+y+z=k(0<k\leqslant 1$ 为常数),求函数

$$f(x,y,z)=(\frac{1}{\sqrt{x}}-\sqrt{x})(\frac{1}{\sqrt{y}}-\sqrt{y})(\frac{1}{\sqrt{z}}-\sqrt{z})$$

的最小值.

解　因为

$$x^2(y-z)^2+y^2(z-x)^2+z^2(x-y)^2\geqslant 0$$
$$\Rightarrow 2(x^2y^2+y^2z^2+z^2x^2)\geqslant 2xyz(x+y+z)$$
$$\Rightarrow x^2y^2+y^2z^2+z^2x^2\geqslant xyz(x+y+z)$$
$$\Rightarrow (xy+yz+zx)^2\geqslant 3xyz(x+y+z)=3xyzk$$
$$\Rightarrow xy+yz+zx\geqslant \sqrt{3kxyz} \tag{1}$$

等号成立仅当 $x=y=z=\frac{k}{3}$.

又
$$f=\frac{(1-x)(1-y)(1-z)}{\sqrt{xyz}}$$
$$=\frac{1-(x+y+z)+(xy+yz+zx)-xyz}{\sqrt{xyz}}$$
$$\geqslant\frac{1-k+\sqrt{3kxyz}-xyz}{\sqrt{xyz}}$$
$$\Rightarrow f\geqslant -\sqrt{xyz}+\frac{t-k}{\sqrt{xyz}}+\sqrt{3k} \tag{2}$$

又
$$0<\sqrt{xyz}\leqslant(\frac{x+y+z}{3})^{\frac{3}{2}}=(\frac{k}{3})^{\frac{3}{2}}$$

因为函数

$$g(t)=-t+\frac{1-k}{t}+\sqrt{3k} \tag{3}$$

在$(0,+\infty)$上是减函数,则

$$g(\sqrt{xyz})\geqslant g[(\frac{k}{3})^{\frac{3}{2}}]$$
$$=-(\frac{k}{3})^{\frac{3}{2}}+\frac{3\sqrt{3}(1-k)}{\sqrt{k^3}}+\sqrt{3k}$$
$$=(\sqrt{\frac{3}{k}}-\sqrt{\frac{k}{3}})^3$$
$$\Rightarrow f\geqslant g(\sqrt{xyz})\geqslant(\sqrt{\frac{3}{k}}-\sqrt{\frac{k}{3}})^3$$
$$\Rightarrow f_{\min}(x,y,z)=(\sqrt{\frac{3}{k}}-\sqrt{\frac{k}{3}})^3$$

仅当 $x=y=z=\frac{k}{3}$ 时取到.

注 本题题意简洁,$f(x,y,z)$ 的结构对称,且上述解答初等漂亮.

其实,我们还可建立本题的推广.

推广:设自然数 $n\geqslant 2$,常数 $k<\sqrt{2}-1$,$0<x_i<\sqrt{2}-1(i=1,2,\cdots,n)$ 满足 $\sum_{i=1}^{n}x_ip_i=k$,求表达式

$$f(x)=\prod_{i=1}^{n}(\frac{1}{\sqrt{x_i}}-\sqrt{x_i})^{p_i}$$

的最小值,其中 $p_i>0$,$\sum_{i=1}^{n}p_i=1$.

分析:记 $G=\sqrt[n]{x_1x_2\cdots x_n}$,则

$$nG\leqslant x_1+x_2+\cdots+x_n=k$$

利用平均值不等式有

$$\begin{aligned}1-x_i&=(1-k)+(x_1+x_2+\cdots+x_n-x_i)\quad(1\leqslant i\leqslant n)\\&\geqslant(1-k)+(n-1)\sqrt[n-1]{\frac{x_1x_2\cdots x_n}{x_i}}\\&=(1-k)+(n-1)\sqrt[n-1]{\frac{G^n}{x_i}}\end{aligned}$$

$$\Rightarrow\prod_{i=1}^{n}(1-x_i)\geqslant\prod_{i=1}^{n}\left[(1-k)+(n-1)\sqrt[n-1]{\frac{G^n}{x_i}}\right]$$

(利用赫尔德不等式)

$$\begin{aligned}&\geqslant\left[(1-k)+(n-1)\left(\prod_{i=1}^{n}\sqrt[n-1]{\frac{G^n}{x_i}}\right)^{\frac{1}{n}}\right]^n\\&=[(1-k)+(n-1)G]^n\end{aligned}$$

$$f=\prod_{i=1}^{n}\left(\frac{1}{\sqrt{x_i}}-\sqrt{x_i}\right)=\frac{\prod_{i=1}^{n}(1-x_i)}{\sqrt{\prod_{i=1}^{n}x_i}}\geqslant\left[\frac{(1+k)+(n-1)G}{\sqrt{G}}\right]^n$$

$$\Rightarrow f\geqslant\left[\left(\frac{1}{\sqrt{G}}-\sqrt{G}\right)+(n\sqrt{G}-\frac{k}{\sqrt{G}})\right]^n\tag{4}$$

注意到 $n\sqrt{G}-\frac{k}{\sqrt{G}}=\frac{nG-k}{\sqrt{G}}\leqslant 0$,记 $t=\sqrt{G}\leqslant\sqrt{\frac{k}{n}}$,那么,显然 $g(t)=\frac{1}{t}-t$

在(0,1)内是减函数,于是$g(t)\leqslant g\left(\sqrt{\frac{k}{n}}\right)=\sqrt{\frac{n}{k}}-\sqrt{\frac{k}{n}}$.

但是,由式(4)不能有

$$f\geqslant(g(t))^n\geqslant\left(\sqrt{\frac{n}{k}}-\sqrt{\frac{k}{n}}\right)^n \tag{5}$$

所以,我们不能利用上述方法求解.

现在,我们增设约束条件$0<k<\frac{n}{2n-1}<1$,注意到$G\leqslant\frac{n(1-k)}{k}+(n-1)=\frac{n-k}{k}$,利用加权平均不等式有

$$(1-k)+(n-1)G=\frac{n(1-k)}{k}\cdot\frac{k}{n}+(n-1)G\geqslant\frac{n-k}{n}\left[\left(\frac{k}{n}\right)^{\frac{n(1-k)}{k}}\cdot G^{n-1}\right]^{\frac{k}{n-k}}$$

利用式(4)有

$$f\geqslant\left\{\frac{n-k}{k}\left[\left(\frac{k}{n}\right)^{\frac{n(1-k)}{k}}G^{n-1}\right]^{\frac{k}{n-k}}\right\}^n\frac{1}{\sqrt{G^n}}=\left(\frac{n-k}{k}\right)^n\left(\frac{k}{n}\right)^{\frac{n^2(1-k)}{n-k}}\cdot G^{\lambda} \tag{1$'$}$$

其中$\lambda=\frac{n[(2n-1)k-n]}{2(n-k)}\leqslant0$,于是

$$f\geqslant\left(\frac{n-k}{k}\right)^n\left(\frac{k}{n}\right)^{\frac{n^2(1-k)}{n-k}}\left(\frac{k}{n}\right)^{\lambda}=\left(\frac{n-k}{k}\right)^n\left(\frac{k}{n}\right)^{\theta} \tag{2$'$}$$

其中

$$\theta=\frac{n}{2}\cdot\frac{2-n-(2n-1)k}{n-k}$$

又因为

$$\frac{2-n-(2n-1)k}{n-k}<1\Leftrightarrow(n-1)(k+1)>0$$

所以$\theta<\frac{n}{2}$,注意到$0<\frac{k}{2}<1$,有

$$f\geqslant\left(\frac{n-k}{k}\right)^n\left(\frac{k}{n}\right)^{\frac{n}{2}}=\left(\sqrt{\frac{n}{k}}-\sqrt{\frac{k}{n}}\right)^n \tag{3$'$}$$

其中$0<k<\frac{n}{2n-1}$,上式(3)′等号成立仅当

$$x_1=x_2=\cdots=x_n=\frac{k}{n}$$

略解:设$0<t<\sqrt{2}-1$,关于t的函数为

$$T(t)=\ln\left(\frac{1}{\sqrt{t}}-\sqrt{t}\right)=\ln(1-t)-\frac{1}{2}\ln t$$

求导得
$$T'(t)=\frac{1}{t-1}-\frac{1}{2t}$$
$$T''(t)=\frac{1}{2t^2}-\frac{1}{(t-1)^2}=\frac{1-2t-t^2}{2t^2(t-1)^2}$$
$$=\frac{(t+\sqrt{2}+1)(\sqrt{2}-1-t)}{2t^2(t-1)^2}>0$$
所以，$T(t)$是凸函数，利用琴生不等式有
$$\sum_{i=1}^{n}p_iT(x_i)\geqslant T(\sum_{i=1}^{n}p_ix_i)$$
$$\Rightarrow\sum_{i=1}^{n}p_i\ln\left(\frac{1}{\sqrt{x_i}}-\sqrt{x_i}\right)\geqslant\ln\left(\frac{1}{\sqrt{k}}-\sqrt{k}\right)$$
$$\Rightarrow\ln\prod_{i=1}^{n}\left(\frac{1}{\sqrt{x_i}}-\sqrt{x_i}\right)^{p_i}\geqslant\ln\left(\frac{1}{\sqrt{k}}-\sqrt{k}\right)$$
$$\Rightarrow f(x)=\prod_{i=1}^{n}\left(\frac{1}{\sqrt{x_i}}-\sqrt{x_i}\right)^{p_i}\geqslant\frac{1}{\sqrt{k}}-\sqrt{k}\tag{6}$$
$$\Rightarrow f_{\min}(x)=\frac{1}{\sqrt{k}}-\sqrt{k}$$
仅当 $x_1=x_2=\cdots=x_n=k<\sqrt{2}-1$ 时取到.

特别地，当 $p_1=p_2=\cdots=p_n=\frac{1}{n}$时，有
$$\prod_{i=1}^{n}\left(\frac{1}{\sqrt{x_i}}-\sqrt{x_i}\right)\geqslant\left(\frac{1}{\sqrt{k}}-\sqrt{k}\right)^n\tag{7}$$
若设 $q_i>0$，$S=\sum_{i=1}^{n}q_i$，令 $p_i=\frac{q_i}{S}(i=1,2,\cdots,n)$，式(6) 化为
$$\prod_{i=1}^{n}\left(\frac{1}{\sqrt{x_i}}-\sqrt{x_i}\right)\geqslant\left(\frac{1}{\sqrt{k}}-\sqrt{k}\right)^S\tag{8}$$
从上面的推证可知，当$\sqrt{2}-1<x_i<1(i=1,2,\cdots,n)$时，$k\in(\sqrt{2}-1,1)$，$T(t)$为凹函数，这时以上各式中的不等号反向.

题 21 设常数$0<\lambda\leqslant 2$，a,b,c 是一个三角形的三边长，求函数
$$f(a,b,c)=\frac{(\lambda a+b+c)(\lambda b+c+a)(\lambda c+a+b)}{(b+c)(c+a)(a+b)}$$
的极值.

解　我们证明

$$(1+\frac{\lambda}{2})^3 \leqslant f(a,b,c) < (1+\lambda)^2 \tag{1}$$

为此,设

$$\begin{cases} x=a^3+b^3+c^3 \\ y=a^2(b+c)+b^2(c+a)+c^2(a+b) \\ z=abc \end{cases}$$

$$\begin{aligned} &\Rightarrow(\lambda a+b+c)(\lambda b+c+a)(\lambda c+a+b) \\ &=\lambda^3 z+\lambda^2 y+\lambda(x+y+z)+3z+y+2z \\ &=\lambda^3 z-2\lambda^2 z+\lambda(x+z)+(y+2z)(\lambda^2+\lambda+1) \end{aligned}$$

$$(b+c)(c+a)(a+b)=y+2z$$

于是,式(1)化为

$$(1+\frac{\lambda}{2})^3 \leqslant \frac{\lambda^3 z-2\lambda^2 z+\lambda(x+z)+(y+2z)(\lambda^2+\lambda+1)}{y+2z} < (1+\lambda)^2 \tag{2}$$

$$\Leftrightarrow \lambda^2+2\lambda+1 > \frac{\lambda^3 z-2\lambda^2 z+\lambda(x+z)}{y+2z}+\lambda^2+\lambda+1 \geqslant \frac{\lambda^3}{8}+\frac{3\lambda^2}{4}+\frac{3\lambda}{2}+1$$

$$\Leftrightarrow \frac{\lambda^2}{8}-\frac{\lambda}{4}+\frac{1}{2} \leqslant \frac{\lambda^2 z+2\lambda z+x+z}{y+2z} < 1 \tag{3}$$

应用平均值不等式有

$$\begin{aligned} y &= a(b^2+c^2)+b(c^2+a^2)+c(a^2+b^2) \\ &\geqslant 2abc+2bca+2cab=6z \end{aligned}$$

又 $2x=(a^3+b^3)+(b^3+c^3)+(c^3+a^3)$

$$\begin{aligned} &=(a+b)(a^2-ab+b^2)+(b+c)(b^2-bc+c^2)+(c+a)(c^2-ca+a^2) \\ &\geqslant(a+b)ab+(b+c)bc+(c+a)ca=y \end{aligned}$$

$$\Rightarrow 2x \geqslant y \geqslant 6z$$

$$\Rightarrow \begin{cases} z \leqslant \frac{1}{8}(y+2z) \\ x+z \geqslant \frac{1}{2}(y+2z) \end{cases}$$

$$\begin{aligned} &\Rightarrow \frac{\lambda^2 z-2\lambda z+x+z}{y+2z}=\frac{-z\cdot\lambda(2-\lambda)+x+z}{y+2z} \\ &\qquad \geqslant \frac{1}{2}-\frac{1}{8}\lambda(2-\lambda)=\frac{\lambda^2}{8}-\frac{\lambda}{4}+\frac{1}{2} \end{aligned}$$

即式(3)左边成立.

又从

$$0<\lambda\leqslant 2\Rightarrow(\lambda-1)^2\leqslant 1$$

$$\Rightarrow\frac{\lambda^2z-2\lambda z+z+x}{y+2z}=\frac{x+z(\lambda-1)^2}{y+2z}\leqslant\frac{x+z}{y+2z}$$

又 $x=\sum a^3-\sum a^2(b+c)=y$,所以

$$\frac{\lambda^2z-2\lambda z+z+x}{y+2z}\leqslant\frac{x+z}{y+2z}<\frac{y+z}{y+2z}<1$$

因此式(3)右边成立.

综合上述,式(3)成立,从而式(1)成立,所以

$$f_{\min}(a,b,c)=(1+\frac{\lambda}{2})^3$$

$f(a,b,c)$没有最大值.

评注 (1)本题中的$f(a,b,c)$的表达式比较庞大而又特别,其求解过程不亚于打一场歼灭战.

若记$P=\prod(\lambda a+b+c)$,运用赫尔德不等式有

$$P\geqslant(\lambda\sqrt[3]{abc}+\sqrt[3]{abc}+\sqrt[3]{abc})^3=(\lambda+2)^3\cdot abc \tag{4}$$

如果应用杨克昌不等式,则有

$$P\geqslant\sqrt{(bc+ca+ab)^3}\sqrt{[(\lambda+1+1)^2-2(\lambda^2+1^2+1^2)]^3}$$

$$\Rightarrow F(a,b,c)=\frac{\prod(\lambda a+b+c)^2}{(bc+ca+ab)^3}\geqslant[\lambda(4-\lambda)]^3 \tag{5}$$

其中约定$0<\lambda<4$.

显然,当$a=b=c$时,式(5)化为

$$(2+\lambda)^6\geqslant[3\lambda(4-\lambda)]^3$$

$$\Leftrightarrow(2+\lambda)^2\geqslant 3\lambda(4-\lambda)$$

$$\Leftrightarrow 4(\lambda-1)^2\geqslant 0$$

(2)如果设$0<\lambda\leqslant 1$时,$p=x+y+z\geqslant 3\sqrt[3]{xyz}$,且

$$\begin{cases}b+c=2x>0\\c+a=2y>0\\a+b=2z>0\end{cases}\Rightarrow\begin{cases}a=y+z-x\\b=z+x-y\\c=x+y-z\end{cases}$$

$$\Rightarrow P=\prod(\lambda a+b+c)=\prod[\lambda(y+z-x)+2x]$$

$$=\prod[\lambda p+2(1-\lambda)x]$$

$$\geqslant[\lambda p+2(1-\lambda)\sqrt[3]{xyz}]^3$$

$$\geqslant [3\lambda\sqrt[3]{xyz}+2(1-\lambda)\sqrt[3]{xyz}]^3$$
$$=(\lambda+2)^3xyz$$
$$\Rightarrow f(a,b,c)=\frac{P}{8xyz}\geqslant(1+\frac{\lambda}{2})^3$$

即当 $0<\lambda\leqslant1$ 时,用上述方法证明快捷有效,但当 $2\geqslant\lambda>1$ 时

$$P=\prod[\lambda(y+z-x)+2x]=\prod[\lambda(y+z)+(2-\lambda)x]$$
$$\geqslant[\lambda\sqrt[3]{(y+z)(z+x)(x+y)}+(2-\lambda)\sqrt[3]{xyz}]^3$$
$$\geqslant[2\lambda\sqrt[3]{xyz}+(2-\lambda)\sqrt[3]{xyz}]^3=(\lambda+2)^3xyz$$
$$\Rightarrow f(a,b,c)=\frac{P}{8xyz}\geqslant(1+\frac{\lambda}{2})^3$$

此外,因为

$$f(a,b,c)=\frac{P}{8xyz}=\prod\left[\lambda\left(\frac{y+z}{2x}\right)+\frac{2-\lambda}{2}\right]$$
$$\leqslant\left\{\frac{1}{3}\sum\left[\lambda\left(\frac{y+z}{2x}\right)+\frac{2-\lambda}{2}\right]\right\}^3$$
$$=\left[\frac{\lambda}{6}\left(\sum\frac{y+z}{x}\right)+\frac{2-\lambda}{2}\right]^3$$

由于对于任意正数 x,y,z,有

$$\frac{1}{3}\sum\frac{y+z}{x}\geqslant\sqrt[3]{\frac{(y+z)(z+x)(x+y)}{xyz}}\geqslant2$$

所以 $f(a,b,c)$ 只有最小值 $(1+\frac{\lambda}{2})^3$,而没有最大值.

(3)现在,我们利用前面的技巧,不难建立下面的推广.

推广:设常数 $0<\lambda\leqslant\frac{n-1}{n-2}$, $a_1,a_2,\cdots,a_n$ 均为正数,记 $S=\sum\limits_{i=1}^{n}a_i(n\geqslant3,n\in\mathbf{N}^*)$,求表达式

$$F(n)=\frac{\prod\limits_{i=1}^{n}[S+(\lambda-1)a_i]}{\prod\limits_{i=1}^{n}(S-a_i)}$$

的最小值.

解:作代换,设 $X=\sum\limits_{i=1}^{n}x_i$,则

$$S-a_i=(n-1)x_i\quad(1\leqslant i\leqslant2)$$

$$\Rightarrow \sum_{i=1}^{n}(S-a_i)=(n-1)\sum_{i=1}^{n}x_i$$

$$\Rightarrow nS-S=(n-1)X \Rightarrow S=X$$

$$\Rightarrow X-a_i=S-a_i=(n-1)x_i$$

$$\Rightarrow a_i=X-(n-1)x_i \quad (1 \leqslant i \leqslant n)$$

$$\begin{aligned}\Rightarrow S+(\lambda-1)a_i &= X+(\lambda-1)[X-(n-1)x_i]\\ &= \lambda X-(n-1)(\lambda-1)x_i\\ &= \lambda(X-x_i)+[\lambda-(n-1)(\lambda-1)]x_i\\ &= \lambda(X-x_i)+[(n-1)-(n-2)\lambda]x_i\end{aligned}$$

$$\Rightarrow \prod_{i=1}^{n}[S+(\lambda-1)a_i]=\prod_{i=1}^{n}\{\lambda(X-x_i)+[(n-1)-(n-2)\lambda]x_i\}$$

因为$0<\lambda\leqslant\frac{n-1}{n-2}\Rightarrow(n-1)-(n-2)\lambda\geqslant 0$,又易由平均值不等式得

$$X-x_i \geqslant (n-1)\sqrt[n-1]{\frac{x_1x_2\cdots x_n}{x_i}} \quad (i=1,2,\cdots,n)$$

$$\Rightarrow \prod_{i=1}^{n}(X-x_i)\geqslant(n-1)^n\cdot(x_1x_2\cdots x_n)$$

简记$G=(x_1x_2\cdots x_n)^{\frac{1}{n}}=\left(\prod_{i=1}^{n}x_i\right)^{\frac{1}{n}}$.

利用赫尔德不等式有

$$\begin{aligned}&\prod_{i=1}^{n}[S+(\lambda-1)a_i]\\ &\geqslant \left\{\lambda\left[\prod_{i=1}^{n}(X-x_i)\right]^{\frac{1}{n}}+[(n-1)-(n-2)\lambda]\left(\prod_{i=1}^{n}x_i\right)^{\frac{1}{n}}\right\}^n\\ &\geqslant \{(n-1)\lambda G+[(n-1)-(n-2)\lambda]G\}^n=(n-1+\lambda)^nG^n\end{aligned}$$

$$\begin{aligned}\Rightarrow F(n) &= \frac{\prod_{i=1}^{n}[S+(\lambda-1)a_i]}{\prod_{i=1}^{n}(S-a_i)}=\frac{\prod_{i=1}^{n}[S+(\lambda-1)a_i]}{\prod_{i=1}^{n}[(n-1)x_i]}\\ &= \frac{\prod_{i=1}^{n}[S+(\lambda-1)a_i]}{(n-1)^nG^n}\geqslant\left(1+\frac{\lambda}{n-1}\right)^n\end{aligned}$$

$$\Rightarrow F_{\min}(n)=\left(1+\frac{\lambda}{n-1}\right)^n$$

仅当$x_1=x_2=\cdots=x_n\Rightarrow a_1a_2=\cdots=a_n$时取到.

特别地，当 $n=2$ 时，得到

$$F_{\min}(2)=(1+\lambda)^2 \quad (\text{其中 } \lambda>0)$$

当 $n=3$ 时，得到

$$F_{\min}(3)=\left(1+\frac{\lambda}{2}\right)^3$$

另外，由于

$$\begin{aligned}
& a_i < S-a_i \quad (i=1,2,\cdots,n) \\
\Rightarrow & \prod_{i=1}^{n}[S+(\lambda-1)a_i] = \prod_{i=1}^{n}[(S-a_i)+\lambda a_i] \\
& < \prod_{i=1}^{n}[(S-a_i)+\lambda(S-a_i)] \\
& = (\lambda+1)^n\prod_{i=1}^{n}(S-a_i)
\end{aligned}$$

$$\Rightarrow\left(1+\frac{\lambda}{n-1}\right)^n \leqslant F(n) < (1+\lambda)^n \tag{6}$$

当取 $n=3$ 时，式(6)化为式(1)

(4)许多美妙的数学问题，都有漂亮的配对，如前面的推广，就有非常漂亮的配对.

配对：设 $n\geqslant 2, n\in \mathbf{N}^*, a_i>0, 0<k_i<\frac{n-1}{n}(i=1,2,\cdots,n)$，记 $K=\sum_{i=1}^{n}\sqrt{k_i}$.

求表达式 $(S=\sum_{i=1}^{n}a_i)$

$$P=\frac{\prod_{i=1}^{n}[S-(k_i+1)a_i]}{\prod_{i=1}^{n}(S-a_i)}$$

的最值，其中 $S\geqslant 2a_i(1\leqslant i\leqslant n)$.

解：如前所设 $S=\sum_{i=1}^{n}a_i, X=\sum_{i=1}^{n}x_i, S-a_i=(n-1)x_i$，则有

$$a_i=X-(n-1)x_i, S-a_i=(n-1)x_i \quad (1\leqslant i\leqslant n)$$

$$\begin{aligned}
S-(k_i+1)a_i & \geqslant (S-a_i)-k_i(S-a_i) \\
& =(1-k_i)(S-a_i)>1-\frac{n-1}{n}(S-a_i) \\
& =\frac{1}{n}(S-a_i)>0
\end{aligned}$$

$$\sum_{i=1}^{n}\frac{k_ia_i}{S-a_i}=\sum_{i=1}^{n}\frac{k_i[X-(n-1)x_i]}{(n-1)x_i}=\frac{X}{n-1}\sum_{i=1}^{n}\frac{k_i}{x_i}-n$$

$$=\frac{1}{n-1}\left(\sum_{i=1}^{n}x_i\right)\left(\sum_{i=1}^{n}\frac{k_i}{x_i}\right)-n$$

（应用柯西不等式）

$$\geqslant\frac{1}{n-1}\left(\sum_{i=1}^{n}\sqrt{k_i}\right)^2-n$$

$$\Rightarrow\sum_{i=1}^{n}\frac{k_ia_i}{S-a_i}\geqslant\frac{k^2}{n-1}-n \tag{7}$$

等号成立仅当

$$\frac{k_1}{x_1^2}=\frac{k_2}{x_2^2}=\cdots=\frac{k_n}{x_n^2}$$

$$\Rightarrow\frac{\sqrt{k_1}}{S-a_1}=\frac{\sqrt{k_2}}{S-a_2}=\cdots=\frac{\sqrt{k_n}}{S-a_n} \tag{8}$$

再利用平均值不等式有

$$P=\frac{\prod_{i=1}^{n}[S-(k_i+1)a_i]}{\prod_{i=1}^{n}(S-a_i)}$$

$$=\frac{\prod_{i=1}^{n}[(S-a_i)-k_ia_i]}{\prod_{i=1}^{n}(S-a_i)}$$

$$=\prod_{i=1}^{n}\left(1-\frac{k_ia_i}{S-a_i}\right)$$

$$\leqslant\left[\frac{\sum_{i=1}^{n}\left(1-\frac{k_ia_i}{S-a_i}\right)}{n}\right]^n=\left[1-\frac{1}{n}\sum_{i=1}^{n}\left(\frac{k_ia_i}{S-a_i}\right)\right]^n$$

$$\leqslant\left[1-\frac{1}{n}\left(\frac{k^2}{n-1}-n\right)\right]^n$$

$$\Rightarrow P\leqslant\left[2-\frac{k^2}{n(n-1)}\right]^n \tag{9}$$

至此，式(9)等号成立仅当

$$\begin{cases}\dfrac{\sqrt{k_1}}{S-a_1}=\dfrac{\sqrt{k_2}}{S-a_2}=\cdots=\dfrac{\sqrt{k_n}}{S-a_n}\\ \dfrac{k_1a_1}{S-a_1}=\dfrac{k_2a_2}{S-a_2}=\cdots=\dfrac{k_na_n}{S-a_n}\end{cases}$$

$$\Rightarrow\sqrt{k_1}a_1=\sqrt{k_2}a_2=\cdots=\sqrt{k_n}a_n \tag{10}$$

这时

$$P_{\max}=\left[2-\frac{k^2}{n(n-1)}\right]^n \tag{11}$$

如果我们记 $k=\sum_{i=1}^{n}\sqrt{k_i}=n\sqrt{m}$,那么 $0<m<\frac{n-1}{n}$,$P\leqslant\left(2-\frac{nm}{n-1}\right)^n$.

题22 设常数 $p,q\in(0,1)$,$p+q>1$,$p^2+q^2\leqslant1$,且 $1-q\leqslant x\leqslant p$,求函数 $f(x)=(1-x)\sqrt{p^2-x^2}+x\sqrt{q^2-(1-x)^2}$ 的最大值.

分析 (1)这是一个无理函数,且较复杂,初步观察,如果应用柯西不等式则有

$$f^2(x)\leqslant[(1-x)^2+q^2-(1-x^2)][(p^2-x^2)+x^2]=pq$$

$$\Rightarrow f(x)\leqslant pq(\text{因} f(x)>0) \tag{1}$$

等号成立仅当

$$\frac{\sqrt{q^2-(1-x)^2}}{1-x}=\frac{x}{\sqrt{p^2-x^2}}$$

$$\Rightarrow\left(\frac{1-x}{q}\right)^2+\left(\frac{x}{p}\right)^2=1 \tag{2}$$

$$\Rightarrow(p^2+q^2)x^2-2p^2x+p^2(1-q^2)=0 \tag{3}$$

$$\begin{aligned}\Rightarrow\Delta_x&=(-2p^2)^2-4p^2(1-q^2)(p^2+q^2)\\&=4p^2(p^2+q^2-1)\leqslant0\end{aligned}$$

这表明方程(3)只有在 $p^2+q^2=1$ 时有等根 $x_1=x_2=p^2$,否则无实数根,从而式(1)不成立,函数 $f(x)$ 不能取到最大值.

另外,如果令

$$\begin{cases}1-x=q\sin\theta\\ x=p\cos\theta\end{cases}\quad\left(0<\theta<\frac{\pi}{2}\right)$$

$$\Rightarrow p\cos\theta+q\sin\theta=1 \tag{4}$$

$$\Rightarrow1\leqslant\sqrt{(p^2+q^2)(\cos^2\theta+\sin^2\theta)}=\sqrt{p^2+q^2}\Rightarrow p^2+q^2\geqslant1$$

这与已知 $p^2+q^2<1$ 矛盾.

(2)对于这样的函数 $f(x)$，一般最直接的方法是用微分法求其极值，通过复杂的运算可求得

$$f'(x)=\frac{q^2-1+3x-2x^2}{\sqrt{q^2-(1-x)^2}}-\frac{x+p^2}{\sqrt{p^2-x^2}} \tag{5}$$

如果再往下，欲求二阶导数 $f''(x)$ 很困难，且欲解方程求驻点 x_0，即

$$\frac{(q^2-1+3x-2x^2)^2}{q^2-(1-x)^2}=\frac{(x+p^2)^2}{p^2-x^2} \tag{6}$$

显然，这是很烦琐的.

其实，通过观察，我们发现，函数 $f(x)$ 的根式都是二次平方差，与勾股定理有关系，若将它转化为几何问题，可以吗？

解 如图 3.33 所示，作边长为 1 的正方形 $ABCD$，在 AB 上取 $AE=x\in(0,1)$，则 $BE=1-x\in(0,1)$，在 AD 上取点 F，使 $EF=p$，在 BC 上取点 G，使 $EG=q$，$p+q>1$，$p^2+q^2\leqslant 1$，那么

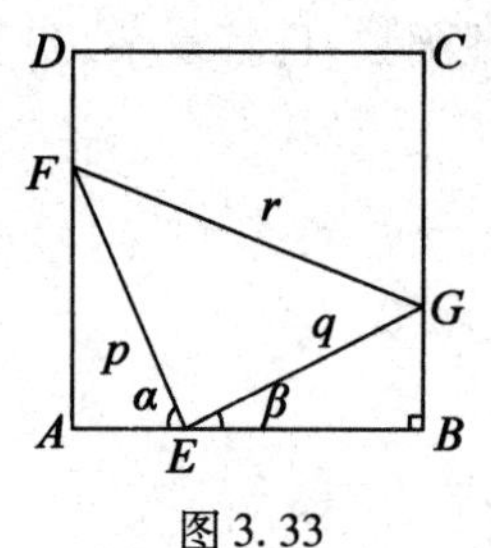

图 3.33

$$2\geqslant 2(p^2+q^2)\geqslant(p+q)^2>1$$
$$\Rightarrow\frac{1}{2}<p^2+q^2\leqslant 1$$

满足条件，又设 $\angle AEF=\alpha$，$\angle BEG=\beta$，则

$$\angle FEG=180^\circ-(\alpha+\beta)$$

$$\begin{aligned}f(x)&=(1-x)\sqrt{p^2-x^2}+x\sqrt{q^2-(1-x)^2}\\&=q\cos\alpha\cdot p\sin\alpha+p\cos\alpha\cdot q\sin\beta\\&=pq\sin(\alpha+\beta)=2S_{\triangle AEG}\end{aligned}$$

这样，求函数 $f(x)$ 的最大值，就转化为求正方形 $ABCD$ 中内接 $\triangle EFG$ 面积的最大值，由于

$$\begin{aligned}\sin(\alpha+\beta)&=\sqrt{1-\cos^2(\alpha+\beta)}\\&=\sqrt{1-\left(\frac{p^2+q^2-r^2}{2pq}\right)^2}\quad(r\geqslant 1)\end{aligned}$$

$$\leqslant\sqrt{1-\left(\frac{1-p^2-q^2}{2pq}\right)^2}$$

当且仅当 $FG=r=1$ 时,即 $EG/\!/AB$ 时取等号,此时 $AF=BG$,即

$$\sqrt{p^2-x^2}=\sqrt{q^2-(1-x)^2}$$

$$\Rightarrow x=\frac{1}{2}(1+p^2-q^2)\in(1-q,p)$$

$$(\text{因 } 1-q<\frac{1}{2}(1+p-q)<\frac{1}{2}(1+p^2-q^2)=x<\frac{1}{2}(1+p^2)<p)$$

$$\Rightarrow f_{\max}(x)=\frac{1}{4}[(p+q+1)(p+q-1)(1+p-q)(1+q-p)]^{\frac{1}{2}} \tag{7}$$

评注 华罗庚老前辈说过:"数形结合,妙题无穷",在解题过程中,常常需要将代数、几何、三角的知识活学活用,灵活机动地转化,将问题巧解,如本题就是将代数问题转化成几何问题,数形结合,图文并茂,巧妙地求出了无理函数 $f(x)$ 的最大值,得到了令人惊奇的结果.

现在,我们另设相关的二元函数

$$f(x,y)=(1-y)\sqrt{p^2-x^2}+x\sqrt{q^2-(1-y)^2}$$

则可用柯西不等式求其最大值.

$$f(x)\leqslant[(1-y)^2+q^2-(1-y)^2]^{\frac{1}{2}}[(p^2-x^2)+x^2]^{\frac{1}{2}}=pq$$

$$\Rightarrow f(x)\leqslant pq$$

等号成立仅当

$$\frac{\sqrt{q^2-(1-y)^2}}{1-y}=\frac{x}{\sqrt{p^2-x^2}}$$

$$\Rightarrow\frac{(y-1)^2}{q^2}+\frac{x^2}{p^2}=1 \tag{8}$$

式(8)表示中心 O' 的坐标为 $(0,1)$,长半轴为 q,短半轴为 p 的椭圆,且

$$f_{\max}(x,y)=pq$$

题 23 设 $a,b,c\in\mathbf{R}^*$,求函数

$$f(a,b,c)=\frac{a+3c}{a+2b+c}+\frac{4b}{a+b+2c}-\frac{8c}{a+b+3c}$$

的最小值.

分析 这是一个关于 3 个变元 a,b,c 的分式和、差函数,其解式较庞大复杂,欲去分母化简将很麻烦,要直接利用不等式工具显然不行,对于这种分式型

函数，明智的选择是利用换元法，将三个分式中的分母设为一个字母，看成一个单元变量，再实施转化变换，也许可行.

解　我们作代换，令

$$\begin{cases}x=a+2b+c\\y=a+b+2c\\z=a+b+3c\end{cases}\Rightarrow\begin{cases}x-y=b-c\\z-y=c\end{cases}$$

$$\Rightarrow\begin{cases}a+3c=2y-x\\b=z+x-2y\\c=z-y\end{cases}$$

$$\begin{aligned}\Rightarrow f(a,b,c)&=\frac{2y-x}{x}+\frac{4(z+x-2y)}{y}-\frac{8(z-y)}{z}\\&=-17+4\left(\frac{z}{y}+2\frac{y}{z}\right)+2\left(\frac{y}{x}+2\frac{x}{y}\right)\\&\geqslant-17+4\sqrt{2}+8\sqrt{2}\end{aligned}$$

$$\Rightarrow f(a,b,c)\geqslant-17+12\sqrt{2}$$

等号成立仅当

$$\begin{cases}\dfrac{y}{x}=2\dfrac{x}{y}\\\dfrac{z}{y}=2\dfrac{y}{z}\end{cases}\Rightarrow\begin{cases}y^2=2x^2\\z^2=2y^2\end{cases}\Rightarrow\begin{cases}y=\sqrt{2}x\\z=2x\end{cases}$$

$$\Rightarrow\begin{cases}a+b+2c=\sqrt{2}(a+2b+c)\\a+b+3c=2(a+2b+c)\end{cases}$$

$$\Rightarrow\begin{cases}b=(1+\sqrt{2})a\\a+b+3c=2(a+2b+c)\end{cases}$$

$$\Rightarrow\begin{cases}b=(1+\sqrt{2})a\\c=(4+3\sqrt{2})a\end{cases}$$

$$\Rightarrow a:b:c=1:(1+\sqrt{2}):(4+3\sqrt{2})$$

所以

$$f_{\min}(a,b,c)=12\sqrt{2}-17$$

注　从上述解答过程可知，只要我们代换得巧，自然会解答得妙！

题24　一个矩形纸板的长为 a(cm)，宽为 b(cm)($a\geqslant b$)，在它的四个角剪去四个面积相等的小正方形，然后折成一个无盖的长方体纸盒，求该纸盒的最大体积.

解法1　设小正方形的边长为x(cm).那么,拆成的无盖纸盒的体积为

$$V=f(x)=(a-2x)(b-2x)x=4x^3-2(a+b)x^2+abx \tag{1}$$

由于

$$a-2x\geqslant b-2x>0$$

$$\Rightarrow 0<x<\frac{b}{2}\leqslant\frac{a}{2}$$

由$f(x)$为关于x的3次函数,求导得

$$f'(x)=12x^2-4(a+b)x+ab$$

$$f''(x)=24x-4(a+b)$$

解一阶导数方程

$$f'(x)=12x^2-4(a+b)x+ab=0 \tag{2}$$

$$\Rightarrow x=\frac{1}{6}(a+b\pm\sqrt{\Delta})$$

其中

$$\Delta=a^2+b^2-ab=(a+b)^2-3ab$$

$$\geqslant(a+b)^2-3\left(\frac{a+b}{2}\right)^2=\left(\frac{a+b}{2}\right)^2$$

所以

$$x_1=\frac{1}{6}(a+b+\sqrt{\Delta})\geqslant\frac{1}{6}\left(a+b+\frac{a+b}{2}\right)$$

即

$$x_1\geqslant\frac{a+b}{4}\geqslant\frac{b}{2}(\text{舍去})$$

$$x_2=\frac{1}{6}(a+b-\sqrt{\Delta})\leqslant\frac{1}{6}\left(a+b-\frac{a+b}{2}\right)=\frac{a+b}{12}$$

所以

$$f''(x_2)\leqslant 24\left(\frac{a+b}{12}\right)-4(a+b)=-2(a+b)<0$$

所以$f(x)$有最大值

$$V_{\max}=f_{\max}(x)=f(x_2)=(a-2x_2)(b-2x_2)x_2 \tag{3}$$

其中

$$x_2=\frac{1}{6}(a+b-\sqrt{a^2+b^2-ab}) \tag{4}$$

注　根据实际情况,必须

$$0<x_2<\frac{b}{2}\Leftrightarrow a-2b<\sqrt{\Delta} \tag{5}$$

当$2b\leqslant a$时,式(5)显然成立

当$b\leqslant a\leqslant 2b$时

$$a-2b<\sqrt{\Delta}\Leftrightarrow(a-2b)^2<\Delta=a^2+b^2-ab\Leftrightarrow a>b$$

式(5)也成立,从而上述解法正确.

解法2 如解法1所设

$$V=f(x)=(a-2x)(b-2x)x$$

(1)当 $a=b>2x$ 时,应用平均值不等式

$$\begin{aligned}f(x)&=(a-2x)^2x=\frac{1}{4}(a-2x)^2\cdot 4x\\&\leqslant\frac{1}{4}\left[\frac{(a-2x)+(a-2x)+4x}{3}\right]^3\\&=\frac{1}{4}\left(\frac{2a}{3}\right)^3\end{aligned}$$

$$\Rightarrow V_{\max}=f_{\max}(x)=\frac{2a^3}{27} \tag{6}$$

仅当 $a-2x=4x$,即 $x=\dfrac{a}{6}$时取到.

(2)当 $a>b>2x$ 时,设 λ,μ 为待定正系数,应用平均值不等式有

$$\begin{aligned}2\lambda\mu(\lambda+\mu)V&=(\lambda a-2\lambda x)(\mu b-2\mu x)(2\lambda+2\mu)x\\&\leqslant\left[\frac{(\lambda a-2\lambda x)+(\mu b-2\mu x)+(2\lambda+2\mu)x}{3}\right]^3\\&=\left(\frac{\lambda a+\mu b}{3}\right)^3\end{aligned}$$

$$\Rightarrow V\leqslant\frac{(\lambda a+\mu b)^3}{54\lambda\mu(\lambda+\mu)}$$

等号成立仅当

$$\lambda a-2\lambda x=\mu-2\mu x=(2\lambda+2\mu)x$$

$$\Rightarrow x=\frac{\lambda a-\mu b}{2(\lambda-\mu)} \tag{7}$$

代入

$$\lambda a-2\lambda x=(2\lambda+2\mu)x$$

得

$$\lambda\left(a-\frac{\lambda a-\mu b}{\lambda-\mu}\right)=\frac{\lambda+\mu}{\lambda-\mu}(\lambda a-\mu b)$$

$$\Rightarrow\lambda\mu(b-a)=(\lambda+\mu)(\lambda a-\mu b)$$

$$\Rightarrow(\lambda^2+2\lambda\mu)a=(\mu^2+\lambda\mu)b$$

设 $t=\dfrac{\lambda}{\mu}$得

$$(t^2+2t)a=(2t+1)b$$

$$\Rightarrow at^2+2(a-b)-b=0$$

$$\Rightarrow t=\frac{b-a+\sqrt{a^2-ab+b^2}}{a}\text{(取正根)} \tag{8}$$

由于
$$\sqrt{a^2-ab+b^2}\geqslant\frac{a+b}{2}$$

$$\Rightarrow t'=\frac{b-a-\sqrt{a^2-ab+b^2}}{a}\leqslant\frac{b-a-\frac{a+b}{2}}{a}$$

$$=\frac{b-3a}{2a}<-1\text{(因此负根舍去)}$$

将式(8)代入式(4)得

$$x=\frac{\lambda a-\mu b}{2(\lambda-\mu)}=\frac{at-b}{2(t-1)}=\frac{1}{6}(a+b-\sqrt{a^2-ab+b^2})$$

于是
$$V_{\max}=\frac{(\lambda a+\mu b)^3}{54\lambda\mu(\lambda+\mu)}=\frac{(at+b)^3}{54t(t+1)}$$

评注　(1)当 $a=b$ 时,$\lambda=\mu,t=1$,当 $a\neq b$ 时,$\lambda\neq\mu,t\neq 1$. 反之,当 $t\neq 1$ 时

$$b-a+\sqrt{a^2-ab+b^2}\neq a$$

$$\Leftrightarrow a^2-ab+b^2\neq 2a-b^2$$

$$\Leftrightarrow a\neq b$$

从表面上看,本题简单有趣实用,但要解答好也不容易,它有一定难度,超出了我们的估计,因此,对待这类实际操作性问题,我们可不能小看它,应当重视它.

(2)在解答本题时,我们用两种方法求出了函数

$$f(x)=(a-2x)(b-2x)x$$

的最大值(其中 $0<x<\frac{b}{2}\leqslant\frac{a}{2}$).

如果我们设常数 $p,q,r>0$ 为指数,那么,对于形如

$$F(x)=(a-kx)^p(b-kx)^q x^r\quad\left(0<x<\frac{b}{k}\leqslant\frac{a}{k},k>0\right)$$

的函数,我们也有两种方法可求 $F(x)$ 的最大值.

方法1:设新函数

$$f(x)=\ln F(x)=p\ln(a-kx)+q\ln(b-kx)+r\ln x$$

求导得

$$f'(x)=-\frac{kpa}{a-kx}-\frac{kqb}{b-kx}+\frac{r}{x}$$

$$f''(x)=\frac{k^2pa}{(a-kx)^2}+\frac{k^2qb}{(b-kx)^2}-\frac{r}{x^2}$$

解方程$f'(x)=0$,即

$$kpax(b-kx)+kqbx(a-kx)-(a-kx)(b-kx)=0$$

$$\Rightarrow Ax^2-Bx+C=0 \tag{9}$$

其中
$$\begin{cases}A=k^2(1+pa+qb)\\B=k(pab+qab+a+b)\\C=ab\end{cases} \tag{10}$$

然后从方程(9)中解出两根x_1,x_2,如果有一根(不妨设为x_1)$x_1\in(0,\frac{b}{2})$,使得$f''(x_1)<0$,那么函数$f(x)$的最大值为$f(x_1)$,从而函数的最大值为

$$F_{\max}(x)=F(x_1)$$

方法2:设λ,μ为正的待定系数,应用加权不等式有

$$\begin{aligned}\lambda^p\mu^qF(x)&=(a\lambda-k\lambda x)^p(b\mu-k\mu x)^qx^r\\&\leqslant\left[\frac{p(a\lambda-k\mu x)+q(b\mu-k\mu x)+rx}{p+q+r}\right]^{p+q+r}\end{aligned} \tag{11}$$

等号成立仅当

$$a\lambda-k\lambda x=b\mu-k\mu x=x \tag{12}$$

$$\Rightarrow x=\frac{a\lambda}{1+k\lambda}=\frac{b\mu}{1+k\mu} \tag{13}$$

又式(11)等价于

$$\begin{aligned}&\lambda^p\mu^qF(x)\\&\Rightarrow\left[\frac{(pa\lambda+qb\mu)-(k\lambda p+k\mu q-r)x}{p+q+r}\right]^{p+q+r}\end{aligned} \tag{14}$$

为了求得$F(x)$的最大值,还必须令

$$k\lambda p+k\mu q-r=0 \tag{15}$$

这样就消去了式(14)中的变量x,转化为

$$F_{\max}(x)=\frac{1}{\lambda^p\mu^q}\left(\frac{pa\lambda+qb\mu}{p+q+r}\right)^{p+q+r} \tag{16}$$

然后将式(13)与式(15)结合求出λ,μ的正数解,不妨设为λ_1,μ_1,代入式(16)即得

$$F_{\max}(x)=\frac{1}{\lambda_1^p\mu_1^q}\left(\frac{pa\lambda_1+qb\mu_1}{p+q+r}\right)^{p+q+r}$$

仅当$x=\frac{a\lambda_1}{1+k\lambda_1}\in(0,\frac{b}{2})$或$x=\frac{b\mu_1}{1+k\mu_1}\in(0,\frac{b}{2})$时取到.

题25　水利部门拨了一笔专款，要修一条水渠，要求水渠的横截面是一个等腰梯形（其中等腰梯形的底边与两腰之长的和为定值），使得水渠的容水量最大，如果你是一位水渠修建工程师，该怎样设计施工方案？

分析　因为

水渠容水量 = 截面积 × 水渠长度

因此，只有当水渠的横截面积（即等腰梯形 $ABCD$ 的面积 S）最大时，才能让水渠容水量（水流量）最大.

解　如图 3.34 所示，设等腰梯形 $ABCD$ 是水渠横截面，两腰 $BC=AD=x$，下底$AB=l-2x$（l 为定长，$0<x<\frac{l}{2}$），梯形两底角 $\angle C=\angle D=\theta\in(0,\frac{\pi}{2})$，则梯形之高为

$$h=x\sin\theta$$

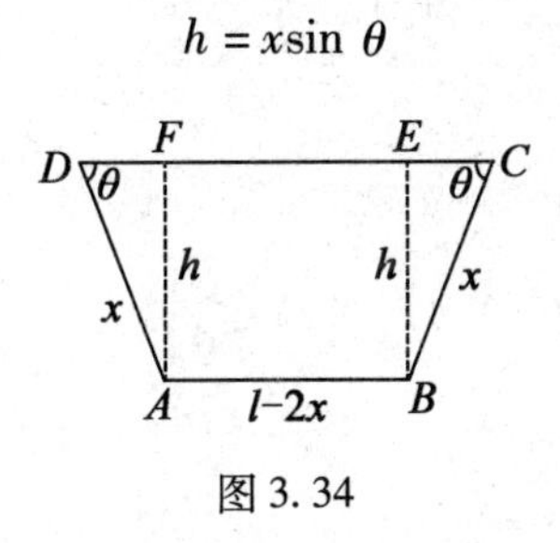

图 3.34

梯形上底为

$$CD=l-2x+2x\cos\theta$$

于是梯形的面积

$$S=\frac{1}{2}h(AB+CD)$$

$$x(l-2x+x\cos\theta)\sin\theta=[-(2-\cos\theta)x^2+lx]\sin\theta \tag{1}$$

可见，S 的表达式中有 x 与 θ 两个变量，不能双管齐下求 S 的最大值，观察式（1）我们发现，可先固定 θ（视为常数），视 x 为变量，采用各个击破的战术，即

$$S=f(x)=[-2(2-\cos\theta)x^2+lx]\sin\theta \tag{2}$$

因为

$$\theta\in(0,\frac{\pi}{2})\Rightarrow -2(2-\cos\theta)<0$$

因此

$$y=-2(2-\cos\theta)x^2+lx \tag{3}$$

表示开口向下的抛物线，只有当

$$x=\frac{l}{4(2-\cos\theta)}\in(\frac{l}{8},\frac{l}{4}) \tag{4}$$

时

$$y_{\max}=\frac{l^2}{8(2-\cos\theta)}$$

$$\Rightarrow f_{\max}(x)=\frac{l^2\sin\theta}{8(2-\cos\theta)} \tag{5}$$

设 $t=\tan\frac{\theta}{2}\in(0,1)$,由万能公式

$$\sin\theta=\frac{2t}{1+t^2},\cos\theta=\frac{1-t^2}{1+t^2}$$

代入式(5)得

$$f_{\max}(x)=\frac{l^2t}{4(1+3t^2)}=\frac{l^2}{4(\frac{1}{t}+3t)}$$

$$=\frac{l^2}{4[(\sqrt{\frac{1}{t}}-\sqrt{3t})^2+2\sqrt{3}]}$$

$$\leqslant\frac{l^2}{8\sqrt{3}} \tag{6}$$

$$\Rightarrow S=f(x)\leqslant f_{\max}(x)\leqslant\frac{\sqrt{3}}{24}l^2$$

$$\Rightarrow S_{\max}=\frac{\sqrt{3}}{24}l^2 \tag{7}$$

其中式(6)等号成立的条件是

$$\sqrt{\frac{1}{t}}=\sqrt{3t}\Rightarrow t=\tan\frac{\theta}{2}=\frac{\sqrt{3}}{2}\Rightarrow\theta=\frac{\pi}{3}$$

代入式(4)得

$$x=\frac{l}{4(2-\cos 60°)}=\frac{l}{6}$$

所以,当梯形 $ABCD$ 的两底角 $\theta=60°$,两腰长为 $\frac{l}{6}$ 时,梯形面积最大,为 $\frac{\sqrt{3}}{24}l^2$.

评注 (1)本题是一个既实际又趣味的数学求最值的问题,结论告诉我们:只有当水渠的横截面是等腰梯形且上底角为60°,下底角为120°时,水渠的横截面积才最大,水渠的水容量才最大.

若将表达式

$$S=[-2(2-\cos\theta)x^2+lx]\sin\theta$$

写成关于 x 的二次方程

$$2(2-\cos\theta)\sin\theta\cdot x^2-l\sin\theta\cdot x+S=0$$

那么,判别式

$$\Delta_x=(-l\sin\theta)^2-8S(2-\cos\theta)\sin\theta\geqslant 0$$

$$\Rightarrow S\leqslant\frac{l^2\sin\theta}{8(2-\cos\theta)}$$

设

$$p=\frac{\sin\theta}{2-\cos\theta}$$

$$\Rightarrow(2-\cos\theta)^2p^2=\sin^2\theta=1-\cos^2\theta$$

$$\Rightarrow(1+p^2)\cos^2\theta-4p^2\cos\theta+(4p^2-1)=0 \tag{8}$$

这是关于 $\cos\theta$ 的二次方程,其判别式

$$\Delta=(-4p^2)^2-4(1+p^2)(4p^2-1)=4(1-3p^2)\geqslant 0$$

$$\Rightarrow 0<p\leqslant\frac{\sqrt{3}}{3}$$

$$\Rightarrow S\leqslant\frac{1}{8}l^2p\leqslant\frac{\sqrt{3}}{24}l^2$$

$$\Rightarrow S_{\max}=\frac{\sqrt{3}}{24}l^2$$

当 $S_{\max}=\frac{\sqrt{3}}{24}l^2$ 时,$p=\frac{\sqrt{3}}{3}$,方程(8)为

$$\left(1+\frac{1}{3}\right)(\cos\theta)^2-\frac{4}{3}\cos\theta+\left(\frac{4}{3}-1\right)=0$$

$$\Rightarrow 4(\cos\theta)^2-4\cos\theta+1=0$$

$$\Rightarrow(2\cos\theta-1)^2=0\Rightarrow\cos\theta=\frac{1}{2}$$

$$\Rightarrow\theta=\frac{\pi}{3}$$

代入方程

$$2(2-\cos\theta)\sin\theta\cdot x^2-l\sin\theta\cdot x+S=0$$

得

$$2\left(2-\frac{1}{2}\right)\cdot\frac{\sqrt{3}}{2}x^2-\frac{\sqrt{3}}{2}lx+\frac{\sqrt{3}}{24}l^2=0$$

$$\Rightarrow 36x^2-12lx+l^2=0$$

$$\Rightarrow(6x-l)^2=0\Rightarrow x=\frac{l}{6}$$

这与前面得到的结果一致,可作为本题的第二种解法.

(2)如果我们记关于 θ 的函数为

$$T(\theta)=\frac{\sin\theta}{2-\cos\theta}\quad\left(0<\theta<\frac{\pi}{6}\right)$$

那么求导得

$$T'(\theta)=\frac{2\cos\theta-1}{(2-\cos\theta)^2}$$

$$T''(\theta)=-\frac{4\sin\theta\cos\theta}{(2-\cos\theta)^3}<0$$

因此函数 $T(\theta)$ 有最大值 $T_{\max}(\theta)=T(\theta_0)$，其中 θ_0 为方程 $T'(\theta)=0$ 的根，即

$$T'(\theta_0)=0\Rightarrow 2\cos\theta_0-1=0$$

$$\Rightarrow\cos\theta_0=\frac{1}{2}\Rightarrow\theta_0=\frac{\pi}{3}$$

$$\Rightarrow T_{\max}(\theta)=T\left(\frac{\pi}{3}\right)=\frac{\sin\frac{\pi}{3}}{2-\cos\frac{\pi}{3}}=\frac{\sqrt{3}}{3}$$

$$\Rightarrow S\leqslant\frac{l^2}{8}T(\theta)\leqslant\frac{l^2}{8}T_{\max}(\theta)=\frac{\sqrt{3}}{24}l^2$$

$$\Rightarrow S_{\max}=\frac{\sqrt{3}}{24}l^2$$

(3)本题中告诉了水渠截面是等腰梯形，如果没告诉这一点，我们还能求出水渠横截面积的最大值吗？

分析：如图 3.35 所示，设梯形两腰 $BC=x, AD=y$，则下底 $AB=l-x-y$，再设梯形两底角 $\Rightarrow\angle C=\alpha,\angle D=\beta, 0<\alpha,\beta<\frac{\pi}{2}$，梯形之高为 h，则

$$h=x\sin\alpha=y\sin\beta$$

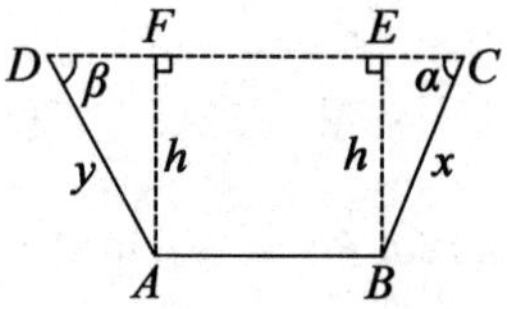

图 3.35

于是可令 $t>0$，且

$$\begin{cases}x=t\sin\beta\\ y=t\sin\alpha\end{cases}\Rightarrow h=t^2\sin\alpha\sin\beta$$

$$\Rightarrow AB+CD=2AB+CE+DF$$

$$=2(l-x-y)+x\cos\alpha+x\cos\beta$$
$$=2(l-x-y)+t(\cos\alpha\sin\beta+\cos\beta\sin\alpha)$$
$$=2l-2l(\sin\alpha+\sin\beta)+t\sin(\alpha+\beta)$$

$$\Rightarrow S=\frac{1}{2}h(AB+CD)$$

$$\Rightarrow 2S=f(t)\sin\alpha\sin\beta$$

其中$f(t)=-[2(\sin\alpha+\sin\beta)-\sin(\alpha+\beta)]t^2+2lt.$

由于

$$2(\sin\alpha+\sin\beta)-\sin(\alpha+\beta)=2\sin\frac{\alpha+\beta}{2}\left(2\cos\frac{\alpha-\beta}{2}-\cos\frac{\alpha+\beta}{2}\right)$$
$$=2\sin\frac{\alpha+\beta}{2}\left(\cos\frac{\alpha}{2}\cos\frac{\beta}{2}+3\sin\frac{\alpha}{2}\cos\frac{\beta}{2}\right)$$
$$>0$$

因此$f(t)$是开口向下的抛物线,当

$$t=\frac{l}{2(\sin\alpha+\sin\beta)-\sin(\alpha+\beta)}$$

时,$2S$取得最大值为

$$2S'_{\max}=\frac{l^2\sin\alpha\sin\beta}{2(\sin\alpha+\sin\beta)-\sin(\alpha+\beta)}$$

又由于$\alpha,\beta\in(0,\frac{\pi}{2})$可知

$$\sin\alpha\sin\beta=\frac{1}{2}[\cos(\alpha-\beta)-\cos(\alpha+\beta)]$$
$$\leqslant\frac{1}{2}[1-\cos(\alpha+\beta)]$$

$$\Rightarrow\sin\alpha\sin\beta\leqslant\left(\sin\frac{\alpha+\beta}{2}\right)^2$$

$$\Rightarrow 2S'_{\max}\leqslant\frac{l\sin(\frac{\alpha+\beta}{2})}{4(\sin\frac{\alpha}{2}\cos\frac{\beta}{2}+3\sin\frac{\alpha}{2}\sin\frac{\beta}{2})}$$

$$=\frac{l^2(\sin\frac{\alpha}{2}\cos\frac{\beta}{2}+\cos\frac{\alpha}{2}\sin\frac{\beta}{2})}{4(\cos\frac{\alpha}{2}\cos\frac{\beta}{2}+3\sin\frac{\alpha}{2}\sin\frac{\beta}{2})}$$

$$=\frac{(t_1+t_2)l^2}{4(1+3t_1t_2)}$$

其中 $t_1=\tan\frac{\alpha}{2}, t_2=\tan\frac{\beta}{2}$.

设 $$t_1+t_2=2t\Rightarrow t_1t_2\leqslant\left(\frac{t_1+t_2}{2}\right)^2=t^2$$

于是 $$8S'_{\max}\leqslant\frac{2tl^2}{1+3t_1t_2}\geqslant\frac{2tl^2}{1+3t^2}\leqslant\frac{2tl^2}{2\sqrt{3}t}=\frac{\sqrt{3}}{3}l^2$$

这样显然是行不通的.

往下,我们更新思路:由于

$$\sin\alpha\sin\beta\leqslant\left(\frac{\sin\alpha+\sin\beta}{2}\right)^2$$

$$=\sin^2\frac{\alpha+\beta}{2}\cos^2\frac{\alpha-\beta}{2}$$

$$\Rightarrow 2S'_{\max}=\frac{l^2\sin\alpha\sin\beta}{2(\sin\alpha+\sin\beta)-\sin(\alpha+\beta)}$$

$$\leqslant\frac{(\sin\frac{\alpha+\beta}{2})^2\cdot(\cos\frac{\alpha-\beta}{2})^2l^2}{2\sin\frac{\alpha+\beta}{2}(2\cos\frac{\alpha-\beta}{2}-\cos\frac{\alpha+\beta}{2})}$$

$$=\frac{l^2(\cos\frac{\alpha-\beta}{2})^2\sin\frac{\alpha+\beta}{2}}{2(2\cos\frac{\alpha-\beta}{2}-\cos\frac{\alpha+\beta}{2})}$$

令 $z=\cos\frac{\alpha-\beta}{2}\leqslant 1, \frac{\alpha+\beta}{2}=\theta\in(0,\frac{\pi}{2}), m=\frac{z^2\sin\theta}{2z-\cos\theta}$,则

$$S'_{\max}\leqslant\frac{l^2}{2}m$$

于是 $$z^2\sin\theta-2mz+m\cos\theta=0\tag{9}$$

式(9)为关于 z 的一元二次方程,其判别式

$$\Delta_z=4m(m-\sin\theta\cos\theta)\geqslant 0$$

$$\Rightarrow m\geqslant\sin\theta\cos\theta$$

两根为

$$z_1=\frac{m-\sqrt{m(m-\sin\theta\cos\theta)}}{\sin\theta}>0$$

$$z_2=\frac{m+\sqrt{m(m-\sin\theta\cos\theta)}}{\sin\theta}$$

因此必须有 $0<z_1\leqslant z_2\leqslant 1$,即有

$$m+\sqrt{m(m-\sin\theta\cos\theta)}\leqslant\sin\theta$$

$$\Rightarrow\sqrt{m(m-\sin\theta\cos\theta)}\leqslant\sin\theta-m \tag{10}$$

为了使式(10)有意义,还必须

$$\sin\theta\cos\theta\leqslant m<\sin\theta \tag{11}$$

这样,有了式(11)作保证,我们有

$$m(m-\sin\theta\cos\theta)\leqslant(\sin\theta-m)^2$$

$$\Rightarrow m\leqslant\frac{\sin\theta}{2-\cos\theta}$$

$$\Rightarrow S\leqslant\frac{1}{4}S'_{\max}\leqslant\frac{l^2}{8}m\leqslant\frac{l^2\sin\theta}{8(2-\cos\theta)}$$

现在,我们利用前面的结果

$$T(\theta)=\frac{\sin\theta}{2-\cos\theta}\leqslant\frac{\sqrt{3}}{3}$$

立刻得到
$$S\leqslant\frac{\sqrt{3}}{24}l^2\Rightarrow S_{\max}=\frac{\sqrt{3}}{24}l^2$$

最终我们仍然得到了前面的结果:

当 $\alpha=\beta=\theta=60°, x=y=\dfrac{l}{4(2-\cos\theta)}=\dfrac{l}{B}$时,即梯形 $ABCD$ 为上底角为 $60°$,下底角为 $120°$的等腰梯形,且两腰长为$\dfrac{l}{6}$时,S 取到最大值.

(4)现在,我们的脑海中波涛起伏,浮想联翩,觉得本题有一个漂亮的配对题,那就是 1978 年北京市中学数学竞赛题:

原题:设 A,B 为直角$\angle xOy$ 边上的两个动点,且 $PA+PB=l$ 是定长,求四边形 $PAOB$ 的面积(以下设为 S)的最大值.

解:如图 3.36 所示,设 AO,BO,PA,PB 的长依次是 y,x,n,m,则 $m+n=l$,再设$\angle APB=\theta\in(0,\pi]$,则由勾股定理有 $AB^2=x^2+y^2$,由余弦定理有

$$AB^2=m^2+n^2-2mn\cos\theta$$

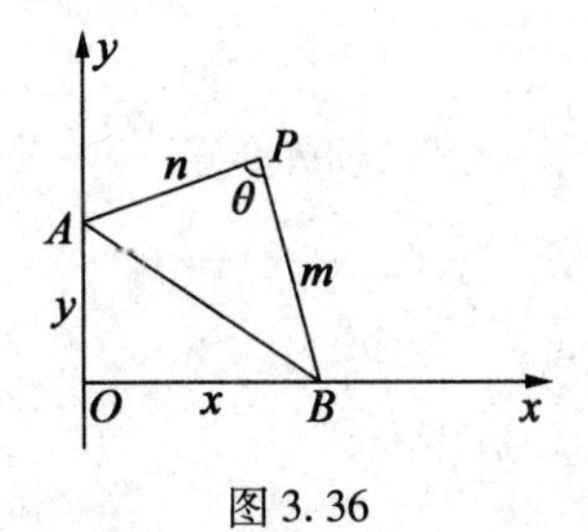

图 3.36

利用三角形面积公式与均值不等式有

$$
\begin{aligned}
S &= S_{\triangle AOB}+S_{\triangle PAB}=\frac{1}{2}xy+\frac{1}{2}mn\sin\theta \\
&\leqslant \frac{1}{4}(x^2+y^2)+\frac{1}{2}mn\sin\theta \\
&= \frac{1}{4}AB^2+\frac{1}{2}mn\sin\theta \\
&= \frac{1}{4}(m^2+n^2-2mn\cos\theta)+\frac{1}{2}mn\sin\theta \\
&= \frac{1}{4}[(m+n)^2-2mn(1+\cos\theta)]+\frac{1}{2}mn\sin\theta
\end{aligned}
$$

$$
\Rightarrow S\leqslant \frac{1}{4}l^2+\frac{1}{2}mnf(\theta)
$$

其中

$$
f(\theta)=\sin\theta-\cos\theta-1 \tag{12}
$$

观察式(12)知,当$0<\theta<\frac{\pi}{2}$时,$f(\theta)<0,S<\frac{1}{4}l^2$;

当$\theta=\frac{\pi}{2}$时,$f(\theta)=0,S_{\max}=\frac{1}{4}l^2$;

当$\theta=\pi$时,$f(\theta)=0,S_{\max}=\frac{1}{4}l^2$;

当$\frac{\pi}{2}<\theta<\pi$时

$$
f(\theta)>0
$$

$$
f(\theta)=\sqrt{2}(\theta-\frac{3}{4}\pi)-1\leqslant\sqrt{2}-1
$$

且

$$
\begin{aligned}
f(\theta) &= \sqrt{(\sin\theta-\cos\theta)^2}-1 \\
&= \sqrt{1-2\sin\theta\cos\theta}-1 \\
&> 1-1=0
\end{aligned}
$$

所以

$$
\begin{aligned}
S &\leqslant \frac{l^2}{4}+\frac{\sqrt{2}-1}{2}mn\leqslant\frac{\sqrt{2}-1}{2}\cdot\frac{m+n}{2} \\
&= \frac{l^2}{4}+\frac{\sqrt{2}-1}{2}l^2=\frac{\sqrt{2}+1}{8}l^2
\end{aligned}
$$

$$
\Rightarrow S\leqslant\frac{\sqrt{2}+1}{8}l^2
$$

因为
$$\frac{\sqrt{2}+1}{8}l^2>\frac{1}{4}l^2$$

所以
$$S_{\max}=\frac{\sqrt{2}+1}{8}l^2$$

综上所述,S 的最大值为$\frac{\sqrt{2}+1}{8}l^2$,当 $PA=PB$,$\angle P=\theta=\frac{3}{4}\pi$,$AO=BO$ 时取到.

(5)设$\triangle ABC$ 的三边长为 a,b,c 面积为 S,$p=\frac{1}{2}(a+b+c)$为半周长,我们知道,有海伦公式

$$S=\sqrt{p(p-a)(p-b)(p-c)} \tag{13}$$

关于这个公式的证法较多,下面我们列举两种简洁漂亮的方法:

证法 1:利用三角形面积公式与余弦定理,有

$$S=\frac{1}{2}bc\sin A$$
$$\begin{aligned}\Rightarrow(2S)^2&=b^2c^2(1-\cos^2 A)\\&=b^2c^2(1+\cos A)(1-\cos A)\\&=b^2c^2\left(1+\frac{b^2+c^2-a^2}{2bc}\right)\left(1-\frac{b^2+c^2-a^2}{2bc}\right)\\&=\frac{1}{4}[(b+c)^2-a^2][a^2-(b-c)^2]\end{aligned}$$
$$\begin{aligned}\Rightarrow(4S)^2&=(b+c+a)(b+c-a)(a+b-c)(a-b+c)\\&=16p(p-a)(p-b)(p-c)\end{aligned}$$
$$\Rightarrow S=\sqrt{p(p-a)(p-b)(p-c)}$$

证法 2:如图 3.37 所示,设 $AD=h$,$CD=x$,则 $BD=a-x$,利用勾股定理,有

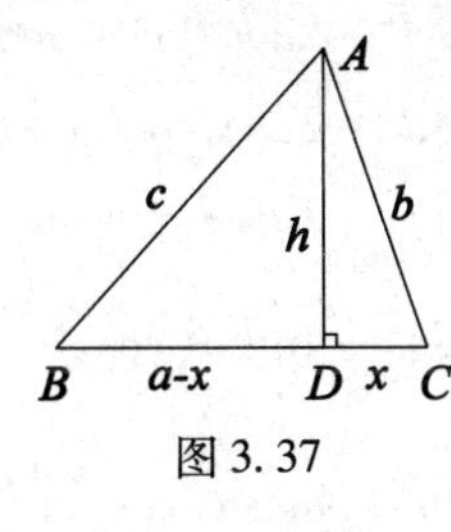

图 3.37

$$h^2=b^2-x^2=c^2-(a-x)^2$$
$$\Rightarrow x=\frac{a^2+b^2-c^2}{2a}$$

$$\Rightarrow h^2 = b^2 - x^2 = b^2 - \left(\frac{a^2+b^2-c^2}{2a}\right)^2$$

$$= \left(b + \frac{a^2+b^2-c^2}{2a}\right)\left(b - \frac{a^2+b^2-c^2}{2a}\right)$$

$$= \frac{1}{4a^2}[(a+b)^2 - c^2][c^2 - (a-b)^2]$$

$$\Rightarrow (2S)^2 = a^2h^2$$

$$= \frac{1}{4}[(a+b)^2 - c^2][c^2 - (a-b)^2]$$

$$\Rightarrow S = \sqrt{p(p-a)(p-b)(p-c)}$$

如图 3.38 所示，对于凸四边形 $ABCD$，我们依次设四边之长为 a,b,c,d，$\angle B=\alpha$，$\angle D=\beta$，面积为 S，那么由余弦定理有

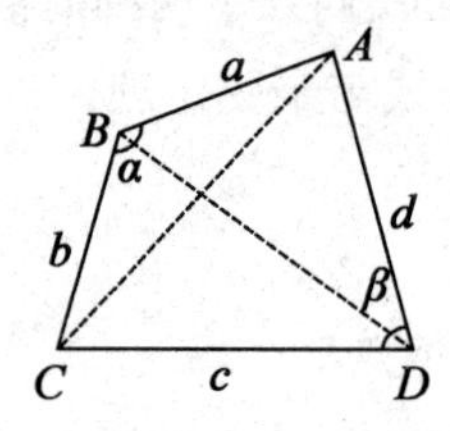

图 3.38

$$AC^2 = a^2 + b^2 - 2ab\cos\alpha = c^2 + d^2 - 2cd\cos\beta$$

$$\Rightarrow m = \frac{1}{2}(a^2+b^2-c^2-d^2)\text{（记号为 } m\text{）}$$

$$= ab\cos\alpha - cd\cos\beta \tag{14}$$

又
$$2S = ab\sin\alpha + cd\sin\beta \tag{15}$$

$(14)^2+(15)^2$ 得

$$\begin{aligned} m^2 + (2S)^2 &= (ab\cos\alpha - cd\cos\beta)^2 + (ab\sin\alpha + cd\sin\beta)^2 \\ &= a^2b^2 + c^2d^2 - 2abcd(\cos\alpha\cos\beta - \sin\alpha\sin\beta) \\ &= a^2b^2 + c^2d^2 - 2abcd\cos(\alpha+\beta) \\ &= (ab+cd)^2 - 2abcd(1+\cos(\alpha+\beta)) \\ &= (ab+cd)^2 - 4abcd\left(\cos\frac{\alpha+\beta}{2}\right)^2 \end{aligned}$$

$$\Rightarrow (2S)^2 = (ab+cd)^2 - m^2 - 4abcd\left(\cos\frac{\alpha+\beta}{2}\right)^2 \tag{16}$$

因为

$$(ab+cd)^2 - m^2$$

$$=(ab+cd+m)(ab+cd-m)$$

$$=\frac{1}{4}(2ab+2cd+a^2+b^2-c^2-d^2)(2ab+2cd-a^2-b^2+c^2+d^2)$$

$$=\frac{1}{4}[(a+b)^2-(c-d)^2][(c+d)^2-(a-b)^2]$$

$$=\frac{1}{4}(a+b+c-d)(a+b-c+d)(c+d+a-b)(c+d-a+b)$$

$$=4(p-a)(p-b)(p-c)(p-d) \tag{17}$$

其中 $p=\frac{1}{2}(a+b+c+d)$ 为半周长.

将式(17)代入式(16)得

$$2S=\left[4(p-a)(p-b)(p-c)(p-d)-4abcd\left(\cos\frac{\alpha+\beta}{2}\right)^2\right]^{\frac{1}{2}}$$

$$\leqslant 2\sqrt{(p-a)(p-b)(p-c)(p-d)}$$

$$\Rightarrow S_{\max}=\sqrt{(p-a)(p-b)(p-c)(p-d)} \tag{18}$$

仅当

$$\cos\frac{\alpha+\beta}{2}=0\Rightarrow\alpha+\beta=\pi$$

时式(18)成立,此时四边形 $ABCD$ 内接于圆.

这一铁的事实充分说明:

定理:一个边长给定的四边形,只有当它内接于圆时面积才最大.

其实,当 $d\to 0$ 时,四边形 $ABCD$ 退化为 $\triangle ABC$,这时,$p=\frac{1}{2}(a+b+c)$,式(18)化为式(13),因此式(18)为式(13)的一个推广.

更有趣的是,当四边形 $ABCD$ 是圆内接四边形时,如图 3.39,延长 AB,CD 交于点 E,设 $BE=x,CE=y$.

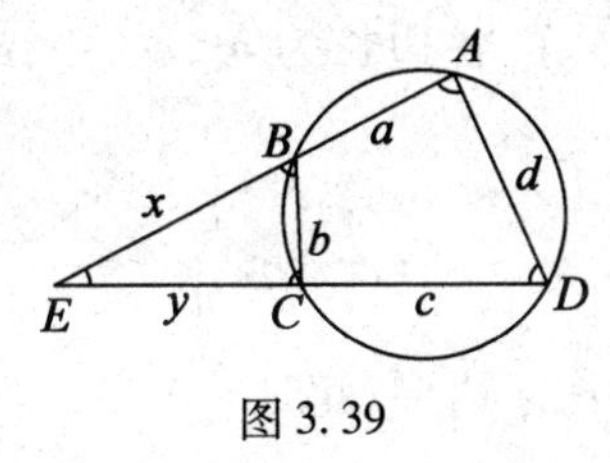

图 3.39

那么,由海伦公式有

$$S_{\triangle BCE}=\frac{1}{4}[(x+y+b)(b+y-x)(b+x-y)(x+y-b)]^{\frac{1}{2}} \tag{19}$$

$$S_{\triangle ADE}=\frac{1}{4}[(x+y+a+b+c+d)(x+y+a+c+d)(x+y+a+c-d)\cdot$$

$$(y+c+d-x-a)(x+a+d-y-c)]^{\frac{1}{2}} \tag{20}$$

$$S=S_{\text{四边形}ABCD}=S_{\triangle ADE}-S_{\triangle BCE} \tag{21}$$

因为

$$\triangle EAD \backsim \triangle ECB$$

$$\Rightarrow \frac{BC}{DA}=\frac{EC}{EA}=\frac{BE}{DE}$$

$$\Rightarrow \frac{b}{d}=\frac{y}{x+a}=\frac{x}{y+c}$$

$$\Rightarrow \begin{cases} bx-dy=-ab \\ dx-by=bc \end{cases}$$

$$\Rightarrow \begin{cases} x=\dfrac{b(ab+cd)}{d^2-b^2} \\ y=\dfrac{b(bc+ad)}{d^2-b^2} \end{cases} \tag{22}$$

将式(22)分别代入式(19),(20),再代入(21)化简最终得到式(18).

但也可以这样简化

$$\frac{S_{\triangle AED}}{S_{\triangle BEC}}=\frac{AE \cdot DE}{BE \cdot CE}$$

$$\Rightarrow 1+\frac{S}{S_{\triangle BEC}}=\frac{(x+a)(y+c)}{xy}$$

$$\Rightarrow S=\left[\frac{(x+a)(y+c)}{xy}-1\right]S_{\triangle BEC} \tag{23}$$

即将 $x,y,S_{\triangle BEC}$ 的表达式代入式(23)求 S 更简便一些.

(6)其实,在平面几何学中,有著名的等周定理:一个周长固定的平面凸多边形,当它是正多边形时,面积最大.

若设凸 n 边形 $A_1A_2\cdots A_n$ 的各边长为 $a_1,a_2,\cdots,a_n$,周长为 L,面积为 S,则有不等式

$$S \leqslant \frac{L^2}{4n}\cot\frac{\pi}{n}$$

等号成立仅当 $A_1A_2\cdots A_n$ 为正 n 边形,此时

$$S_{\max}=\frac{L^2}{4n}\cot\frac{\pi}{n}$$

利用上述等周定理,对于原题,将梯形 $ABCD$ 绕 CD 边翻折 180°构成平面凸六边形 $ABCB'A'D$,由于这个六边形的周长为常数 $2l$(定值),只有当它是正六边形时,它的面积最大,从而梯形 $ABCD$ 的面积也最大. 它是等腰梯形,$\angle A=$

$\angle B=120°$.

相应地,对于图 3.40 所示,依次做出四边形 $PAOB$ 在坐标系内其他三个象限的对称图形,得到一个周长为 $4l$ 的八边形(记为 M),因此只有当 M 为正八边形时,M 的面积才最大,这时四边形 $PAOB$ 的面积才最大,于是

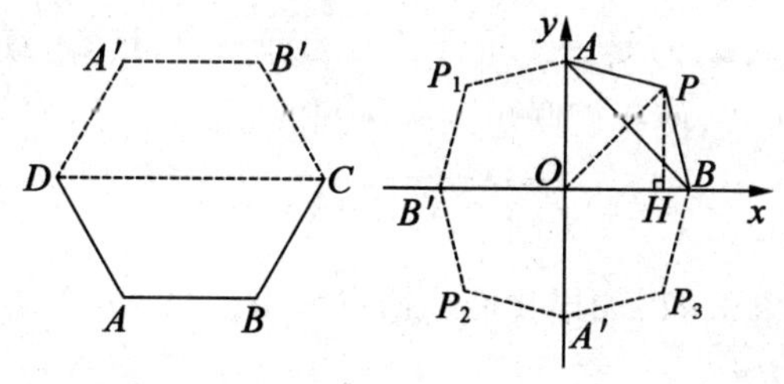

图 3.40

$$PA=PB=\frac{1}{2}l, AO=BO, \angle APB=\frac{(8-2)\times 180°}{8}=135°$$

$$\angle APO=\angle BPO=67.5°, \angle AOP=\angle BOP=45°$$

所以

$$\angle PAO=\angle PBO=67.5°$$

所以

$$AO=PO=BO=x(\text{设为 } x)$$

作 $PH\perp OB$ 于点 H,则

$$OH=PH=\frac{x}{\sqrt{2}}$$

$$BH=x-\frac{x}{\sqrt{2}}$$

在 Rt$\triangle PHB$ 中,利用勾股定理,有

$$PH^2+BH^2=PB^2$$

$$\left(\frac{x}{\sqrt{2}}\right)^2+\left(x-\frac{x}{\sqrt{2}}\right)^2=\left(\frac{l}{2}\right)^2$$

解得

$$x=\sqrt{\frac{4+2\sqrt{2}}{16}}l=\sqrt{\frac{2+\sqrt{2}}{8}}l$$

所以四边形 $PAOB$ 的最大面积为

$$S_{\max}=2S_{\triangle POB}=OB\cdot PH=\frac{1}{\sqrt{2}}x^2=\left(\frac{1+\sqrt{2}}{8}\right)l^2$$

从上述解法可知,利用等周定理求解是多么简洁,多么优美!

题 26　已知 $v>0,\mu\in[-\sqrt{2},\sqrt{2}]$. 求 $f(\mu,v)=(\mu-v)^2+(\sqrt{2-\mu^2}-\frac{9}{v})^2$ 的最小值.

解法 1　显然 $f(\mu,v)$ 是一个条件二元无理函数,具有一定的复杂性,但是,观察 $f(\mu,v)$ 的解析式,使我们联想到两点间的距离公式

$$d=\sqrt{(x_1-x_2)^2+(y_1-y_2)^2}$$

根号内的部分,如图 3.41,如果我们构造点 $P(\mu,\sqrt{2-v^2})$,$Q(v,\frac{9}{v})$,那么点 P 位于半圆

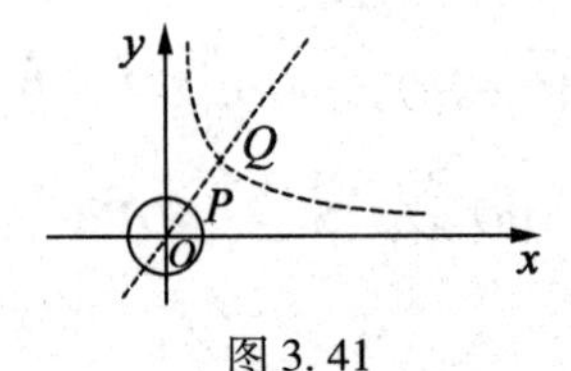

图 3.41

$$x^2+y^2=2\quad(y\geqslant 0)$$

上,点 Q 位于双曲线 $xy=9$ 在第一象限内的一支上,而 $|PQ|^2$ 恰好表示

$$f(\mu,v)=|PQ|^2=(\mu-v)^2+(\sqrt{2-v^2}-\frac{9}{v})^2$$

显然,当点 P,Q 分别是直线 $y=x$ 与半圆 $x^2+y^2=2(y\geqslant 0)$ 和双曲线弧 $xy=9(x>0,y>0)$ 的交点时,$|PQ|$ 取最小值,此时 $P(1,1)$,$Q(3,3)$,$|PQ|=2\sqrt{2}$,$|PQ|^2=8$,故 $f_{\min}(\mu,v)=8$.

本题是一道美国奥数名题,许多奥数书刊上均采用数形结合的方法证明,显得非常直观简洁,令人惊叹!

其实,在优美的数学世界里,没有一枝独秀,而是百花齐放,百家争鸣.

因为,从已知条件 $\mu\in[-\sqrt{2},\sqrt{2}]$,使我们联想到 $|\mu|\leqslant\sqrt{2}$,从而进一步联想到,可设 $\mu=\sqrt{2}\cos\theta$,于是 $2-\mu^2=2\sin^2\theta$,这样,使我们眼前"云开雾散,晴空万里",仿佛"柳暗花明又一村".

解法 2　根据上述分析,我们设

$$\mu=\sqrt{2}\cos\theta(0<\theta<\frac{\pi}{2}),t^2=v^2+\frac{81}{v^2}$$

于是

$$\sqrt{2-\mu^2}=\sqrt{2}\sin\theta$$

$$S=f(\mu,v)=(\mu-v)^2+(\sqrt{2-\mu^2}-\frac{9}{v})^2$$

$$=(\sqrt{2}\cos\theta-v)^2+(\sqrt{2}\sin\theta-\frac{9}{v})^2$$

$$=2+t^2-2\sqrt{2}(v\cos\theta+\frac{9}{v}\sin\theta)$$

应用柯西不等式有

$$S\geqslant 2+t^2-2\sqrt{2}\sqrt{(v^2+\frac{81}{v^2})(\cos^2\theta+\sin^2\theta)}$$

$$=2+t^2-2\sqrt{2}t=(t-\sqrt{2})^2$$

因为
$$t^2=v^2+\frac{81}{v^2}\geqslant 18\Rightarrow t\geqslant 3\sqrt{2}$$

所以
$$S\geqslant(t-\sqrt{2})^2\geqslant(3\sqrt{2}-\sqrt{2})^2=8$$

$$\Rightarrow S_{\min}=8\Rightarrow f_{\min}(\mu,v)=8$$

当 $f_{\min}(\mu,v)=8$ 时

$$v^2=\frac{81}{v^2}\Rightarrow v=3$$

及
$$v:\frac{9}{v}=\cos\theta:\sin\theta$$

$$\Rightarrow\tan\theta=1\Rightarrow\theta=\frac{\pi}{4}\Rightarrow\mu=1$$

即当 $\mu=1,v=3$ 时，$f_{\min}(\mu,v)=8$.

题 27　设 $a\geqslant b\geqslant c\geqslant d>0$，试求函数

$$F=f(a,b,c,d)=(1+\frac{c}{a+b})(1+\frac{d}{b+c})(1+\frac{a}{c+d})(1+\frac{b}{d+a})$$

的最小值.

分析　我们考虑本题的稍弱情形；设 $S=a+b+c+d$，应用均值不等式有

$$\begin{cases}(a+b)(c+d)\leqslant(\frac{S}{2})^2\\(b+c)(d+a)\leqslant(\frac{S}{2})^2\end{cases}$$

$$\Rightarrow P=\sum(1+\frac{c}{a+b})$$

$$= 4 + (\frac{c}{a+b} + \frac{a}{c+d}) + (\frac{d}{b+c} + \frac{b}{d+a})$$

$$= \frac{a^2 + c^2 + cd + ab}{(a+b)(c+d)} + \frac{d^2 + b^2 + ad + bc}{(b+c)(d+a)} + 4$$

$$\geqslant 4 + \frac{4}{S^2}(a^2 + b^2 + c^2 + d^2 + ab + bc + cd + da)$$

$$= 4 + \frac{4}{S^2}[S^2 + (a^2 + b^2 + c^2 + d^2 - 2ca - 2bd)]$$

$$= 4 + \frac{4}{S^2}[S^2 + (a-c)^2 + (b-d)^2]$$

$$\geqslant 4 + 2 = 6$$

$$\Rightarrow P = \sum (1 + \frac{c}{a+b}) \geqslant 6 \tag{1}$$

等号成立仅当 $a = b = c = d$.

而当 $a = b = c = d$ 时,F 的值为 $(\frac{3}{2})^4$,因此我们猜测:在约束条件"$a \geqslant b \geqslant c \geqslant d > 0$"下,存在比不等式(1)更强的不等式

$$F = f(a,b,c,d) = \prod (1 + \frac{c}{a+b}) \geqslant (\frac{3}{2})^4 \tag{2}$$

但是,仅不等式(1)的证明就简单而不平凡,因此式(2)的证明肯定不轻松,需要我们"运筹帷幄",施展"奇谋巧计",方可"智取华山".

解 由于当 $a = b = 1$ 且 $c + d \to 0$ 时,$f \to +\infty$,因此函数 f 没有上界,又由于 f 是一个零次齐次函数,且当 $a = b = c = d$ 时,f 的值为 $(\frac{3}{2})^4$.

以下证明:对于满足 $a \geqslant b \geqslant c \geqslant d > 0$ 的任何正数 a,b,c,d,均有

$$f(a,b,c,d) = F \geqslant (\frac{3}{2})^4 \tag{3}$$

$$\Leftrightarrow \left(\frac{a+b+c}{3}\right)\left(\frac{b+c+d}{3}\right)\left(\frac{c+d+a}{3}\right)\left(\frac{d+a+b}{3}\right)$$

$$\geqslant \left(\frac{a+b}{2}\right)\left(\frac{b+c}{2}\right)\left(\frac{c+d}{2}\right)\left(\frac{d+a}{2}\right) \tag{4}$$

根据条件有 $\frac{a}{d} \geqslant \frac{b}{d} \geqslant \frac{c}{d} \geqslant 1$,可设

$$\frac{a}{d} = t + 6x, \frac{b}{d} = t + 6y, \frac{c}{d} = t + 6z$$

其中 $t > 0$,则 $x \geqslant y \geqslant z \geqslant 0$,式(4)化为

$$[t+2(x+y+z)][t+2(y+z)][t+2(y+x)][t+2(z+x)]$$
$$\geqslant[t+3(x+y+z)][t+3(y+z)](t+3z)(t+3x) \quad (5)$$

设 $p(t)=[t+2(x+y+z)][t+2(y+z)][t+2(z+x)][t+2(x+y)]$

$$g(t)=[t+3(x+y)][t+3(y+z)](t+3z)(t+3x)$$

那么 $p(t)$,$g(t)$ 皆为四次多项式,而 $g(t)=p(t)-g(t)$ 为 t 的二次多项式,记

$$\varphi(t)=At^2+Bt+C$$

若能证明 $A,B,C\geqslant0$,则有

$$\varphi(t)\geqslant0\Rightarrow p(t)\geqslant g(t)$$

那么,式(5)成立,易知

$$\begin{aligned}A&=[8(\sum x)^2+4\sum(x+y)(y+z)]-[9\sum(x+y)(y+z)+9xz]\\&=3(x^2+y^2+z^2)+xy+yz-8xz\\&\geqslant3(x^2+2z^2)-7xz\\&\geqslant6\sqrt{2}xz-7xz\geqslant0\end{aligned}$$

注意到

$$7\sum x^3\geqslant21xyz\geqslant20xyz+xz^2$$
$$x^3\geqslant x^2z$$

以及
$$13(x^2y+xy^2)\geqslant13(x^2z+xz^2)$$

有

$$\begin{aligned}B&=\{8(\sum x)\sum(x+y)(y+z)+8\prod(x+y)\}-\\&\quad\{27\prod(x+y)+27xz(x+z+2y)\}\\&=8\sum x(x+y)(x+z)+5\prod(x+y)-27xz(x+z+2y)\\&=8\sum x^3+13(\sum x^2y+yz^2)-14(x^2z+xz^2)-20xyz\geqslant0\end{aligned}$$

又注意到

$$\begin{aligned}16(x+z)(x+y+z)&\geqslant16(x+z)(x+2z)\\&\geqslant16\times2\sqrt{xz}\cdot2\sqrt{2xz}\\&=64\sqrt{2}xz\geqslant81xz\end{aligned}$$

有
$$c=(x+y)(y+z)[16(x+z)(x+y+z)-81xz]\geqslant0$$

所以 $A,B,C\geqslant0$,故有 $\varphi(t)\geqslant0$,逆推之,式(3)(4)成立,从而 $f_{\min}=(\frac{3}{2})^4$ 仅当 $a=b=c=d$ 时取到.

评注　(1)从上述漂亮的证明可知,本题将优美性、艰难性集为一体,真是

一道妙题,令人陶醉,在约束条件“$a\geqslant b\geqslant c\geqslant d>0$”下,有迷人的不等式链

$$\left[\frac{1}{4}\sum\left(1+\frac{c}{a+b}\right)\right]^4\geqslant\prod\left(1+\frac{c}{a+b}\right)\geqslant\left(\frac{3}{2}\right)^4 \tag{6}$$

我们回首反顾前面的不等式(4)

$$\left(\frac{a+b+c}{3}\right)\left(\frac{b+c+d}{3}\right)\left(\frac{c+d+a}{3}\right)\left(\frac{d+a+b}{3}\right)$$
$$\geqslant\left(\frac{a+b}{2}\right)\left(\frac{b+c}{2}\right)\left(\frac{c+d}{2}\right)\left(\frac{d+a}{2}\right)$$

她那绝美的容颜勾起了我们美好的回忆:

定理:设任意 n 个正数组成的集合为

$$A_n=\{a_1,a_2,\cdots,a_n\}\quad(n\geqslant 3,n\in\mathbf{N}^*)$$

①记从 A_n 中每次取出 $k(1\leqslant k\leqslant n)$ 个数的几何平均数的算术平均数为 $A_n(G_k)=T_k$,则有不等式链

$$T_1\geqslant T_2\geqslant\cdots\geqslant T_{n-1}\geqslant T_n \tag{7}$$

②记每次从 A_n 中取出 k 个数的算术平均数的几何平均数为 $G_n(A_k)=H_k$,则有

$$H_1\leqslant H_2\leqslant\cdots\leqslant H_{n-1}\leqslant H_n \tag{8}$$

③设每次从 A_n 中取出 k 个数的乘积的算术平均数为 P_k,则有

$$P_1\geqslant P_2^{\frac{1}{2}}\geqslant P_3^{\frac{1}{3}}\geqslant\cdots\geqslant P_n^{\frac{1}{n}} \tag{9}$$

(2)如果我们记式(4)左边为 H,右边为 T,即

$$H=\prod\left(\frac{a+b+c}{3}\right),T=\prod\left(\frac{a+b}{2}\right),H\geqslant T$$

在式(8)中取 $n=4$,得到等价的

$$H^{\frac{1}{4}}\geqslant\left[T\cdot\left(\frac{a+c}{2}\right)\left(\frac{b+d}{2}\right)\right]^{\frac{1}{6}} \tag{10}$$

$$\Rightarrow H^3\geqslant 7^2\cdot\left(\frac{a+c}{2}\right)\left(\frac{b+d}{2}\right) \tag{11}$$

因此,欲证 $H\geqslant T$,须证

$$\left(\frac{a+c}{2}\right)^2\left(\frac{b+d}{2}\right)^2\geqslant T$$
$$\Leftrightarrow\left(\frac{a+c}{2}\right)^2\left(\frac{b+d}{2}\right)^2\geqslant\left(\frac{a+b}{2}\right)\left(\frac{b+c}{2}\right)\left(\frac{c+d}{2}\right)\left(\frac{d+a}{2}\right) \tag{12}$$

这样,式(12)化为

$$(t+3x+3z)^2(t+1+3y)^2$$
$$\geqslant(t+3x+3y)(t+3y+3z)(t+3z)(t+3x) \tag{13}$$

(3)进一步地,我们猜想:设 n 个正数满足 $a_1\geqslant a_2\geqslant\cdots\geqslant a_n>0,n\geqslant 4,n\in$

$\mathbf{N}^*$,约定 $a_{n+1}=a_1$, $S=\sum_{i=1}^{n}a_i$, 问是否有不等式

$$\prod_{i=1}^{n}\left(\frac{S-a_i}{n-1}\right)\geqslant\prod_{i=1}^{n}\left(\frac{S-a_i-a_{i+1}}{n-2}\right) \tag{14}$$

显然,当 $n=4$ 时,我们已经证明.

题 28　设正△ABC 的边长为常数 a,顶点 A 在 x 轴上滑动,B 在 y 轴上滑动,求 OC 的最大值与最小值.

解法 1　如图 3.42 所示,设 D 为 AB 中点,联结 CD,OD,则

$$OD=\frac{a}{2}, CD=\frac{\sqrt{3}}{2}a$$

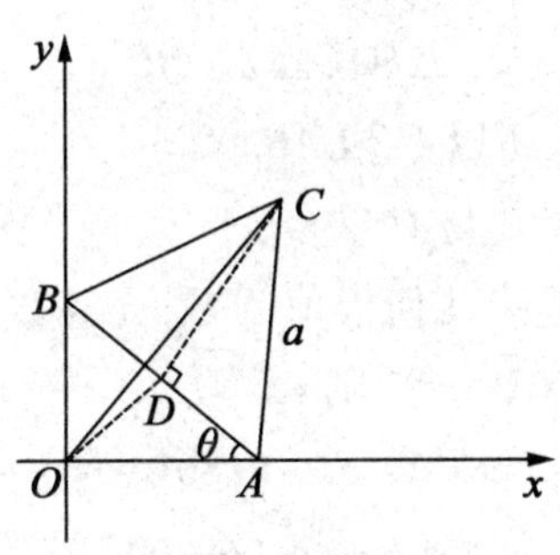

图 3.42

$$OC\leqslant OD+CD=\left(\frac{1+\sqrt{3}}{2}\right)a$$

仅当 O,D,C 三点共线时取到,此时 OC 垂直平分 AB,$\angle COx=45°$.

又显然当点 A 或 B 与原点 O 重合时

$$OC_{\min}=a$$

解法 2　设 $\angle OAB=\theta(0°\leqslant\theta\leqslant 90°)$,则 $\angle CAO=\theta+60°$,$OA=a\cos\theta$.

在△CAO 中应用余弦定理有

$$\begin{aligned}OC^2&=a^2+(a\cos\theta)^2-2a^2\cos\theta\cos(\theta+60°)\\&=a^2[1+\cos^2\theta-2\cos\theta\cos(60°+\theta)]\\&=a^2[1+\cos^2\theta-\cos\theta(\cos\theta-\sqrt{3}\sin\theta)]\\&=a^2(\sqrt{3}\cos\theta\sin\theta+1)\\&=\left(1+\frac{\sqrt{3}}{2}\sin 2\theta\right)a^2\end{aligned} \tag{1}$$

因为　　$0°\leqslant\theta\leqslant 90°\Rightarrow 0°\leqslant 2\theta\leqslant 180°$

$$\Rightarrow 0 \leqslant \sin\theta \leqslant 1$$

$$\Rightarrow a^2 \leqslant OC^2 \leqslant \left(1+\frac{\sqrt{3}}{2}\right)a^2 = \left(\frac{1+\sqrt{3}}{2}\right)^2 a^2$$

$$\Rightarrow a \leqslant OC \leqslant \left(\frac{1+\sqrt{3}}{2}\right)a \tag{2}$$

$$\Rightarrow \begin{cases} OC_{\max} = a & (\text{当 } \theta = 0° \text{或 } 90° \text{时}) \\ OC_{\max} = \dfrac{1+\sqrt{3}}{2}a & (\text{当 } \theta = 45° \text{时}) \end{cases}$$

当 $\theta = 45°$时，$\angle BAO = \angle ABO = 45°$. 所以

$$\angle CAO = \angle CBO = 105°$$

因为 $$OA = OB, OC = OC, AC = BC$$

所以 $$\triangle OAC \cong \triangle OBC$$

所以$\angle COA = \angle COB = 45°$，所以 $OC \perp AB$.

当 $\theta = 0°$或 $90°$时，A 或 B 与 O 重合.

评注 (1)这是一个趣味几何极值问题，充满数学的趣味美与运动美，如果我们设动点 C 的坐标为 $C(x, y)$，则

$$\begin{aligned} x &= a\cos\theta + a\cos(180° - 60° - \theta) \\ &= a[\cos\theta - \cos(\theta + 60°)] \\ &= \frac{a}{2}(\cos\theta + 30°) \end{aligned}$$

且 $$y = a\sin(180° - 60° - \theta) = a\sin(\theta + 60°)$$

即点 C 轨迹的参数方程为

$$\begin{cases} x = \dfrac{a}{4}\sin(\theta + 30°) \\ y = a\sin(\theta + 60°) \end{cases} \tag{3}$$

其中参数 $0° \leqslant \theta \leqslant 180°$，由于

$$\begin{cases} x = \dfrac{a}{2}(\cos\theta + \sqrt{3}\sin\theta) \\ y = \dfrac{a}{2}(\sin\theta + \sqrt{3}\cos\theta) \end{cases}$$

$$\Rightarrow \begin{cases} \sin\theta = \dfrac{\sqrt{3}x - y}{a} \\ \cos\theta = \dfrac{\sqrt{3}y - x}{a} \end{cases}$$

$$\Rightarrow(\sqrt{3}x-y)^2+(\sqrt{3}y-x)^2=a^2$$

$$\Rightarrow x^2-\sqrt{3}xy+y^2=(\frac{a}{2})^2 \tag{4}$$

这便是动点 C 的轨迹方程,它是实轴为 $y=x$ 的双曲线在第一象限的那支.

(2)现在,我们将题目中的正$\triangle ABC$ 改变为正方形 $ABCD$,其边长仍然为 a,设$\angle BAO=\theta$,则$\angle ACH=\theta$,作 $CH\perp Ox$ 于点 H,则 $OH=OA+AH=a\cos\theta+a\sin\theta$,$CH=a\cos\theta$,如图 3.43.

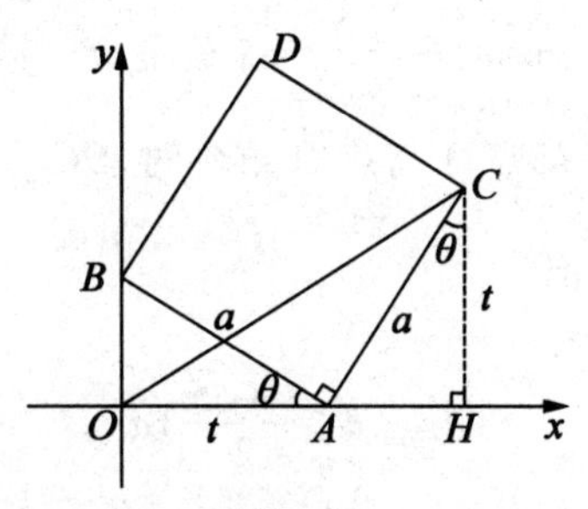

图 3.43

在 Rt$\triangle OHC$ 中应用勾股定理,有

$$\begin{aligned}OC^2&=OH^2+CH^2\\&=a^2(\cos\theta+\sin\theta)^2+a^2\cos^2\theta\\&=a^2+a^2f(\theta)\end{aligned} \tag{5}$$

其中

$$\begin{aligned}f(\theta)&=\cos^2\theta+2\sin\theta\cos\theta\\&=\frac{1}{2}(2\sin 2\theta+\cos 2\theta)+\frac{1}{2}\end{aligned} \tag{6}$$

$$0°\leqslant\theta\leqslant 90°\Leftrightarrow 0°\leqslant 2\theta\leqslant 180°$$

显然,当 $\theta=0°$时,$f(\theta)=1$.

当 $\theta=90°$时

$$f(\theta)=0$$

因此

$$f_{\min}(\theta)=0\Rightarrow OC_{\min}=a\quad(\theta=90°)$$

当$0°<\theta<90°$时,应用柯西不等式有

$$f(\theta)\leqslant\frac{1}{2}\sqrt{(2^2+1^2)(\sin^2 2\theta+\cos^2 2\theta)}+\frac{1}{2}=\frac{1}{2}+\frac{\sqrt{5}}{2}$$

$$\Rightarrow OC^2\leqslant(1+\frac{1}{2}+\frac{\sqrt{5}}{2})a^2 \tag{7}$$

$$\Rightarrow OC\leqslant(\frac{1+\sqrt{5}}{2})a\Rightarrow OC_{\max}=(\frac{1+\sqrt{5}}{2})a$$

式(7)等号成立仅当

$$\frac{\sin 2\theta}{\cos 2\theta}=2\Rightarrow\tan 2\theta=2$$

$$\Rightarrow\frac{2\tan\theta}{1-\tan^2\theta}=2$$

$$\Rightarrow(\tan\frac{\theta}{2})^2+(\tan\frac{\theta}{2})-1=0$$

$$\Rightarrow\tan\theta=\frac{\sqrt{5}-1}{2}(\text{黄金分割数})$$

综合上述,当 $\theta=90°$,即点 A 与点 O 重合时,$OC_{\min}=a$;

当 $\theta=\arctan(\frac{\sqrt{5}-1}{2})$ 时

$$OC_{\max}=(\frac{1+\sqrt{5}}{2})a$$

其中,由于 $\angle OAC=90°+\theta$,$OA=a\cos\theta$,在 $\triangle OAC$ 中应用余弦定理有

$$\begin{aligned}OC^2&=a^2+(a\cos\theta)^2-2a^2\cos\theta\cos(90°+\theta)\\&=a^2+a^2\cos^2\theta+2a^2\sin\theta\cos\theta\\&=a^2+a^2f(\theta)\end{aligned}$$

这样,仍然与前文殊途同归.

(3)我们刚才用三角方法解答了图 3.43 中 OC 的最值问题,但对于初中学生,能解决吗?

其实,注意到 $\mathrm{Rt}\triangle AOB\cong\mathrm{Rt}\triangle AHC$,可设 $CH=OA=t$,则 $AH=\sqrt{a^2-t^2}$

于是在 $\mathrm{Rt}\triangle CHO$ 中利用勾股定理有

$$\begin{aligned}OC^2&=(OA+AH)^2+CH^2\\&=(t+\sqrt{a^2-t^2})^2+t^2\\&=a^2+f(t)\end{aligned}\tag{8}$$

其中

$$f(t)=t^2+2t\sqrt{a^2-t^2}\ (0\leqslant t\leqslant a)\tag{9}$$

显然,当 $t=0$ 时,$f(t)=0$;当 $t=a$ 时,$f(t)=a^2$. 则

$$f_{\min}(t)=0\Rightarrow OC_{\min}=a$$

当点 A 与点 O 重合时取到.

当 $0<t<a$ 时,简记 $f=f(t)>0$,由式(9)有

$$(f-t^2)^2=(2t\sqrt{a^2-t^2})^2$$

$$\Rightarrow 5t^4-2(2a^2+f)t^2+f^2=0 \tag{10}$$

将式(10)看作关于 t^2 的二次方程,故其判别式

$$\Delta=4(2a^2+f)^2-20f^2\geqslant 0$$

$$\Rightarrow 2a^2+f\geqslant\sqrt{5}f\Rightarrow f\leqslant\left(\frac{\sqrt{5}+1}{2}\right)a^2$$

$$\Rightarrow OC^2\leqslant a^2+\left(\frac{\sqrt{5}+1}{2}\right)a^2$$

$$\Rightarrow OC\leqslant\left(\frac{\sqrt{5}+1}{2}\right)a\Rightarrow OC_{\max}=\left(\frac{\sqrt{5}+1}{2}\right)a$$

当 $OC_{\max}=\left(\frac{\sqrt{5}+1}{2}\right)a$ 时

$$\Delta=0$$

$$f=\left(\frac{\sqrt{5}+1}{2}\right)a^2$$

$$t^2=\frac{2a^2+f}{5}=\frac{1}{5}\left[2a^2+\left(\frac{\sqrt{5}+1}{2}\right)a^2\right]=\left(\frac{5+\sqrt{5}}{10}\right)a^2$$

$$\Rightarrow t=\sqrt{\frac{5+\sqrt{5}}{10}}a$$

另外,如果我们仍设动点 C 的坐标为 $C(x,y)$,那么

$$\begin{cases}x=OH=a(\cos\theta+\sin\theta)\\ y=CH=a\cos\theta\end{cases}$$

$$\Rightarrow\begin{cases}\sin\theta=\dfrac{x-y}{a}\\ \cos\theta=\dfrac{y}{a}\end{cases}\Rightarrow\left(\frac{x-y}{a}\right)^2+\left(\frac{y}{a}\right)^2=1$$

$$\Rightarrow x^2-2xy+2y^2-a^2=0 \tag{11}$$

式(11)即为动点 C 的运动轨迹方程.

题 29 设 p,q,r 均为正常数,且 $q\geqslant r>0$,$x\in\left(0,\frac{\pi}{2}\right)$,试讨论函数

$$f(x)=p(\sin x+\cos x)+q(\csc x+\sec x)+r(\tan x+\cot x) \tag{1}$$

的最值.

解析 设 $t=\sin x+\cos x$,注意到 $x\in\left(0,\frac{\pi}{2}\right)$有

$$t=\sqrt{2}\cos(x-\frac{\pi}{4})\leqslant\sqrt{2}\text{且 }t^2=1+2\sin x\cos x>1$$

即 $t>1$,所以 $1<t\leqslant\sqrt{2}$ 且 $\sin x\cos x=\frac{1}{2}(t^2-1)$.

设
$$P(t)=f(x)=pt+\frac{2r}{t^2-1}+\frac{2qt}{t^2-1} \tag{2}$$
$$=pt+\frac{2q(t-1)}{t^2-1}+\frac{2(q+r)}{t^2-1}$$
$$=pt+\frac{2q}{t+1}+(q+r)(\frac{1}{t-1}-\frac{1}{t+1})$$
$$\Rightarrow P(t)=pt+\frac{q+r}{t-1}+\frac{q-r}{t+1} \tag{3}$$

(1)当 $q=r$ 时
$$P(t)=p(t-1)+\frac{q+r}{t-1}+p$$
$$\geqslant 2\sqrt{p(q+r)}+p=2\sqrt{2pq}+p$$

等号成立仅当
$$p(t-1)=\frac{q+r}{t-1}=\frac{2q}{t-1}$$
$$\Rightarrow t=\frac{\sqrt{2pq}}{p}+1>1$$

由于
$$1<t\leqslant\sqrt{2}\Rightarrow\sqrt{\frac{2q}{p}}+1\leqslant\sqrt{2}$$
$$\Rightarrow 0<r=q\leqslant(\frac{3-2\sqrt{2}}{2})p \tag{4}$$

这时
$$t=\sin x+\cos x=\sqrt{2}\cos(x-\frac{\pi}{4})$$

所以,当式(4)成立,且当
$$x=\arccos(\frac{\sqrt{pq}}{p}+\frac{\sqrt{2}}{2})+\frac{\pi}{4} \tag{5}$$

时
$$f_{\min}(x)=2\sqrt{2pq}+p \tag{6}$$

特别地,当 $p=q=r=1$ 时,有
$$f_{\min}(x)=2\sqrt{2}+1$$

(2)当 $q>r$ 时,设参数 $0<\lambda<\frac{1}{2}p$,可将 $P(t)$ 变形为

$$P(t)=(\frac{p}{2}-\lambda)(t+1)+(\frac{p}{2}+\lambda)(t-1)+\frac{q+r}{t-1}+\frac{q-r}{t+1}+2\lambda$$

$$=\left[(\frac{p}{2}-\lambda)(t+1)+\frac{q-r}{t+1}\right]+\left[(\frac{p}{2}+\lambda)(t-1)+\frac{q+r}{t-1}\right]+2\lambda$$

$$\geqslant 2\sqrt{(q-r)(\frac{p}{2}-\lambda)}+2\sqrt{(q+r)(\frac{p}{2}+\lambda)}+2\lambda \tag{7}$$

等号成立仅当

$$\begin{cases}(\frac{p}{2}-\lambda)(t+1)=\frac{q-r}{t+1}\\(\frac{p}{2}+\lambda)(t-1)=\frac{q+r}{t-1}\end{cases}$$

$$\Rightarrow t=\sqrt{\frac{2(q-r)}{p-2\lambda}}-1=\sqrt{\frac{2(q+r)}{p+2\lambda}}+1 \tag{8}$$

$$\Rightarrow \sqrt{\frac{q-r}{p-2\lambda}}-\sqrt{\frac{q+r}{p+2\lambda}}=\sqrt{2} \tag{9}$$

然后从方程(9)中解出 λ，代入式(8)求出 t，从等式

$$t=\sqrt{2}\cos(x-\frac{\pi}{4})$$

求得

$$x=\frac{\pi}{4}+\arccos\frac{\sqrt{2}t}{2} \tag{10}$$

但必须讨论确定 p,q,r 使得 $0<\lambda<\frac{1}{2}p$ 及 $1<t\leqslant\sqrt{2}$. 最后将 λ 的值代入式(7)即可求得 $f_{\min}(x)=P_{\min}(t)$.

如果上述技巧失效，则再将 $P(t)$ 变形为

$$P(t)=(\frac{p}{2}+\lambda)(t+1)+(\frac{p}{2}-\lambda)(t-1)+\frac{q+r}{t-1}+\frac{q-r}{t+1}-2\lambda$$

$$=\left[(\frac{p}{2}+\lambda)(t+1)+\frac{q-r}{t+1}\right]+\left[(\frac{p}{2}-\lambda)(t-1)+\frac{q+r}{t-1}\right]-2\lambda$$

$$\geqslant 2\sqrt{(\frac{p}{2}+\lambda)(q-r)}+2\sqrt{(\frac{p}{2}-\lambda)(q+r)}-2\lambda \tag{11}$$

等号成立仅当

$$\begin{cases}(\frac{p}{2}+\lambda)(t+1)=\frac{q-r}{t+1}\\(\frac{p}{2}-\lambda)(t-1)=\frac{q+r}{t-1}\end{cases}$$

$$\Rightarrow t=\sqrt{\frac{2(q-r)}{p+2\lambda}}-1=\sqrt{\frac{2(q+r)}{p-2\lambda}}+1$$

$$\Rightarrow 2=\sqrt{\frac{2(q-r)}{p+2\lambda}}-\sqrt{\frac{2(q+r)}{p-2\lambda}}<0$$

矛盾.

题 30 设 a,b,c,d 为已知常数,$b^2+d^2\neq 0$,且 $ac\neq 0$,θ 为任意角,求函数

$$f(\theta)=\frac{a\sin\theta+b}{c\cos\theta+d} \qquad (A)$$

的最值.

分析 这是一个分式三角函数,由已知知道 a,c 均不为 0,且 b,d 不同时为 0. 观察知,当 $\left|\frac{d}{c}\right|>1$ 时,$f(\theta)$ 的定义域为 $\theta\in\mathbf{R}$,而当 $\left|\frac{d}{c}\right|\leqslant 1$ 时,$f(\theta)$ 的定义域 $\theta\neq\arccos\left(-\frac{d}{c}\right)$.

下面我们在定义域范围内用几种解法求 $f(\theta)$ 的最值.

解法 1(数形结合法) 我们作代换,令

$$\begin{cases}x=c\cos\theta+d\\ y=a\sin\theta+b\end{cases} \qquad (1)$$

则点 $P(x,y)$ 的轨迹表示椭圆

$$\frac{(x-d)^2}{c^2}+\frac{(y-b)^2}{a^2}=1 \qquad (2)$$

该椭圆的中心为 $O'(d,b)$,动直线 $OP:y=kx$ 恒过原点,其斜率为 $k=f(\theta)$. 由 OP 与椭圆总相交(或相切),将 $y=kx$ 代入方程(2),得

$$\frac{(kx-b)^2}{a^2}+\frac{(x-d)^2}{c^2}=1$$

$$\Rightarrow c^2(kx-b)^2+a^2(x-d)^2=a^2c^2$$

$$\Rightarrow (a^2+c^2k^2)x^2-2(kbc^2+a^2d)x+(b^2c^2+a^2d^2-a^2c^2)=0 \qquad (3)$$

于是关于 x 的方程(3)总有实数根,因此其判别式

$$\Delta_x=4(kbc^2+a^2d)^2-4(a^2+c^2k^2)(b^2c^2+a^2d^2-a^2c^2)\geqslant 0$$

$$\Rightarrow (d^2-c^2)k^2-2bdk+(b^2-a^2)\leqslant 0$$

$$\Rightarrow (d^2-c^2)f^2-2bdf+(b^2-a^2)\leqslant 0 \qquad (4)$$

下面需对常数 a,b,c,d 作分类讨论:

(1)当$|d|=|c|$时,由式(4)得

$$2bdf\geqslant b^2-a^2 \tag{5}$$

观察式(5)知,当 $bd>0$ 时

$$f\geqslant\frac{b^2-a^2}{2bd}\Rightarrow f_{\min}(\theta)=\frac{b^2-a^2}{2bd}$$

当 $bd<0$ 时

$$f\leqslant\frac{b^2-a^2}{2bd}\Rightarrow f_{\max}(\theta)=\frac{b^2-a^2}{2bd}$$

当 $bd=0$ 时,若$|a|\leqslant|b|$,f 可为无最值.若$|a|>|b|$,$f(\theta)$为一切实数,也无最值.

(2)当$|d|>|c|$时,若

$$\begin{aligned}\Delta_f&=(2bd)^2-4(d^2-c^2)(b^2-a^2)\\&=4(b^2c^2+a^2d^2-c^2a^2)<0\end{aligned} \tag{6}$$

则$f(\theta)$无最值.

若

$$\Delta_f=4(b^2c^2+a^2d^2-c^2a^2)\geqslant0 \tag{7}$$

则

$$f_{\min}(\theta)=\frac{2bd-\sqrt{\Delta_f}}{2(d^2-c^2)},f_{\max}(\theta)=\frac{2bd+\sqrt{\Delta_f}}{2(d^2-c^2)}$$

(3)当$|c|>|d|$时,式(4)为

$$(c^2-d^2)f^2+2bdf+(a^2-b^2)\geqslant0 \tag{8}$$

若$\Delta_f\leqslant0$,式(8)恒成立,f 为一切实数,故这时$f(\theta)$无最值.

若$\Delta_f\geqslant0$,则

$$f(\theta)\leqslant\frac{-2bd-\sqrt{\Delta_f}}{2(c^2-d^2)}\text{或}f(\theta)\geqslant\frac{-2bd+\sqrt{\Delta_f}}{2(c^2-d^2)}$$

这时$f(\theta)$有值域.

解法2(数形结合法)　作代换,令

$$p=\frac{b}{a},q=\frac{d}{c},k=\frac{c}{a}f(\theta)=\frac{\sin\theta+p}{\cos\theta+q} \tag{9}$$

$$\begin{cases}x=q+\cos\theta\\y=p+\sin\theta\end{cases}$$

则动点 $P(x,y)$的轨迹为圆

$$(x-q)^2+(y-p)^2=1 \tag{10}$$

动直线 OP(O 为原点)的斜率为 k,方程为 $y=kx$,它与圆恒有交点,将 $y=kx$ 代入式(10)得

$$(x-q)^2+(kx-p)^2=1$$

$$\Rightarrow(1+k^2)x^2-2(q+kp)x+(p^2+q^2-1)=0 \tag{11}$$

$$\Rightarrow\Delta_x=4(q+pk)^2-4(1+k^2)(p^2+q^2-1)\geqslant 0$$

$$\Rightarrow(q^2-1)k^2-2pqk+(p^2-1)\leqslant 0$$

$$\Rightarrow\left(\frac{d^2}{c^2}-1\right)\left(\frac{c}{a}f\right)^2-2\left(\frac{b}{a}\right)\cdot\left(\frac{d}{c}\right)\cdot\left(\frac{c}{a}f\right)+\left(\frac{b^2}{a^2}-1\right)\leqslant 0$$

$$\Rightarrow(d^2-c^2)f^2-2bdf+(b^2-a^2)\leqslant 0 \tag{12}$$

以下过程同解法1,略.

解法3(数形结合法)　由解法2知,动点$P(x,y)$的轨迹方程是圆

$$(x-q)^2+(y-p)^2=1$$

该圆的圆心为$O'(q,p)$,则当$OP\perp O'P$,即动直线与圆O'相切时,$k=\frac{c}{a}f(\theta)$取到最值,即

$$k_{OP}\cdot k_{O'P}=-1\Leftrightarrow\frac{\sin\theta+p}{\cos\theta+q}\cdot\frac{\sin\theta}{\cos\theta}=1$$

$$\Rightarrow p\sin\theta+q\cos\theta=-1 \tag{13}$$

$$\Rightarrow(p\sin\theta+1)^2=(q\cos\theta)^2$$

$$\Rightarrow(p^2+q^2)\sin^2\theta+2p\sin\theta-(q^2-1)=0 \tag{14}$$

由于方程(14)的判别式

$$\begin{aligned}\Delta_\theta&=(2p)^2+4(p^2+q^2)(q^2-1)\\&=4q^2(p^2+q^2-1)\end{aligned} \tag{15}$$

因此当

$$\Delta_\theta<0\Leftrightarrow p^2+q^2<1\Leftrightarrow\left(\frac{b}{a}\right)^2+\left(\frac{d}{c}\right)^2<1$$

$$\Leftrightarrow b^2c^2+a^2d^2-a^2c^2<0 \tag{16}$$

时,方程(14)无解. 这时$f(\theta)$无最值.

当

$$\Delta_\theta\geqslant 0\Leftrightarrow b^2c^2+a^2d^2-a^2c^2\geqslant 0 \tag{17}$$

时,由方程(14)解得

$$\sin\theta=\frac{-2p\pm\sqrt{\Delta_\theta}}{2(p^2+q^2)}$$

显然,当$\left|\frac{-2p\pm\sqrt{\Delta_\theta}}{2(p^2+q^2)}\right|>1$时,方程(14)无解,这时$f(\theta)$无最值.

当$\left|\frac{-2p\pm\sqrt{\Delta_\theta}}{2(p^2+q^2)}\right|\leqslant 1$时

$$\cos\theta = \pm\frac{\sqrt{(p^2+q^2)(p^2+1)-2p^2 \pm p\sqrt{\Delta_\theta}}}{p^2+q^2}$$

然后将 $\sin\theta$ 与 $\cos\theta$ 的值代入可求得 $f(\theta)$ 的最值.

解法 4(数形结合法)　作代换,令

$$p=\frac{b}{a},q=\frac{d}{c}$$

$$k=\frac{c}{a}f=\frac{p+\sin\theta}{q+\cos\theta},\begin{cases}x=q+\cos\theta\\ y=p+\sin\theta\end{cases} \tag{18}$$

则动点 $P(x,y)$ 的方程为

$$(x-q)^2+(y-p)^2=1 \tag{19}$$

它是一个圆心为 $O'(q,p)$,半径为 1 的圆.

动直线 OP(O 为原点)的斜率为 k,方程为 $y=kx$,因此圆心 O' 到 OP 的距离

$$d=\frac{|kq-p|}{\sqrt{1+k^2}}\leqslant 1$$

$$\Leftrightarrow (kq-p)^2\leqslant 1+k^2$$

$$\Leftrightarrow (q^2-1)k^2-2pqk+(p^2-1)\leqslant 0$$

$$\Leftrightarrow \left(\frac{d^2}{c^2}-1\right)\left(\frac{c}{a}f\right)^2-2\left(\frac{b}{a}\right)\cdot\left(\frac{d}{c}\right)\cdot\left(\frac{c}{a}f\right)+\left(\frac{b}{a}\right)^2-1\leqslant 0$$

$$\Leftrightarrow (d^2-c^2)f^2-2bdf+(b^2-a^2)\leqslant 0 \tag{20}$$

以下过程同解法 1,略.

解法 5(函数求导法)　当 $a\sin\theta+b$ 与 $c\cos\theta+d$ 均为正数时,构造函数

$$P(\theta)=\ln f(\theta)=\ln(p+\sin\theta)-\ln(q+\cos\theta)$$

求导得

$$P'(\theta)=\frac{\cos\theta}{p+\sin\theta}+\frac{\sin\theta}{q+\cos\theta}$$

令　　$P'(\theta)=0$

$$\Rightarrow (q+\cos\theta)\cos\theta+(p+\sin\theta)\sin\theta=0$$

$$\Rightarrow p\sin\theta+q\cos\theta+1=0 \tag{21}$$

但当 $a\sin\theta+b$ 与 $c\cos\theta+d$ 不同为正数时,只能对 $f(\theta)$ 求导,得

$$f'(\theta)=\frac{a\cos\theta+b}{c\cos\theta+d}+\frac{(a\sin\theta+b)\sin\theta}{(c\cos\theta+d)^2}$$

由于 $f(\theta)$ 的最值点 θ_0 为方程 $f'(\theta)=0$ 的根(驻点). 因此,令

$$f'(\theta)=0\Rightarrow(a\cos\theta+b)(c\cos\theta+d)+(a\sin\theta+b)\sin\theta=0 \tag{22}$$

但方程(22)太复杂,不易求解,于是我们求解方程(21). 设 $t=\tan\frac{\theta}{2}$,由万能公式得

$$\sin\theta=\frac{2t}{1+t^2},\cos\theta=\frac{1-t^2}{1+t^2} \tag{23}$$

代入式(21)得

$$p\left(\frac{2t}{1+t^2}\right)+q\left(\frac{1-t^2}{1+t^2}\right)+1=0$$

$$\Rightarrow(q-1)t^2-2pt-(q-1)=0 \tag{24}$$

$$\Rightarrow\begin{cases}t_1=\dfrac{-p-\sqrt{p^2+(q-1)^2}}{2p},p=\dfrac{b}{a}\\ t_2=\dfrac{-p+\sqrt{p^2-(q-1)^2}}{2p},q=\dfrac{d}{c}\end{cases}$$

代入式(23)可求得 $\sin\theta,\cos\theta$ 之值,再代入 $f(\theta)$ 即可求得 $f(\theta)$ 的最值.

解法6 令 $t=\tan\frac{\theta}{2}$,由万能公式有

$$\sin\theta=\frac{2t}{1+t^2},\cos\theta=\frac{1-t^2}{1+t^2}$$

代入 $f(\theta)$ 的解析式得

$$f=f(\theta)=\frac{2at+b(1+t^2)}{c(1-t^2)+d(1+t^2)}$$

$$\Rightarrow(b+cf-df)t^2+2at+(b-cf-df)=0 \tag{25}$$

因 $t\in\mathbf{R}$,即方程(25)有实数根,其判别式

$$\Delta_t=4a^2-4(b+cf-df)(b-cf-df)\geqslant0$$

$$\Rightarrow(d^2-c^2)f^2-2bdf+(b^2-a^2)\leqslant0 \tag{26}$$

以下过程同解法1,略去.

解法7(不等式法) 由解法4有 $k=\frac{c}{a}f=\frac{p+\sin\theta}{q+\cos\theta}$,其中 $p=\frac{b}{a},q=\frac{d}{c}$.

于是

$$kq-p=\sin\theta-k\cos\theta$$

$$\Rightarrow|kq-p|=|\sin\theta-k\cos\theta|\leqslant\sqrt{1+k^2}$$

$$\Rightarrow(kq-p)^2\leqslant(1+k^2)$$

以下过程同解法4.

注　本题是一个高考及奥数中常见的问题,一般采用解法 2 和解法 3 解决.

特别地,当取特殊值 $a=c=\sqrt{6}$, $b=d=3$ 时,函数为

$$f(\theta)=\frac{3+\sqrt{6}\sin\theta}{3+\sqrt{6}\cos\theta}=\frac{1+\sqrt{\frac{2}{3}}\sin\theta}{1+\sqrt{\frac{2}{3}}\cos\theta}$$

这时方程(26)化为

$$f^2(\theta)-6f(\theta)+1\leqslant 0$$

$$\Rightarrow 3-2\sqrt{2}\leqslant f(\theta)\leqslant 3+2\sqrt{2}$$

$$\Rightarrow\begin{cases}f_{\min}(\theta)=3-2\sqrt{2}\\ f_{\max}(\theta)=3+2\sqrt{2}\end{cases}$$

哈尔滨工业大学出版社刘培杰数学工作室已出版(即将出版)图书目录

书　　名	出版时间	定　价	编号
新编中学数学解题方法全书(高中版)上卷	2007 09	38.00	7
新编中学数学解题方法全书(高中版)中卷	2007—09	48.00	8
新编中学数学解题方法全书(高中版)下卷(一)	2007—09	42.00	17
新编中学数学解题方法全书(高中版)下卷(二)	2007—09	38.00	18
新编中学数学解题方法全书(高中版)下卷(三)	2010—06	58.00	73
新编中学数学解题方法全书(初中版)上卷	2008—01	28.00	29
新编中学数学解题方法全书(初中版)中卷	2010—07	38.00	75
新编中学数学解题方法全书(高考复习卷)	2010—01	48.00	67
新编中学数学解题方法全书(高考真题卷)	2010—01	38.00	62
新编中学数学解题方法全书(高考精华卷)	2011—03	68.00	118
新编平面解析几何解题方法全书(专题讲座卷)	2010—01	18.00	61
新编中学数学解题方法全书(自主招生卷)	2013—08	88.00	261
数学眼光透视	2008—01	38.00	24
数学思想领悟	2008—01	38.00	25
数学应用展观	2008—01	38.00	26
数学建模导引	2008—01	28.00	23
数学方法溯源	2008—01	38.00	27
数学史话览胜	2008—01	28.00	28
数学思维技术	2013—09	38.00	260
从毕达哥拉斯到怀尔斯	2007—10	48.00	9
从迪利克雷到维斯卡尔迪	2008—01	48.00	21
从哥德巴赫到陈景润	2008—05	98.00	35
从庞加莱到佩雷尔曼	2011—08	138.00	136
数学奥林匹克与数学文化(第一辑)	2006—05	48.00	4
数学奥林匹克与数学文化(第二辑)(竞赛卷)	2008—01	48.00	19
数学奥林匹克与数学文化(第二辑)(文化卷)	2008—07	58.00	36′
数学奥林匹克与数学文化(第三辑)(竞赛卷)	2010—01	48.00	59
数学奥林匹克与数学文化(第四辑)(竞赛卷)	2011—08	58.00	87
数学奥林匹克与数学文化(第五辑)	2015—06	98.00	370

哈尔滨工业大学出版社刘培杰数学工作室已出版(即将出版)图书目录

书　　名	出版时间	定　价	编号
世界著名平面几何经典著作钩沉——几何作图专题卷(上)	2009－06	48.00	49
世界著名平面几何经典著作钩沉——几何作图专题卷(下)	2011－01	88.00	80
世界著名平面几何经典著作钩沉(民国平面几何老课本)	2011－03	38.00	113
世界著名平面几何经典著作钩沉(建国初期平面三角老课本)	2015－08	38.00	507
世界著名解析几何经典著作钩沉——平面解析几何卷	2014－01	38.00	264
世界著名数论经典著作钩沉(算术卷)	2012－01	28.00	125
世界著名数学经典著作钩沉——立体几何卷	2011－02	28.00	88
世界著名三角学经典著作钩沉(平面三角卷Ⅰ)	2010－06	28.00	69
世界著名三角学经典著作钩沉(平面三角卷Ⅱ)	2011－01	38.00	78
世界著名初等数论经典著作钩沉(理论和实用算术卷)	2011－07	38.00	126
发展空间想象力	2010－01	38.00	57
走向国际数学奥林匹克的平面几何试题诠释(上、下)(第1版)	2007－01	68.00	11,12
走向国际数学奥林匹克的平面几何试题诠释(上、下)(第2版)	2010－02	98.00	63,64
平面几何证明方法全书	2007－08	35.00	1
平面几何证明方法全书习题解答(第1版)	2005－10	18.00	2
平面几何证明方法全书习题解答(第2版)	2006－12	18.00	10
平面几何天天练上卷·基础篇(直线型)	2013－01	58.00	208
平面几何天天练中卷·基础篇(涉及圆)	2013－01	28.00	234
平面几何天天练下卷·提高篇	2013－01	58.00	237
平面几何专题研究	2013－07	98.00	258
最新世界各国数学奥林匹克中的平面几何试题	2007－09	38.00	14
数学竞赛平面几何典型题及新颖解	2010－07	48.00	74
初等数学复习及研究(平面几何)	2008－09	58.00	38
初等数学复习及研究(立体几何)	2010－06	38.00	71
初等数学复习及研究(平面几何)习题解答	2009－01	48.00	42
几何学教程(平面几何卷)	2011－03	68.00	90
几何学教程(立体几何卷)	2011－07	68.00	130
几何变换与几何证题	2010－06	88.00	70
计算方法与几何证题	2011－06	28.00	129
立体几何技巧与方法	2014－04	88.00	293
几何瑰宝——平面几何500名题暨1000条定理(上、下)	2010－07	138.00	76,77
三角形的解法与应用	2012－07	18.00	183
近代的三角形几何学	2012－07	48.00	184
一般折线几何学	2015－08	48.00	503
三角形的五心	2009－06	28.00	51
三角形的六心及其应用	2015－10	68.00	542
三角形趣谈	2012－08	28.00	212
解三角形	2014－01	28.00	265
三角学专门教程	2014－09	28.00	387
距离几何分析导引	2015－02	68.00	446

哈尔滨工业大学出版社刘培杰数学工作室已出版(即将出版)图书目录

书　　名	出版时间	定　价	编号
圆锥曲线习题集(上册)	2013－06	68.00	255
圆锥曲线习题集(中册)	2015－01	78.00	434
圆锥曲线习题集(下册·第1卷)	2016－10	78.00	683
论九点圆	2015－05	88.00	645
近代欧氏几何学	2012－03	48.00	162
罗巴切夫斯基几何学及几何基础概要	2012－07	28.00	188
罗巴切夫斯基几何学初步	2015－06	28.00	474
用三角、解析几何、复数、向量计算解数学竞赛几何题	2015－03	48.00	455
美国中学几何教程	2015－04	88.00	458
三线坐标与三角形特征点	2015－04	98.00	460
平面解析几何方法与研究(第1卷)	2015－05	18.00	471
平面解析几何方法与研究(第2卷)	2015－06	18.00	472
平面解析几何方法与研究(第3卷)	2015－07	18.00	473
解析几何研究	2015－01	38.00	425
解析几何学教程.上	2016－01	38.00	574
解析几何学教程.下	2016－01	38.00	575
几何学基础	2016－01	58.00	581
初等几何研究	2015－02	58.00	444
大学几何学	2017－01	78.00	688
关于曲面的一般研究	2016－11	48.00	690
十九和二十世纪欧氏几何学中的片段	2017－01	58.00	696
近世纯粹几何学初论	2017－01	58.00	711
俄罗斯平面几何问题集	2009－08	88.00	55
俄罗斯立体几何问题集	2014－03	58.00	283
俄罗斯几何大师——沙雷金论数学及其他	2014－01	48.00	271
来自俄罗斯的5000道几何习题及解答	2011－03	58.00	89
俄罗斯初等数学问题集	2012－05	38.00	177
俄罗斯函数问题集	2011－03	38.00	103
俄罗斯组合分析问题集	2011－01	48.00	79
俄罗斯初等数学万题选——三角卷	2012－11	38.00	222
俄罗斯初等数学万题选——代数卷	2013－08	68.00	225
俄罗斯初等数学万题选——几何卷	2014－01	68.00	226
463个俄罗斯几何老问题	2012－01	28.00	152
超越吉米多维奇.数列的极限	2009－11	48.00	58
超越普里瓦洛夫.留数卷	2015－01	28.00	437
超越普里瓦洛夫.无穷乘积与它对解析函数的应用卷	2015－05	28.00	477
超越普里瓦洛夫.积分卷	2015－06	18.00	481
超越普里瓦洛夫.基础知识卷	2015－06	28.00	482
超越普里瓦洛夫.数项级数卷	2015－07	38.00	489
初等数论难题集(第一卷)	2009－05	68.00	44
初等数论难题集(第二卷)(上、下)	2011－02	128.00	82,83
数论概貌	2011－03	18.00	93
代数数论(第二版)	2013－08	58.00	94
代数多项式	2014－06	38.00	289
初等数论的知识与问题	2011－02	28.00	95
超越数论基础	2011－03	28.00	96
数论初等教程	2011－03	28.00	97
数论基础	2011－03	18.00	98
数论基础与维诺格拉多夫	2014－03	18.00	292

哈尔滨工业大学出版社刘培杰数学工作室已出版(即将出版)图书目录

书　　名	出版时间	定　价	编号
解析数论基础	2012－08	28.00	216
解析数论基础(第二版)	2014－01	48.00	287
解析数论问题集(第二版)(原版引进)	2014－05	88.00	343
解析数论问题集(第二版)(中译本)	2016－04	88.00	607
解析数论基础(潘承洞,潘承彪著)	2016－07	98.00	673
解析数论导引	2016－07	58.00	674
数论入门	2011－03	38.00	99
代数数论入门	2015－03	38.00	448
数论开篇	2012－07	28.00	194
解析数论引论	2011－03	48.00	100
Barban Davenport Halberstam 均值和	2009－01	40.00	33
基础数论	2011－03	28.00	101
初等数论 100 例	2011－05	18.00	122
初等数论经典例题	2012－07	18.00	204
最新世界各国数学奥林匹克中的初等数论试题(上、下)	2012－01	138.00	144,145
初等数论(Ⅰ)	2012－01	18.00	156
初等数论(Ⅱ)	2012－01	18.00	157
初等数论(Ⅲ)	2012－01	28.00	158
平面几何与数论中未解决的新老问题	2013－01	68.00	229
代数数论简史	2014－11	28.00	408
代数数论	2015－09	88.00	532
代数、数论及分析习题集	2016－11	98.00	695
数论导引提要及习题解答	2016－01	48.00	559
素数定理的初等证明.第 2 版	2016－09	48.00	686
谈谈素数	2011－03	18.00	91
平方和	2011－03	18.00	92
复变函数引论	2013－10	68.00	269
伸缩变换与抛物旋转	2015－01	38.00	449
无穷分析引论(上)	2013－04	88.00	247
无穷分析引论(下)	2013－04	98.00	245
数学分析	2014－04	28.00	338
数学分析中的一个新方法及其应用	2013－01	38.00	231
数学分析例选:通过范例学技巧	2013－01	88.00	243
高等代数例选:通过范例学技巧	2015－06	88.00	475
三角级数论(上册)(陈建功)	2013－01	38.00	232
三角级数论(下册)(陈建功)	2013－01	48.00	233
三角级数论(哈代)	2013－06	48.00	254
三角级数	2015－07	28.00	263
超越数	2011－03	18.00	109
三角和方法	2011－03	18.00	112
整数论	2011－05	38.00	120
从整数谈起	2015－10	28.00	538
随机过程(Ⅰ)	2014－01	78.00	224
随机过程(Ⅱ)	2014－01	68.00	235
算术探索	2011－12	158.00	148
组合数学	2012－04	28.00	178
组合数学浅谈	2012－03	28.00	159
丢番图方程引论	2012－03	48.00	172
拉普拉斯变换及其应用	2015－02	38.00	447
高等代数.上	2016－01	38.00	548
高等代数.下	2016－01	38.00	549

哈尔滨工业大学出版社刘培杰数学工作室
已出版(即将出版)图书目录

书　　名	出版时间	定　价	编号
高等代数教程	2016-01	58.00	579
数学解析教程.上卷.1	2016-01	58.00	546
数学解析教程.上卷.2	2016-01	38.00	553
函数构造论.上	2016-01	38.00	554
函数构造论.中	即将出版		555
函数构造论.下	2016-09	48.00	680
数与多项式	2016-01	38.00	558
概周期函数	2016-01	48.00	572
变叙的项的极限分布律	2016-01	18.00	573
整函数	2012-08	18.00	161
近代拓扑学研究	2013-04	38.00	239
多项式和无理数	2008-01	68.00	22
模糊数据统计学	2008-03	48.00	31
模糊分析学与特殊泛函空间	2013-01	68.00	241
谈谈不定方程	2011-05	28.00	119
常微分方程	2016-01	58.00	586
平稳随机函数导论	2016-03	48.00	587
量子力学原理·上	2016-01	38.00	588
图与矩阵	2014-08	40.00	644
受控理论与解析不等式	2012-05	78.00	165
解析不等式新论	2009-06	68.00	48
建立不等式的方法	2011-03	98.00	104
数学奥林匹克不等式研究	2009-08	68.00	56
不等式研究(第二辑)	2012-02	68.00	153
不等式的秘密(第一卷)	2012-02	28.00	154
不等式的秘密(第一卷)(第2版)	2014-02	38.00	286
不等式的秘密(第二卷)	2014-01	38.00	268
初等不等式的证明方法	2010-06	38.00	123
初等不等式的证明方法(第二版)	2014-11	38.00	407
不等式·理论·方法(基础卷)	2015-07	38.00	496
不等式·理论·方法(经典不等式卷)	2015-07	38.00	497
不等式·理论·方法(特殊类型不等式卷)	2015-07	48.00	498
不等式的分拆降维降幂方法与可读证明	2016-01	68.00	591
不等式探究	2016-03	38.00	582
不等式探密	2017-01	58.00	689
同余理论	2012-05	38.00	163
[x]与{x}	2015-04	48.00	476
极值与最值.上卷	2015-06	28.00	486
极值与最值.中卷	2015-06	38.00	487
极值与最值.下卷	2015-06	28.00	488
整数的性质	2012-11	38.00	192
完全平方数及其应用	2015-08	78.00	506
多项式理论	2015-10	88.00	541
历届美国中学生数学竞赛试题及解答(第一卷)1950-1954	2014-07	18.00	277
历届美国中学生数学竞赛试题及解答(第二卷)1955-1959	2014-04	18.00	278
历届美国中学生数学竞赛试题及解答(第三卷)1960-1964	2014-06	18.00	279
历届美国中学生数学竞赛试题及解答(第四卷)1965-1969	2014-04	28.00	280
历届美国中学生数学竞赛试题及解答(第五卷)1970-1972	2014-06	18.00	281
历届美国中学生数学竞赛试题及解答(第七卷)1981-1986	2015-01	18.00	424

哈尔滨工业大学出版社刘培杰数学工作室已出版(即将出版)图书目录

书　名	出版时间	定　价	编号
历届 IMO 试题集(1959—2005)	2006—05	58.00	5
历届 CMO 试题集	2008—09	28.00	40
历届中国数学奥林匹克试题集	2014—10	38.00	394
历届加拿大数学奥林匹克试题集	2012—08	38.00	215
历届美国数学奥林匹克试题集:多解推广加强	2012—08	38.00	209
历届美国数学奥林匹克试题集:多解推广加强(第 2 版)	2016—03	48.00	592
历届波兰数学竞赛试题集.第 1 卷,1949～1963	2015—03	18.00	453
历届波兰数学竞赛试题集.第 2 卷,1964～1976	2015—03	18.00	454
历届巴尔干数学奥林匹克试题集	2015—05	38.00	466
保加利亚数学奥林匹克	2014—10	38.00	393
圣彼得堡数学奥林匹克试题集	2015—01	38.00	429
匈牙利奥林匹克数学竞赛题解.第 1 卷	2016—05	28.00	593
匈牙利奥林匹克数学竞赛题解.第 2 卷	2016—05	28.00	594
历届国际大学生数学竞赛试题集(1994－2010)	2012—01	28.00	143
全国大学生数学夏令营数学竞赛试题及解答	2007—03	28.00	15
全国大学生数学竞赛辅导教程	2012—07	28.00	189
全国大学生数学竞赛复习全书	2014—04	48.00	340
历届美国大学生数学竞赛试题集	2009—03	88.00	43
前苏联大学生数学奥林匹克竞赛题解(上编)	2012—04	28.00	169
前苏联大学生数学奥林匹克竞赛题解(下编)	2012—04	38.00	170
历届美国数学邀请赛试题集	2014—01	48.00	270
全国高中数学竞赛试题及解答.第 1 卷	2014—07	38.00	331
大学生数学竞赛讲义	2014—09	28.00	371
普林斯顿大学数学竞赛	2016—06	38.00	669
亚太地区数学奥林匹克竞赛题	2015—07	18.00	492
日本历届(初级)广中杯数学竞赛试题及解答.第 1 卷(2000～2007)	2016—05	28.00	641
日本历届(初级)广中杯数学竞赛试题及解答.第 2 卷(2008～2015)	2016—05	38.00	642
360 个数学竞赛问题	2016—08	58.00	677
哈尔滨市早期中学数学竞赛试题汇编	2016—07	28.00	672
全国高中数学联赛试题及解答:1981—2015	2016—08	98.00	676
高考数学临门一脚(含密押三套卷)(理科版)	2015—01	24.80	421
高考数学临门一脚(含密押三套卷)(文科版)	2015—01	24.80	422
新课标高考数学题型全归纳(文科版)	2015—05	72.00	467
新课标高考数学题型全归纳(理科版)	2015—05	82.00	468
洞穿高考数学解答题核心考点(理科版)	2015—11	49.80	550
洞穿高考数学解答题核心考点(文科版)	2015—11	46.80	551
高考数学题型全归纳:文科版.上	2016—05	53.00	663
高考数学题型全归纳:文科版.下	2016—05	53.00	664
高考数学题型全归纳:理科版.上	2016—05	58.00	665
高考数学题型全归纳:理科版.下	2016—05	58.00	666
王连笑教你怎样学数学:高考选择题解题策略与客观题实用训练	2014—01	48.00	262
王连笑教你怎样学数学:高考数学高层次讲座	2015—02	48.00	432
高考数学的理论与实践	2009—08	38.00	53
高考数学核心题型解题方法与技巧	2010—01	28.00	86
高考思维新平台	2014—03	38.00	259
30 分钟拿下高考数学选择题、填空题(第二版)	2012—01	28.00	146
高考数学压轴题解题诀窍(上)	2012—02	78.00	166
高考数学压轴题解题诀窍(下)	2012—03	28.00	167
北京市五区文科数学三年高考模拟题详解:2013～2015	2015—08	48.00	500
北京市五区理科数学三年高考模拟题详解:2013～2015	2015—09	68.00	505

哈尔滨工业大学出版社刘培杰数学工作室已出版(即将出版)图书目录

书　　名	出版时间	定　价	编号
向量法巧解数学高考题	2009－08	28.00	54
高考数学万能解题法(第2版)	2015－09	28.00	691
高考物理万能解题法(第2版)	2016－11	28.00	692
高考化学万能解题法(第2版)	2015－11	25.00	693
高考生物万能解题法(第2版)	2016－03	25.00	694
高考数学解题金典	2016－04	68.00	602
高考物理解题金典	2016－03	58.00	603
高考化学解题金典	2016－04	48.00	604
高考生物解题金典	即将出版		605
我一定要赚分:高中物理	2016－01	38.00	580
数学高考参考	2016－01	78.00	589
2011～2015年全国及各省市高考数学文科精品试题审题要津与解法研究	2015－10	68.00	539
2011～2015年全国及各省市高考数学理科精品试题审题要津与解法研究	2015－10	88.00	540
最新全国及各省市高考数学试卷解法研究及点拨评析	2009－02	38.00	41
2011年全国及各省市高考数学试题审题要津与解法研究	2011－10	48.00	139
2013年全国及各省市高考数学试题解析与点评	2014－01	48.00	282
全国及各省市高考数学试题审题要津与解法研究	2015－02	48.00	450
新课标高考数学——五年试题分章详解(2007～2011)(上、下)	2011－10	78.00	140,141
全国中考数学压轴题审题要津与解法研究	2013－04	78.00	248
新编全国及各省市中考数学压轴题审题要津与解法研究	2014－05	58.00	342
全国及各省市5年中考数学压轴题审题要津与解法研究(2015版)	2015－04	58.00	462
中考数学专题总复习	2007－04	28.00	6
中考数学较难题、难题常考题型解题方法与技巧.上	2016－01	48.00	584
中考数学较难题、难题常考题型解题方法与技巧.下	2016－01	58.00	585
中考数学较难题常考题型解题方法与技巧	2016－09	48.00	681
中考数学难题常考题型解题方法与技巧	2016－09	48.00	682
北京中考数学压轴题解题方法突破	2016－03	38.00	597
助你高考成功的数学解题智慧:知识是智慧的基础	2016－01	58.00	596
助你高考成功的数学解题智慧:错误是智慧的试金石	2016－04	58.00	643
助你高考成功的数学解题智慧:方法是智慧的推手	2016－04	68.00	657
高考数学奇思妙解	2016－04	38.00	610
高考数学解题策略	2016－05	48.00	670
数学解题泄天机	2016－06	48.00	668
新编640个世界著名数学智力趣题	2014－01	88.00	242
500个最新世界著名数学智力趣题	2008－06	48.00	3
400个最新世界著名数学最值问题	2008－09	48.00	36
500个世界著名数学征解问题	2009－06	48.00	52
400个中国最佳初等数学征解老问题	2010－01	48.00	60
500个俄罗斯数学经典老题	2011－01	28.00	81
1000个国外中学物理好题	2012－04	48.00	174
300个日本高考数学题	2012－05	38.00	142
500个前苏联早期高考数学试题及解答	2012－05	28.00	185
546个早期俄罗斯大学生数学竞赛题	2014－03	38.00	285
548个来自美苏的数学好问题	2014－11	28.00	396
20所苏联著名大学早期入学试题	2015－02	18.00	452
161道德国工科大学生必做的微分方程习题	2015－05	28.00	469
500个德国工科大学生必做的高数习题	2015－06	28.00	478
360个数学竞赛问题	2016－08	58.00	677
德国讲义日本考题.微积分卷	2015－04	48.00	456
德国讲义日本考题.微分方程卷	2015－04	38.00	457

哈尔滨工业大学出版社刘培杰数学工作室已出版(即将出版)图书目录

书　　名	出版时间	定　价	编号
中国初等数学研究　2009 卷(第 1 辑)	2009－05	20.00	45
中国初等数学研究　2010 卷(第 2 辑)	2010－05	30.00	68
中国初等数学研究　2011 卷(第 3 辑)	2011－07	60.00	127
中国初等数学研究　2012 卷(第 4 辑)	2012－07	48.00	190
中国初等数学研究　2014 卷(第 5 辑)	2014－02	48.00	288
中国初等数学研究　2015 卷(第 6 辑)	2015－06	68.00	493
中国初等数学研究　2016 卷(第 7 辑)	2016－04	68.00	609
几何变换(Ⅰ)	2014－07	28.00	353
几何变换(Ⅱ)	2015－06	28.00	354
几何变换(Ⅲ)	2015－01	38.00	355
几何变换(Ⅳ)	2015－12	38.00	356
博弈论精粹	2008－03	58.00	30
博弈论精粹.第二版(精装)	2015－01	88.00	461
数学 我爱你	2008－01	28.00	20
精神的圣徒　别样的人生——60 位中国数学家成长的历程	2008－09	48.00	39
数学史概论	2009－06	78.00	50
数学史概论(精装)	2013－03	158.00	272
数学史选讲	2016－01	48.00	544
斐波那契数列	2010－02	28.00	65
数学拼盘和斐波那契魔方	2010－07	38.00	72
斐波那契数列欣赏	2011－01	28.00	160
数学的创造	2011－02	48.00	85
数学美与创造力	2016－01	48.00	595
数海拾贝	2016－01	48.00	590
数学中的美	2011－02	38.00	84
数论中的美学	2014－12	38.00	351
数学王者　科学巨人——高斯	2015－01	28.00	428
振兴祖国数学的圆梦之旅:中国初等数学研究史话	2015－06	78.00	490
二十世纪中国数学史料研究	2015－10	48.00	536
数字谜、数阵图与棋盘覆盖	2016－01	58.00	298
时间的形状	2016－01	38.00	556
数学发现的艺术:数学探索中的合情推理	2016－07	58.00	671
活跃在数学中的参数	2016－07	48.00	675
数学解题——靠数学思想给力(上)	2011－07	38.00	131
数学解题——靠数学思想给力(中)	2011－07	48.00	132
数学解题——靠数学思想给力(下)	2011－07	38.00	133
我怎样解题	2013－01	48.00	227
数学解题中的物理方法	2011－06	28.00	114
数学解题的特殊方法	2011－06	48.00	115
中学数学计算技巧	2012－01	48.00	116
中学数学证明方法	2012－01	58.00	117
数学趣题巧解	2012－03	28.00	128
高中数学教学通鉴	2015－05	58.00	479
和高中生漫谈:数学与哲学的故事	2014－08	28.00	369
自主招生考试中的参数方程问题	2015－01	28.00	435
自主招生考试中的极坐标问题	2015－04	28.00	463
近年全国重点大学自主招生数学试题全解及研究.华约卷	2015－02	38.00	441
近年全国重点大学自主招生数学试题全解及研究.北约卷	2016－05	38.00	619
自主招生数学解证宝典	2015－09	48.00	535

哈尔滨工业大学出版社刘培杰数学工作室已出版(即将出版)图书目录

书 名	出版时间	定 价	编号
格点和面积	2012-07	18.00	191
射影几何趣谈	2012-04	28.00	175
斯潘纳尔引理——从一道加拿大数学奥林匹克试题谈起	2014-01	28.00	228
李普希兹条件——从几道近年高考数学试题谈起	2012-10	18.00	221
拉格朗日中值定理——从一道北京高考试题的解法谈起	2015-10	18.00	197
闵科夫斯基定理——从一道清华大学自主招生试题谈起	2014-01	28.00	198
哈尔测度——从一道冬令营试题的背景谈起	2012-08	28.00	202
切比雪夫逼近问题——从一道中国台北数学奥林匹克试题谈起	2013-04	38.00	238
伯恩斯坦多项式与贝齐尔曲面——从一道全国高中数学联赛试题谈起	2013-03	38.00	236
卡塔兰猜想——从一道普特南竞赛试题谈起	2013-06	18.00	256
麦卡锡函数和阿克曼函数——从一道前南斯拉夫数学奥林匹克试题谈起	2012-08	18.00	201
贝蒂定理与拉姆贝克莫斯尔定理——从一个拣石子游戏谈起	2012-08	18.00	217
皮亚诺曲线和豪斯道夫分球定理——从无限集谈起	2012-08	18.00	211
平面凸图形与凸多面体	2012-10	28.00	218
斯坦因豪斯问题——从一道二十五省市自治区中学数学竞赛试题谈起	2012-07	18.00	196
纽结理论中的亚历山大多项式与琼斯多项式——从一道北京市高一数学竞赛试题谈起	2012-07	28.00	195
原则与策略——从波利亚"解题表"谈起	2013-04	38.00	244
转化与化归——从三大尺规作图不能问题谈起	2012-08	28.00	214
代数几何中的贝祖定理(第一版)——从一道IMO试题的解法谈起	2013-08	18.00	193
成功连贯理论与约当块理论——从一道比利时数学竞赛试题谈起	2012-04	18.00	180
素数判定与大数分解	2014-08	18.00	199
置换多项式及其应用	2012-10	18.00	220
椭圆函数与模函数——从一道美国加州大学洛杉矶分校(UCLA)博士资格考题谈起	2012-10	28.00	219
差分方程的拉格朗日方法——从一道2011年全国高考理科试题的解法谈起	2012-08	28.00	200
力学在几何中的一些应用	2013-01	38.00	240
高斯散度定理、斯托克斯定理和平面格林定理——从一道国际大学生数学竞赛试题谈起	即将出版		
康托洛维奇不等式——从一道全国高中联赛试题谈起	2013-03	28.00	337
西格尔引理——从一道第18届IMO试题的解法谈起	即将出版		
罗斯定理——从一道前苏联数学竞赛试题谈起	即将出版		
拉克斯定理和阿廷定理——从一道IMO试题的解法谈起	2014-01	58.00	246
毕卡大定理——从一道美国大学数学竞赛试题谈起	2014-07	18.00	350
贝齐尔曲线——从一道全国高中联赛试题谈起	即将出版		
拉格朗日乘子定理——从一道2005年全国高中联赛试题的高等数学解法谈起	2015-05	28.00	480
雅可比定理——从一道日本数学奥林匹克试题谈起	2013-04	48.00	249
李天岩一约克定理——从一道波兰数学竞赛试题谈起	2014-06	28.00	349
整系数多项式因式分解的一般方法——从克朗耐克算法谈起	即将出版		
布劳维不动点定理——从一道前苏联数学奥林匹克试题谈起	2014-01	38.00	273
伯恩赛德定理——从一道英国数学奥林匹克试题谈起	即将出版		
布查特一莫斯特定理——从一道上海市初中竞赛试题谈起	即将出版		

哈尔滨工业大学出版社刘培杰数学工作室
已出版(即将出版)图书目录

书　　名	出版时间	定　价	编号
数论中的同余数问题——从一道普特南竞赛试题谈起	即将出版		
范·德蒙行列式——从一道美国数学奥林匹克试题谈起	即将出版		
中国剩余定理:总数法构建中国历史年表	2015-01	28.00	430
牛顿程序与方程求根——从一道全国高考试题解法谈起	即将出版		
库默尔定理——从一道 IMO 预选试题谈起	即将出版		
卢丁定理——从一道冬令营试题的解法谈起	即将出版		
沃斯滕霍姆定理——从一道 IMO 预选试题谈起	即将出版		
卡尔松不等式——从一道莫斯科数学奥林匹克试题谈起	即将出版		
信息论中的香农熵——从一道近年高考压轴题谈起	即将出版		
约当不等式——从一道希望杯竞赛试题谈起	即将出版		
拉比诺维奇定理	即将出版		
刘维尔定理——从一道《美国数学月刊》征解问题的解法谈起	即将出版		
卡塔兰恒等式与级数求和——从一道 IMO 试题的解法谈起	即将出版		
勒让德猜想与素数分布——从一道爱尔兰竞赛试题谈起	即将出版		
天平称重与信息论——从一道基辅市数学奥林匹克试题谈起	即将出版		
哈密尔顿-凯莱定理:从一道高中数学联赛试题的解法谈起	2014-09	18.00	376
艾思特曼定理——从一道 CMO 试题的解法谈起	即将出版		
一个爱尔特希问题——从一道西德数学奥林匹克试题谈起	即将出版		
有限群中的爱丁格尔问题——从一道北京市初中二年级数学竞赛试题谈起	即将出版		
贝克码与编码理论——从一道全国高中联赛试题谈起	即将出版		
帕斯卡三角形	2014-03	18.00	294
蒲丰投针问题——从 2009 年清华大学的一道自主招生试题谈起	2014-01	38.00	295
斯图姆定理——从一道“华约”自主招生试题的解法谈起	2014-01	18.00	296
许瓦兹引理——从一道加利福尼亚大学伯克利分校数学系博士生试题谈起	2014-08	18.00	297
拉姆塞定理——从王诗宬院士的一个问题谈起	2016-04	48.00	299
坐标法	2013-12	28.00	332
数论三角形	2014-04	38.00	341
毕克定理	2014-07	18.00	352
数林掠影	2014-09	48.00	389
我们周围的概率	2014-10	38.00	390
凸函数最值定理:从一道华约自主招生题的解法谈起	2014-10	28.00	391
易学与数学奥林匹克	2014-10	38.00	392
生物数学趣谈	2015-01	18.00	409
反演	2015-01	28.00	420
因式分解与圆锥曲线	2015-01	18.00	426
轨迹	2015-01	28.00	427
面积原理:从常庚哲命的一道 CMO 试题的积分解法谈起	2015-01	48.00	431
形形色色的不动点定理:从一道 28 届 IMO 试题谈起	2015-01	38.00	439
柯西函数方程:从一道上海交大自主招生的试题谈起	2015-02	28.00	440
三角恒等式	2015-02	28.00	442
无理性判定:从一道 2014 年“北约”自主招生试题谈起	2015-01	38.00	443
数学归纳法	2015-03	18.00	451
极端原理与解题	2015-04	28.00	464
法雷级数	2014-08	18.00	367
摆线族	2015-01	38.00	438
函数方程及其解法	2015-05	38.00	470
含参数的方程和不等式	2012-09	28.00	213
希尔伯特第十问题	2016-01	38.00	543
无穷小量的求和	2016-01	28.00	545
切比雪夫多项式:从一道清华大学金秋营试题谈起	2016-01	38.00	583

哈尔滨工业大学出版社刘培杰数学工作室已出版(即将出版)图书目录

书　　名	出版时间	定　价	编号
泽肯多夫定理	2016－03	38.00	599
代数等式证题法	2016－01	28.00	600
三角等式证题法	2016－01	28.00	601
吴大任教授藏书中的一个因式分解公式:从一道美国数学邀请赛试题的解法谈起	2016－06	28.00	656
中等数学英语阅读文选	2006－12	38.00	13
统计学专业英语	2007－03	28.00	16
统计学专业英语(第二版)	2012－07	48.00	176
统计学专业英语(第三版)	2015－04	68.00	465
幻方和魔方(第一卷)	2012－05	68.00	173
尘封的经典——初等数学经典文献选读(第一卷)	2012－07	48.00	205
尘封的经典——初等数学经典文献选读(第二卷)	2012－07	38.00	206
代换分析:英文	2015－07	38.00	499
实变函数论	2012－06	78.00	181
复变函数论	2015－08	38.00	504
非光滑优化及其变分分析	2014－01	48.00	230
疏散的马尔科夫链	2014－01	58.00	266
马尔科夫过程论基础	2015－01	28.00	433
初等微分拓扑学	2012－07	18.00	182
方程式论	2011－03	38.00	105
初级方程式论	2011－03	28.00	106
Galois 理论	2011－03	18.00	107
古典数学难题与伽罗瓦理论	2012－11	58.00	223
伽罗华与群论	2014－01	28.00	290
代数方程的根式解及伽罗瓦理论	2011－03	28.00	108
代数方程的根式解及伽罗瓦理论(第二版)	2015－01	28.00	423
线性偏微分方程讲义	2011－03	18.00	110
几类微分方程数值方法的研究	2015－05	38.00	485
N 体问题的周期解	2011－03	28.00	111
代数方程式论	2011－05	18.00	121
线性代数与几何:英文	2016－06	58.00	578
动力系统的不变量与函数方程	2011－07	48.00	137
基于短语评价的翻译知识获取	2012－02	48.00	168
应用随机过程	2012－04	48.00	187
概率论导引	2012－04	18.00	179
矩阵论(上)	2013－06	58.00	250
矩阵论(下)	2013－06	48.00	251
对称锥互补问题的内点法:理论分析与算法实现	2014－08	68.00	368
抽象代数:方法导引	2013－06	38.00	257
集论	2016－01	48.00	576
多项式理论研究综述	2016－01	38.00	577
函数论	2014－11	78.00	395
反问题的计算方法及应用	2011－11	28.00	147
初等数学研究(Ⅰ)	2008－09	68.00	37
初等数学研究(Ⅱ)(上、下)	2009－05	118.00	46,47
数阵及其应用	2012－02	28.00	164
绝对值方程—折边与组合图形的解析研究	2012－07	48.00	186
代数函数论(上)	2015－07	38.00	494
代数函数论(下)	2015－07	38.00	495
偏微分方程论:法文	2015－10	48.00	533
时标动力学方程的指数型二分性与周期解	2016－04	48.00	606
重刚体绕不动点运动方程的积分法	2016－05	68.00	608
水轮机水力稳定性	2016－05	48.00	620
Lévy 噪音驱动的传染病模型的动力学行为	2016－05	48.00	667
铣加工动力学系统稳定性研究的数学方法	2016－11	28.00	710

哈尔滨工业大学出版社刘培杰数学工作室 已出版(即将出版)图书目录

书 名	出版时间	定 价	编号
趣味初等方程妙题集锦	2014-09	48.00	388
趣味初等数论选美与欣赏	2015-02	48.00	445
耕读笔记(上卷):一位农民数学爱好者的初数探索	2015-04	28.00	459
耕读笔记(中卷):一位农民数学爱好者的初数探索	2015-05	28.00	483
耕读笔记(下卷):一位农民数学爱好者的初数探索	2015-05	28.00	484
几何不等式研究与欣赏.上卷	2016-01	88.00	547
几何不等式研究与欣赏.下卷	2016-01	48.00	552
初等数列研究与欣赏·上	2016-01	48.00	570
初等数列研究与欣赏·下	2016-01	48.00	571
趣味初等函数研究与欣赏.上	2016-09	48.00	684
趣味初等函数研究与欣赏.下	即将出版		685
火柴游戏	2016-05	38.00	612
异曲同工	即将出版		613
智力解谜	即将出版		614
故事智力	2016-07	48.00	615
名人们喜欢的智力问题	即将出版		616
数学大师的发现、创造与失误	即将出版		617
数学的味道	即将出版		618
数贝偶拾——高考数学题研究	2014-04	28.00	274
数贝偶拾——初等数学研究	2014-04	38.00	275
数贝偶拾——奥数题研究	2014-04	48.00	276
集合、函数与方程	2014-01	28.00	300
数列与不等式	2014-01	38.00	301
三角与平面向量	2014-01	28.00	302
平面解析几何	2014-01	38.00	303
立体几何与组合	2014-01	28.00	304
极限与导数、数学归纳法	2014-01	38.00	305
趣味数学	2014-03	28.00	306
教材教法	2014-04	68.00	307
自主招生	2014-05	58.00	308
高考压轴题(上)	2015-01	48.00	309
高考压轴题(下)	2014-10	68.00	310
从费马到怀尔斯——费马大定理的历史	2013-10	198.00	Ⅰ
从庞加莱到佩雷尔曼——庞加莱猜想的历史	2013-10	298.00	Ⅱ
从切比雪夫到爱尔特希(上)——素数定理的初等证明	2013-07	48.00	Ⅲ
从切比雪夫到爱尔特希(下)——素数定理 100 年	2012-12	98.00	Ⅲ
从高斯到盖尔方特——二次域的高斯猜想	2013-10	198.00	Ⅳ
从库默尔到朗兰兹——朗兰兹猜想的历史	2014-01	98.00	Ⅴ
从比勃巴赫到德布朗斯——比勃巴赫猜想的历史	2014-02	298.00	Ⅵ
从麦比乌斯到陈省身——麦比乌斯变换与麦比乌斯带	2014-02	298.00	Ⅶ
从布尔到豪斯道夫——布尔方程与格论漫谈	2013-10	198.00	Ⅷ
从开普勒到阿诺德——三体问题的历史	2014-05	298.00	Ⅸ
从华林到华罗庚——华林问题的历史	2013-10	298.00	Ⅹ

哈尔滨工业大学出版社刘培杰数学工作室已出版(即将出版)图书目录

书　名	出版时间	定　价	编号
吴振奎高等数学解题真经(概率统计卷)	2012—01	38.00	149
吴振奎高等数学解题真经(微积分卷)	2012—01	68.00	150
吴振奎高等数学解题真经(线性代数卷)	2012—01	58.00	151
钱昌本教你快乐学数学(上)	2011—12	48.00	155
钱昌本教你快乐学数学(下)	2012—03	58.00	171
高等数学解题全攻略(上卷)	2013—06	58.00	252
高等数学解题全攻略(下卷)	2013—06	58.00	253
高等数学复习纲要	2014—01	18.00	384
三角函数	2014—01	38.00	311
不等式	2014—01	38.00	312
数列	2014—01	38.00	313
方程	2014—01	28.00	314
排列和组合	2014—01	28.00	315
极限与导数	2014—01	28.00	316
向量	2014—09	38.00	317
复数及其应用	2014—08	28.00	318
函数	2014—01	38.00	319
集合	即将出版		320
直线与平面	2014—01	28.00	321
立体几何	2014—04	28.00	322
解三角形	即将出版		323
直线与圆	2014—01	28.00	324
圆锥曲线	2014—01	38.00	325
解题通法(一)	2014—07	38.00	326
解题通法(二)	2014—07	38.00	327
解题通法(三)	2014—05	38.00	328
概率与统计	2014—01	28.00	329
信息迁移与算法	即将出版		330
三角函数(第2版)	即将出版		626
向量(第2版)	即将出版		627
立体几何(第2版)	2016—04	38.00	629
直线与圆(第2版)	2016—11	38.00	631
圆锥曲线(第2版)	2016—09	48.00	632
极限与导数(第2版)	2016—04	38.00	635
美国高中数学竞赛五十讲.第1卷(英文)	2014—08	28.00	357
美国高中数学竞赛五十讲.第2卷(英文)	2014—08	28.00	358
美国高中数学竞赛五十讲.第3卷(英文)	2014—09	28.00	359
美国高中数学竞赛五十讲.第4卷(英文)	2014—09	28.00	360
美国高中数学竞赛五十讲.第5卷(英文)	2014—10	28.00	361
美国高中数学竞赛五十讲.第6卷(英文)	2014—11	28.00	362
美国高中数学竞赛五十讲.第7卷(英文)	2014—12	28.00	363
美国高中数学竞赛五十讲.第8卷(英文)	2015—01	28.00	364
美国高中数学竞赛五十讲.第9卷(英文)	2015—01	28.00	365
美国高中数学竞赛五十讲.第10卷(英文)	2015—02	38.00	366

哈尔滨工业大学出版社刘培杰数学工作室已出版（即将出版）图书目录

书 名	出版时间	定 价	编号
IMO 50 年.第 1 卷(1959－1963)	2014－11	28.00	377
IMO 50 年.第 2 卷(1964－1968)	2014－11	28.00	378
IMO 50 年.第 3 卷(1969－1973)	2014－09	28.00	379
IMO 50 年.第 4 卷(1974－1978)	2016－04	38.00	380
IMO 50 年.第 5 卷(1979－1984)	2015－04	38.00	381
IMO 50 年.第 6 卷(1985－1989)	2015－04	58.00	382
IMO 50 年.第 7 卷(1990－1994)	2016－01	48.00	383
IMO 50 年.第 8 卷(1995－1999)	2016－06	38.00	384
IMO 50 年.第 9 卷(2000－2004)	2015－04	58.00	385
IMO 50 年.第 10 卷(2005－2009)	2016－01	48.00	386
IMO 50 年.第 11 卷(2010－2015)	即将出版		646
历届美国大学生数学竞赛试题集.第一卷(1938—1949)	2015－01	28.00	397
历届美国大学生数学竞赛试题集.第二卷(1950—1959)	2015－01	28.00	398
历届美国大学生数学竞赛试题集.第三卷(1960—1969)	2015－01	28.00	399
历届美国大学生数学竞赛试题集.第四卷(1970—1979)	2015－01	18.00	400
历届美国大学生数学竞赛试题集.第五卷(1980—1989)	2015－01	28.00	401
历届美国大学生数学竞赛试题集.第六卷(1990—1999)	2015－01	28.00	402
历届美国大学生数学竞赛试题集.第七卷(2000—2009)	2015－08	18.00	403
历届美国大学生数学竞赛试题集.第八卷(2010—2012)	2015－01	18.00	404
新课标高考数学创新题解题诀窍:总论	2014－09	28.00	372
新课标高考数学创新题解题诀窍:必修 1～5 分册	2014－08	38.00	373
新课标高考数学创新题解题诀窍:选修 2－1,2－2,1－1,1－2分册	2014－09	38.00	374
新课标高考数学创新题解题诀窍:选修 2－3,4－4,4－5分册	2014－09	18.00	375
全国重点大学自主招生英文数学试题全攻略:词汇卷	2015－07	48.00	410
全国重点大学自主招生英文数学试题全攻略:概念卷	2015－01	28.00	411
全国重点大学自主招生英文数学试题全攻略:文章选读卷(上)	2016－09	38.00	412
全国重点大学自主招生英文数学试题全攻略:文章选读卷(下)	2017－01	58.00	413
全国重点大学自主招生英文数学试题全攻略:试题卷	2015－07	38.00	414
全国重点大学自主招生英文数学试题全攻略:名著欣赏卷	即将出版		415
数学物理大百科全书.第 1 卷	2016－01	418.00	508
数学物理大百科全书.第 2 卷	2016－01	408.00	509
数学物理大百科全书.第 3 卷	2016－01	396.00	510
数学物理大百科全书.第 4 卷	2016－01	408.00	511
数学物理大百科全书.第 5 卷	2016－01	368.00	512
劳埃德数学趣题大全.题目卷.1:英文	2016－01	18.00	516
劳埃德数学趣题大全.题目卷.2:英文	2016－01	18.00	517
劳埃德数学趣题大全.题目卷.3:英文	2016－01	18.00	518
劳埃德数学趣题大全.题目卷.4:英文	2016－01	18.00	519
劳埃德数学趣题大全.题目卷.5:英文	2016－01	18.00	520
劳埃德数学趣题大全.答案卷:英文	2016－01	18.00	521

哈尔滨工业大学出版社刘培杰数学工作室
已出版(即将出版)图书目录

书　名	出版时间	定　价	编号
李成章教练奥数笔记.第1卷	2016－01	48.00	522
李成章教练奥数笔记.第2卷	2016－01	48.00	523
李成章教练奥数笔记.第3卷	2016－01	38.00	524
李成章教练奥数笔记.第4卷	2016－01	38.00	525
李成章教练奥数笔记.第5卷	2016－01	38.00	526
李成章教练奥数笔记.第6卷	2016－01	38.00	527
李成章教练奥数笔记.第7卷	2016－01	38.00	528
李成章教练奥数笔记.第8卷	2016－01	48.00	529
李成章教练奥数笔记.第9卷	2016－01	28.00	530
朱德祥代数与几何讲义.第1卷	2017－01	38.00	697
朱德祥代数与几何讲义.第2卷	2017－01	28.00	698
朱德祥代数与几何讲义.第3卷	2017－01	28.00	699
zeta函数,q-zeta函数,相伴级数与积分	2015－08	88.00	513
微分形式:理论与练习	2015－08	58.00	514
离散与微分包含的逼近和优化	2015－08	58.00	515
艾伦·图灵:他的工作与影响	2016－01	98.00	560
测度理论概率导论,第2版	2016－01	88.00	561
带有潜在故障恢复系统的半马尔柯夫模型控制	2016－01	98.00	562
数学分析原理	2016－01	88.00	563
随机偏微分方程的有效动力学	2016－01	88.00	564
图的谱半径	2016－01	58.00	565
量子机器学习中数据挖掘的量子计算方法	2016－01	98.00	566
量子物理的非常规方法	2016－01	118.00	567
运输过程的统一非局部理论:广义波尔兹曼物理动力学,第2版	2016－01	198.00	568
量子力学与经典力学之间的联系在原子、分子及电动力学系统建模中的应用	2016－01	58.00	569
第19～23届"希望杯"全国数学邀请赛试题审题要津详细评注(初一版)	2014－03	28.00	333
第19～23届"希望杯"全国数学邀请赛试题审题要津详细评注(初二、初三版)	2014－03	38.00	334
第19～23届"希望杯"全国数学邀请赛试题审题要津详细评注(高一版)	2014－03	28.00	335
第19～23届"希望杯"全国数学邀请赛试题审题要津详细评注(高二版)	2014－03	38.00	336
第19～25届"希望杯"全国数学邀请赛试题审题要津详细评注(初一版)	2015－01	38.00	416
第19～25届"希望杯"全国数学邀请赛试题审题要津详细评注(初二、初三版)	2015－01	58.00	417
第19～25届"希望杯"全国数学邀请赛试题审题要津详细评注(高一版)	2015－01	48.00	418
第19～25届"希望杯"全国数学邀请赛试题审题要津详细评注(高二版)	2015－01	48.00	419
闵嗣鹤文集	2011－03	98.00	102
吴从炘数学活动三十年(1951～1980)	2010－07	99.00	32
吴从炘数学活动又三十年(1981～2010)	2015－07	98.00	491
物理奥林匹克竞赛大题典——力学卷	2014－11	48.00	405
物理奥林匹克竞赛大题典——热学卷	2014－04	28.00	339
物理奥林匹克竞赛大题典——电磁学卷	2015－07	48.00	406
物理奥林匹克竞赛大题典——光学与近代物理卷	2014－06	28.00	345

哈尔滨工业大学出版社刘培杰数学工作室 已出版（即将出版）图书目录

书　　名	出版时间	定　价	编号
历届中国东南地区数学奥林匹克试题集(2004～2012)	2014－06	18.00	346
历届中国西部地区数学奥林匹克试题集(2001～2012)	2014－07	18.00	347
历届中国女子数学奥林匹克试题集(2002～2012)	2014－08	18.00	348
数学奥林匹克在中国	2014－06	98.00	344
数学奥林匹克问题集	2014－01	38.00	267
数学奥林匹克不等式散论	2010－06	38.00	124
数学奥林匹克不等式欣赏	2011－09	38.00	138
数学奥林匹克超级题库(初中卷上)	2010－01	58.00	66
数学奥林匹克不等式证明方法和技巧(上、下)	2011－08	158.00	134,135
他们学什么:原民主德国中学数学课本	2016－09	38.00	658
他们学什么:英国中学数学课本	2016－09	38.00	659
他们学什么:法国中学数学课本.1	2016－09	38.00	660
他们学什么:法国中学数学课本.2	2016－09	28.00	661
他们学什么:法国中学数学课本.3	2016－09	38.00	662
他们学什么:苏联中学数学课本	2016－09	28.00	679
高中数学题典——集合与简易逻辑·函数	2016－07	48.00	647
高中数学题典——导数	2016－07	48.00	648
高中数学题典——三角函数·平面向量	2016－07	48.00	649
高中数学题典——数列	2016－07	58.00	650
高中数学题典——不等式·推理与证明	2016－07	38.00	651
高中数学题典——立体几何	2016－07	48.00	652
高中数学题典——平面解析几何	2016－07	78.00	653
高中数学题典——计数原理·统计·概率·复数	2016－07	48.00	654
高中数学题典——算法·平面几何·初等数论·组合数学·其他	2016－07	68.00	655

联系地址:哈尔滨市南岗区复华四道街10号　哈尔滨工业大学出版社刘培杰数学工作室
网　　址:http://lpj.hit.edu.cn/
邮　　编:150006
联系电话:0451－86281378　　13904613167
E-mail:lpj1378@163.com